孟德尔之梦

基因简史

U0229377

陈文盛◎著

SPM 南方传媒 | 广东经济出版社

·广州·

本书中文简体出版权由厦门理想国文化创意有限公司代理，经远流出版事业股份有限公司授权，同意由广东经济出版社有限公司出版中文简体字平装本版本，仅限中国大陆地区发行。该出版权受法律保护。
非经书面同意，任何机构和个人不得以任何形式任意复制、转载。

图书在版编目（CIP）数据

孟德尔之梦：基因百年简史 / 陈文盛著．—广州：广东经济出版社，2024. 9

ISBN 978-7-5454-9301-6

Ⅰ.①孟…　Ⅱ.①陈…　Ⅲ.①基因—普及读物　Ⅳ.① Q343.1-49

中国国家版本馆 CIP 数据核字（2024）第 110189 号

版权登记号：19-2024-041

责任编辑：陈念庄　李　璐
责任校对：黄思健
责任技编：陆俊帆

孟德尔之梦：基因百年简史
MENGDE'ER ZHI MENG：JIYIN BAINIAN JIANSHI

出 版 人：刘卫平
出版发行：广东经济出版社（广州市水荫路 11 号 11 ～ 12 楼）
印　　刷：广州市豪威彩色印务有限公司
（广州市增城区宁西街新和南路4号）
开　　本：880 毫米 ×1230 毫米　1/32　　**印　　张：**9
版　　次：2024 年 9 月第 1 版　　**印　　次：**2024 年 9 月第 1 次
书　　号：ISBN 978-7-5454-9301-6　　**字　　数：**250 千字
定　　价：65.00 元

发行电话：（020）87393830　　编辑邮箱：Joycechen17@126.com
广东经济出版社常年法律顾问：胡志海律师　法务电话：（020）37603025
如发现印装质量问题，请与本社联系，本社负责调换。
版权所有 • 侵权必究

〈推荐序〉

为什么要再探孟德尔之梦？

周成功（台湾阳明交通大学生命科学系退休教授）

每一个重要科学理论形成的背后，都有一个长期摸索碰撞的过程。只有通过对这段历史的回顾，了解科学探究活动的始末，我们才能比较容易掌握这些科学知识内在发展的脉络，科学知识才不会沦落成一堆无趣、冰冷的教条，而是成为一个充满人性活动的心智结晶。因此，从科学史下手，永远是走近科学的最佳途径，同时是科学教育中最有效的入门方式。很可惜在中文的世界里，大部分有关科学史的书籍都出自翻译，而教科书中科学史的叙述多半是片段或是语焉不详。因此，学生在这样的培养过程中，对科学态度或是研究精神表现出陌生与疏离也就不足为奇了。

虽然每个人都认同科学史在科学教育中的重要性，但愿意花费心力投身这个领域的学者并不多见。台湾阳明大学陈文盛教授的这本《孟德尔之梦：基因百年简史》，毫无疑问为科学史的中文写作提供了一个新的方向。我相信它未来会对从高中到大学的生物学教育产生深刻而长远的影响。

《孟德尔之梦：基因百年简史》是从达尔文（Charles Darwin）发表《物种起源》（*On the Origin of Species*，1859 年）谈起。大家都知道达尔文的进化论是现代生物学的基础，他在《物种起源》中明确提出了生物个体变异与天择的关系。生物个体的变异如何忠实地从上一代遗传到下一代？这是进化论成立的关键，而达尔文对遗传学的认知是错误的！少了正确的遗传理论，进化论是跛足而残缺的。这时，孟德尔（Gregor Mendel）的出现就有了特别的意义。

孟德尔从豌豆杂交的实验结果发现生物遗传的规律（1865年），弥补了达尔文的缺憾，开启了探究遗传基因的新纪元。随后基因从一个抽象的遗传概念，逐步落实到DNA的物质基础上，一直到阐明DNA的遗传密码怎么决定蛋白质的氨基酸排序（1967年）为止，本书完整回顾了这一百年来从古典遗传学到分子遗传学的发展历史。

本书的另一个特色就是重现了这个阶段所有重要实验（不论成功或失败）的缘起、实验设计与实验结果对后来发展的影响。现在大多数学生，甚至包括许多老师在内，对于古典遗传学的许多实验都早已忘记，但我认为这些实验其实是训练学生批判性思维最好的教材：在粗陋的工具与局部知识的限制下，如何针对重大的科学问题设计实验、解读实验的结果，做实验时碰到挫折又该怎么去克服等。只有通过这种摸索、探究的过程，看到科学家怎么提问、怎么相互诘难，我们才能看出不同科学家的行事风格、科学品位和他们所碰撞出的智慧火花。另外，作者也会将这些实验发生的时代背景一并提出，加深我们对这些重大科学进展的感悟。

当然，本书也有一些让一般读者不容易亲近的“障碍”，特别是许多专有名词与实验的生物系统，会使得所描述的实验过程不容易完全被理解。换言之，这是一本需要下功夫阅读才能领会其精髓的书。所以我会特别推荐本书给任何喜爱遗传学的人，尤其是那些正处于高中到大学阶段的同学们。同时，我也期待未来会有更多类似的作品出现。

〈推荐序〉

见证分子遗传学的荣光

徐明达（台湾阳明交通大学生化与分子生物研究所荣誉退休教授）

分子遗传学是20世纪科学最大的成就之一，它的发展使得看起来千变万化的生命现象，有了一个一以贯之的基本理论，让我们对生命的奥秘有了更深一层的了解，而且对医药、农牧、环境科技产生革命性的影响，甚至基于对基因组序列的分析，而发展出新的科技及资讯产业。

这个伟大的成就起源于孟德尔的仔细观察及分析，并提出革命性的看法，后来再经过很多科学家的努力及奋斗，最后才得到这个宝贵的知识。这一段曲折、复杂又有趣的过程，是人类文明发展史中很重要的一个章节。享受现代舒适及丰富多彩生活的人们应该去了解这一段历史。在这本书里，陈文盛教授用他的生花妙笔将这一段重要的历史娓娓道来，不但把专业知识用浅易的文字描述出来，而且把科学家在奋斗中的人性历程——意外、失败、转折、兴奋——一一展现出来，让读者了解科学知识并不只是教科书里简化的叙述，还存在着深厚的感性层面，这一点对于科学教育来说非常重要。

我个人的学术生涯刚好和这段历史重叠，因此读这本书时有很深的感触。很多的发现在当时都令人非常兴奋，这也是我持续在这个领域进行研究的重要原因。陈文盛教授是参与这方面研究的杰出学者，感谢陈文盛教授花费大量的时间和精力，把这一段重要的科学史呈现给大家。

〈推荐序〉

从求知、求真到人性

黄达夫（台湾和信治癌中心医院院长）

《孟德尔之梦：基因百年简史》的内容不但生动有趣，更具深远的教育内涵。我认为所有中文世界的知识分子都应该了解遗传学，并以此书作为入门引荐，进入 21 世纪生命科学的世界。

这本书最引人入胜之处，是陈文盛教授以自身从事生物遗传学研究者的身份，深入浅出、娓娓道出遗传学历史的演变及错误的不断修正，并且在其中穿插一连串有趣的生命故事。书中不少理论被证实的过程，勾起我对数十年学术研究生涯的回忆，触动我对那一段时光深深的怀念。

20 世纪 60 年代末期到 20 世纪 70 年代中期我正在研究人类核酸的修复机制。人类有些疾病和核酸的正确或不正确修复有关，在那期间，核酸肿瘤学在生命科学研究中所占的地位越来越重要，终于在 21 世纪的今天，变成医学发展最重要的领域之一。从这一点预见未来科学和医学的新发现，不仅能够进一步了解人类疾病的成因，还能够找出更多有效而伤害性较小的治疗方法。所以，生活在 21 世纪的“普罗大众”要了解什么是遗传学、什么是DNA、什么是先天性疾病，以及哪些疾病是因为我们自己的生活习惯叠加先天问题而引发的，这样才能够预防疾病的发生。

对 DNA、遗传学和细胞繁殖有兴趣的读者，会发现生物学、化学、物理学的整合在遗传学上的重要性，只对单独一门科学具有深入的了解是不够的。同时，从这些科学家的故事中，我们可以看到他们努力从事研究不只是因为好奇心，还有无私地发挥自己所能、奉献他人的利他精神，这也是驱动他们不懈努力追求真理的动力。

遗传学从孟德尔的豌豆实验开始，经过果蝇、霉菌、噬菌体，进入 DNA 结构激烈的竞争，到了解 DNA 的复制、对突变和适应的分辨等；从达尔文、孟德尔一直到华生、克里克，再到今天基因图谱的解码，处处都呈现了人类以求知、求真为出发点，推动科技不断进步的精神。在 21 世纪的今天，我们几乎每天、每月、每年都可以看到求知和求真精神交互作用所带来的美好果实。这种人性与科技进步之间互动所带给我们的成果，显示出二者不可分离的关系。孟德尔在 19 世纪 60 年代，大概做梦也没有想到 150 多年后，他的研究启发了科学家，带给人类这么多有益的发现。我揣测这可能是陈文盛教授把这本书取名为“孟德尔之梦”的理由吧！

我个人对每位科学家不同性格的叙述特别感兴趣。这代表求真的科学探索精神（scientific inquiry spirit）与人性（humanity）互动所产生的结晶。虽然这些年来，科技的进展加速，似乎远远超过人性可以驾驭科技的能力，但是，未来的世界是否更美好，将取决于人性与科学之间紧密的互动、影响、导正的最终结果。

〈初版序〉

“为什么”比“什么”重要

1953 年夏天，美国长岛冷泉港实验室的第 18 届“定量生物学研讨会”具有特别的历史意义。会场的聚光灯都集中在 DNA 身上。华生（James Watson）在大会上演讲，讲他和克里克（Francis Crick）刚发现的 DNA 双螺旋结构模型。这是 DNA 双螺旋结构模型首次公开露面。在另一场演讲中，赫胥（Alfred Hershey）发表了著名的“果汁机实验”。

生物学的学生们应该都读过赫胥和他的助理蔡斯（Martha Chase）做的“果汁机实验”。他们用 T2 噬菌体（感染细菌的病毒）进行实验。他们想问的是：DNA 或者蛋白质是遗传物质吗？一般的教科书告诉我们：赫胥和蔡斯用放射性的硫标记噬菌体的蛋白质，用放射性的磷标记噬菌体的 DNA；他们发现 T2 噬菌体感染大肠杆菌的时候，进入细菌的是放射性的磷（DNA），没有放射性的硫（蛋白质），所以赫胥和蔡斯证明了遗传物质是 DNA。

事实是这样吗？显然不是。如果我们置身于 1953 年的这场大会，我们会听到赫胥说：“我个人的猜测是，DNA 不会被证实是遗传专一性的独特决定者。”所以，他不确定遗传物质就是 DNA。

如果再阅读他们 9 个月前发表的论文，我们会看到文中如此表述：“感染的时候，大部分噬菌体的硫留在细胞表面，大部分噬菌体的磷进入细胞。”注意，文章只说“大部分”的硫留在细胞表面，“大部分”的磷进入细胞。可是大部分的教科书都说硫“全部”留在细胞外头，磷“全部”进入细胞里面，所以 DNA 是遗传物质。

这篇论文发表的 8 年前（1944 年），美国洛克菲勒研究所艾佛瑞（Oswald Avery）医生的实验室也提出支持 DNA 是遗传物质的言论。

艾佛瑞的实验室用各种生化和物理技术，分析造成肺炎双球菌遗传改变（“转形”）的化学物质。他们在论文中下结论说：“在技术的限制下，具有活性的部分不含有侦测得到的蛋白质……大部分或许全部都是……脱氧核糖核酸（DNA）。”

艾佛瑞和赫胥都是严谨的科学家，深知实验技术的限制，无法排除他们的 DNA 样本中完全没有蛋白质（或其他物质）的存在，所以不能肯定遗传物质就是 DNA。假如他们断然宣称遗传物质就是 DNA，他们一定会饱受批评。

胡适曾经说：“有几分证据，说几分话；有七分证据，不能说八分话。”在证据不足的时候，要维持客观的存疑态度，不轻易论断。这是科学家必须具备的严谨治学精神。艾佛瑞等人以及赫胥和蔡斯的研究结果支持 DNA 的遗传角色，这没有错，但是他们都没有排除遗传物质含有蛋白质或其他物质的可能性。这样保守的逻辑论证是绝对必要、不能妥协的。

如果我们把时间再提早 9 年（1935 年），我们就会碰见刚好相反的情况。那时同样在洛克菲勒研究所的史坦利（Wendell Stanley）纯化了烟草镶嵌病毒，并且成功让病毒结晶。病毒能够结晶，显然纯度很高。他分析晶体的化学成分，发现只有蛋白质。此外，纯化的病毒依然具有感染力，所以史坦利下结论说：“烟草镶嵌病毒可以看成一种自我催化的蛋白质……需要活细胞的存在以进行复制。”这项研究让那个时期的科学家更相信蛋白质是遗传物质。

现在我们知道烟草镶嵌病毒的遗传物质，其实是包在蛋白质中的 RNA。这个 RNA 约占病毒重量的 6%，但是史坦利没有侦测到它，显然是因为技术上的不足。根据不完美的技术所得到的结果下结论是很危险的。

教科书告诉我们 DNA（以及有些病毒的 RNA）才是基因的携带者，这没有错，可以背下来。但是如果我们简化历史，说艾佛瑞等人以及赫胥和蔡斯证明了这件事，我们就辜负了他们坚守的科学精神。

这种科学精神正是学生们亟须学习的。

这些例子凸显阅读原始论文的重要性。在原始论文中，我们才可以接触到原始的数据、推理和结论，而不是被扭曲、过度简化或过度诠释的结论。只有阅读原始论文，我们才能设身处地从作者的角度思考，了解来龙去脉，而不只是背书本上的条文。

求知不能只是用背的。华生说过："知道'为什么'（观念）比学习'什么'（事实）还重要。"他早在大学时代就领悟到应该尽量接触原始论文和资料，不要太依赖教科书。教科书的内容大多是根据二手或更多手的资讯，做简化的陈述。简化的结果常常就是误导。难怪分子生物学领军人物戴尔布鲁克（Max Delbrück）会说："大部分教科书交代科学发展史的方式都是百分之百的愚蠢。"

生物学应该是这个样子

1953年那一年，我才8岁。我真正接触DNA的时候，已经是25岁。

那时候我刚刚进入美国得克萨斯大学达拉斯分校（The University of Texas at Dallas, UTD）的分子生物学系攻读博士学位。第一学年上了"分子遗传学"和"巨分子物理化学"两门核心课程，我才知道分子生物学是怎么回事、DNA 是怎么回事、遗传密码是怎么回事。

出国前，我接触的传统生物学，像动物学、植物学、生理学、解剖学等，大都是相当表面的陈述，缺少基本层次的理论，让原本大学联考选择"甲组"（理工和医科）的我相当失望。直到接触到 UTD 的这些课程，才让我产生无比的兴趣与热情。突然之间，我发现生物学应该就是这个样子，有物理、化学和数学支撑的生物学。

当时 UTD 才刚成立。分子生物学系第一届的学生只有 6 人，老师的人数却是学生的 2 倍。我选择的指导老师是汉斯·布瑞摩尔（Hans Bremer），一位从物理学家转行的生物学家。系里的老师中，他治学最严谨，我选择他正是因为他的严格。我希望从他那里学习自律，收敛松散。当时，希望当他学生的还有一位美国女孩，结果汉斯选择了我，就这样我踏入了分子生物学的研究领域。

汉斯是在学术上影响我最深的人。他亲自教我实验技巧，教我撰写实验记录和科学论文，还和我一起逐字修润讲稿并排练演讲。最特别的是他开的“论文研读”课程。他挑选重要的论文，让我们课前阅读，然后在课堂中不厌其烦地讨论，不放过任何细节。例如，作者为什么要做这项研究？实验为什么用这一项技术而不用那一项？数据的分析和诠释有什么漏洞？实验的结果告诉我们什么，没有告诉我们什么？这样严谨的要求和琐碎的磨炼，是我研究生涯最重要的修炼之一。

汉斯在第二次世界大战结束后从德国移民到美国。他来达拉斯之前，先后在戴尔布鲁克的研究所及史坦特（Günther Stent，见第 2 章）的实验室担任博士后研究员。系里还有很多老师也是来自欧洲。他们或他们从前的老师，有些会在这本书中出现。

例如，我们的系主任是来自英国的克鲁兹（Royston Clowes），他之前是知名的遗传学家海斯（William Hayes，见第 4 章）的学生。来自德国的蓝恩（Dimitrij Lang），以前是电子显微镜大师克林施密特（Albrecht Kleinschmidt）的学生，他们两人发明了电子显微镜观察 DNA 的技术（见第 4 章）。

系里还有一群辐射生物学家，其中鲁伯特（Stanley Rupert，见第 10 章）是 DNA 修复的拓荒者之一。1958 年他在大肠杆菌中发现了修复紫外线伤害的光裂合酶，这个酶在可见光的照射下可以修复被紫外线破坏的 DNA。20 世纪 70 年代，土耳其学生桑卡（Aziz Sancar）在他的指导下分离了这个酶和基因。桑卡因为这个酶，与其他两位 DNA 修复酶的研究者在 2015 年共同获得诺贝尔化学奖。

我刚从 UTD 毕业的时候，汉斯曾推荐我到加利福尼亚大学（简称加州大学）柏格（Paul Berg，见“后记”）的实验室做博士后研究，但是柏格说要等到隔年才有位置，我没有等，我和另一位老师到俄亥俄州医学院做博士后研究。柏格后来因为发明重组 DNA 技术，获得

1980 年的诺贝尔奖。

在俄亥俄州的时候，我曾做了一项四股螺旋 DNA 结构的研究。那时候我写信请教刚从英国剑桥大学搬到美国沙克生物研究院的克里克，他看了我的文稿后告诉我，那四股螺旋 DNA 的模型在 5 年前已经有一位苏格兰的科学家发表过了。我如果想进一步研究的话，他建议我可以进英国克鲁格（Aaron Klug，见第 7 章）的实验室。我没有听从他的建议。克鲁格 1982 年获得诺贝尔奖。

除了这几位，这本书中提到的其他人物，我都只有在书籍和论文中接触过。最早是在UTD的时候，汉斯拿戴尔布鲁克1949年发表的《一位物理学家看生物学》（*A Physicist Looks at Biology*）给我们看。在这篇回顾文中，戴尔布鲁克陈述他和薛定谔（Erwin Schrödinger）两人以物理学家的观点来看，基因应该是化学分子；但是以分子而言，基因却太过于稳定，很诡异，似乎有违现有的物理原理。薛定谔甚至在《生命是什么？》（*What Is Life?*）一书中，提出遗传学中可能隐藏着新的物理定律。这个煽动性的想法吸引了很多精英物理学家积极投入遗传学研究。戴尔布鲁克等人更形成“噬菌体集团”，以大肠杆菌和噬菌体为研究题材，在细胞中的分子层次研究基因。

汉斯还给我们看了史坦特于 1968 年发表的回顾文章《那就是那时候的分子生物学》（*That Was the Molecular Biology That Was*）。史坦特把从《生命是什么？》到 1953 年的双螺旋这段时期称为分子生物学的“浪漫期”，因为这段时间，很多人都心怀寻找新物理定律的美梦。在接下来的“教条期”，基因的研究开始揭开明确的分子机制和理论，一切结构和机制似乎都可以用现有的物理化学原理解释，没有提出新物理定律的必要。戴尔布鲁克等人的浪漫美梦，尽管引领了引命的风潮，但仍旧只是一场美梦。

一个逐梦的故事

那时候的我正在实验室中打拼，只想早日毕业，所以对汉斯给我们的这些课外读物没有太在意。等到离开 UTD 好几年后，身处学术界，回顾起来才体会到汉斯的用心。他是在引导我们，要放宽眼界，既要见树又要见林。

2005 年，台湾大学的于宏灿教授安排我去做一系列的演讲，有 5 场之多，题目是《分子生物学的崛起》。之后，我将演讲内容扩充，在台湾阳明大学和台湾东海大学新开了一门叫作“孟德尔之梦：分子生物学开拓史”的课程，供大学部和研究所的学生选修，一直到现在。这段时间，我也曾经简化科学内容的部分，加重时代背景（包括艺术与哲学的发展），在通识教育的学程中开课。

我用“孟德尔之梦”这个名称的想法，是源于孟德尔告诉修道院同僚的一句话：“我的时代将会来临。”我为了它先后阅读了 40 多本参考书籍、这段历史中的重要论文，还有很多的网页资料，包括纪录影片和口述历史。我把这些材料整理起来，加上一些延伸读物及网络资料，供学生们阅读和参考。10 年下来，我开始觉得应该把这一切撰写成书，因为虽然关于这段历史的英文著作有很多，但是中文出版物很少，一直到 2009 年远流出版公司才出版了《创世第八天》中文版三巨册。《创世第八天》是历史学家贾德森（Horace Judson）的经典报告文学，讲的是分子生物学三四十年的黄金时期。我曾推荐这本书作为上课的参考书，但是发现几乎没有一个学生真正去读它。对那超过 1100 页的内容，除了特别有心的人，一般学生或老师都会望而却步。

我开始写我的书。我要从头说起，不只是谈那三四十年的黄金时期。我从孟德尔和达尔文写起，因为基因的概念从那个时期孕育，DNA 也在那时候被发现。从孟德尔发表有关豌豆杂交实验的论文，一直到日后遗传密码的解码、基因神秘面纱的揭开，刚好历经了 100 年。这本书说的就是这 100 年的基因历史。

在这些故事中，我比较注重科学方面的申述和推论。贾德森是历史学家，不是实验科学家。他在《创世第八天》中科学推理方面没有达到我的期望值，在课题的取舍方面也不太符合我的主观喜好。

分子生物学不是凭空产生的，它仰赖很多学科（例如物理、化学、数学和资讯科学等）的知识和技术，特别是一些新出现的观念和科技。有趣的是，有些新仪器竟然来自平日的生活用品。例如厨房里的果汁机，就一再出现在这段历史中。果汁机谁都会用。反过来，有些科技仪器（例如 X 射线衍射晶体图学），在操作上和分析上都非常专业，就不是可以轻易能够解说清楚的 。

最了不起的是研究者为了做好当前的课题研究，在没有现成技术可用之下，自己摸索，发明出新的技术。例如，梅塞尔森（Matthew Meselson）和史塔尔（Frank Stahl）为了测试 DNA 复制模型，使用超高速离心机发明出密度梯度离心的崭新技术。这种崭新的技术不但成就了该项研究，也成为日后相关研究技术的典范。

充实你的心灵

问题的思考、策略的选择和结果的诠释，都和科学家个人的背景有很大关系，特别是他们的教育和经验。对书中关键的人物，我会做一些背景的描述，尤其是和他们的发展有关的部分。达尔文和孟德尔在同一个时期做了很多（有些类似的）遗传研究，但是他们研究的风格非常不同，其中一个重要因素就是两人的学识和修养差距较大。

除了个人内在的因素，外在时空的机缘也是影响研究成败的重要因素。科学发现过程不像大众想象般依循一条直线，有规划、有条理地前进，而是有很多路线错综交织在时空中，充满了错误、曲折、意外和运气。你知道华生和克里克建构了 3 个不同的 DNA 模型，才得到正确的答案吗？你知道科学家花了 14 年的工夫才解完遗传密码，而前 8 年发表的理论和模型通通都是错的吗？这些失败的故事，都不会出现在教科书中，但是它们却可以帮助我们对科学研究的本质和发展进行正确且踏实的理解。

错误、歧途和失败都是不可避免的，尤其是当我们选择高风险的研究时。指导老师给学生规划的研究题目，通常不会有高风险，且有可以预期的结果。但是，当学生脱离这个课题，追求自己的梦，他就踏上了陌生且高风险的发现之旅。两个最明显的例子是：华生和克里克的 DNA 双螺旋结构模型，以及梅塞尔森和史塔尔的 DNA 半保留复制模型。这两项研究既不是指导教授规划，也不是研究计划规划的。克里克和梅塞尔森当时都还是研究生，在研究别的论文题目。他们都是抽空从事这些“课外活动”，跌跌撞撞圆了自己的梦。

别忘了，当初孟德尔的遗传研究也是“课外活动”。他没有论文指导老师，也没有研究计划。他只是修道院里的一位修士，在没有任何报酬，只有院长和同僚的鼓励下（大概也帮忙吃了很多豌豆），8 年中完成 28000 株豌豆的杂交实验。他为了什么？他只是为了发掘其中“应该隐藏着的大自然法则”。

这些大大小小的冒险活动在本书中占据重要的地位。我们随着这些冒险家面对挑战，随着孟德尔思考豌豆杂交实验的结果，随着华生和克里克在来自四处的线索中抽丝剥茧，构思DNA的结构。一个谜题的解答带来另一个谜题，一个挑战接着一个挑战，编织出精彩的历史。

这不是一本能够轻松阅读的科普书籍。不管我们用何种方式，科学的学习永远不是轻松的，永远是要动脑筋和费精神的。别相信别人说的“科学可以轻轻松松学习”，那是骗人的。真正扎实的学习，必须付出扎实的力气。

将这本书捧在手上翻阅，随时停下来思考，慢慢咀嚼和消化。碰到太艰深或太生涩的题材，不妨放下书，冲一杯咖啡，休息一下再回来，也不妨暂时跳过，搁置起来，或者找人讨论。除非你已经是专家，否则你一定会碰到障碍，不过没有关系。如果这本书说的你都懂，你就没学到什么。发觉自己不懂或不解，就是进步的第一步。

让这本书带给你收获与快乐，也帮助你充实你的心灵吧！

〈修订版序〉

新的面貌与感谢

《孟德尔之梦：基因百年简史》自从 2017 年出版以来，经历 5 次修订，并授权北京时代华文书局出版简体版（书名《基因前传：从孟德尔到双螺旋》）。现在我们决定改版《孟德尔之梦：基因百年简史》，赋予其新的面貌，同时对其内容进行微幅修订。

《孟德尔之梦：基因百年简史》所谈的是有一段距离的历史，其间发现的遗传原理都有定论，经得起考验，因此基本上不需要大幅修订。此次增订新版只在下列几处内容有实质的添加：

第 2 章结尾处新增了一节有关达尔文进化论和孟德尔遗传学整合的简要历史，介绍了 20 世纪早期的学者如何将这两项独立的创论融合起来，塑造成完整的理论。这要感谢清华大学黄贞祥教授在网络专栏《GENE 思书轩》指出了这项缺失。

第 7 章后段提到了为什么华生与克里克一开始就认定 DNA 双螺旋是右旋的，有些读者会好奇他们为什么如此确定，因此我在这里增加了一段史实和意见。

书末的附录《基因的百年历史与后续的里程碑》也新增了近年来的几项新突破。

新版书中也添加了一些我的插画，包括在《科学人》专栏中出现过的几幅插画，希望增加一些轻松趣味。

这些年来，承蒙各地读者的鼓舞和支持，谢谢大家！

本书献给我的老师汉斯
以及历年来和我一起认真工作、认真玩的学生们

这是当年我用漫画形式画的汉斯。他在做离心实验，离心管中的金鱼是开玩笑画上去的。那个时期携带型计算机刚问世，但是他一直不舍口袋中那把计算尺，一直到师母送他一份不能拒绝的礼物。

目　录

科学发现之旅

扫码踏上

深度解码遗传奥秘

探寻传奇人物 走近先驱

一起回顾孟德尔的科研之路

Let's Review Mendel's Road to Scientific Research Together

秘生命奇迹 科学拓展

探索生命奥秘的广阔领域

Exploring the mysteries of life wide field

探索生命之源 高校课程

接触前沿的遗传学理论

Exposure to cutting-edge genetic theories

锁遗传密码 名人故事

于科学的视觉盛宴

A visual feast about science

〈楔子〉

酒馆中的狂言

1953年2月28日，星期六，希腊、土耳其和南斯拉夫三国的代表在安卡拉签署条约。希腊和土耳其都是北大西洋公约组织的成员，条约的签署将南斯拉夫纳入西方的防御系统。在东方，朝鲜战争已经进行了两年八个月。

这天中午，两位年轻人从冷飕飕的街上走进剑桥大学旁的“老鹰酒馆”，兴冲冲地向一群正在用餐的朋友宣称：“我们发现了生命的秘密！”

发出这一狂言的是来自卡文迪什实验室的36岁英国物理学家法兰西斯·克里克，他的同伴是24岁的美国细菌学家詹姆斯·华生。那天早上，华生才刚刚用纸板模型排出DNA分子的碱基配对模式，为他们的“双螺旋”模型填上最后的关键拼图。一个星期后，他们用铁片和钢丝完成了双螺旋的完整模型。这个模型将成为20世纪最重要的发现之一。

这两位年轻人是如何相遇并合作达成这项成就的呢？过程很曲折，也很有争议。它的源头要追溯到近一个世纪前，在英国掀起大风波的达尔文进化论，以及孟德尔修士在修道院中做的豌豆遗传研究。达尔文的学说欠缺一个解释物种变异的原理，对此，在英国的他和其他科学家都束手无策。反而是孟德尔用数学分析史无前例地推导出了遗传原理，但是他的洞见却遭受冷淡的对待。孟德尔并不气馁，他告诉修道院里的同僚说：“我的时代将会来临。”

1869年，孟德尔的论文发表3年后，瑞士人米歇尔（Friedrich Miescher）在伤患绷带的脓液中萃取出一种黏稠的化合物。这种化合物来自细胞核，所以他将之命名为“核素”（nuclein）；它就是我们今天所称的DNA，米歇尔认为它可能是细胞储藏磷酸的地方。直到20世纪初期，科学家认为孟德尔的遗传因子（基因）是在染色体上，而DNA是染色体的主要成分之一，它才被认真看待。染色体的另外一个主要成分是蛋白质，那么基因到底是蛋白质还是DNA？当时有不少的实验证据支持蛋白质。此外，蛋白质是由20种次单位（氨基酸）组成的，应该能够产生极多的变化担当基因的角色；DNA却只有4种次单位（脱氧核苷酸），看起来很单纯，似乎只能扮演结构的角色。因此，很少人看好DNA。

克里克和华生两人都看好DNA。他们阅读了支持DNA的少数关键报告，相信基因应该是DNA。当时只知道DNA的基本化学结构是由4种核苷酸串联的聚合物，但是它的立体结构还是一个谜。克里克和华生认为，如果DNA是基因所在，解开它的立体结构就很重要，如此可以有助于人们对基因的了解，突破当时的“瓶颈”。

在1953年2月28日的早上，他们终于正确解出DNA的双螺旋结构。他们赢了两处的竞争者——近在80公里外伦敦国王学院的罗萨琳·富兰克林（Rosalind Franklin）和威尔金斯（Maurice Wilkins），以及远在美国加州理工学院的鲍林（Linus Pauling）。伦敦国王学院当时是进行DNA结构分析最积极的机构，鲍林则是结构生物学领域的权威，隔年就获得诺贝尔化学奖。

为什么克里克会宣称他们发现了“生命的秘密”呢？虽然这是年少轻狂的行为，但是他们有很好的理由。他们在双螺旋结构中发现了一些“基因的秘密”：基因如何储藏遗传资讯、如何突变，以及如何复制。这样一个分子结构居然隐藏着多重的遗传学意义，使得他们更加确信基因就是DNA。

这是意料不到的礼物。基因不再只是抽象的因子，而是活生生的化学分子。它开启了科学家用物理和化学方法在试管中研究基因的大门，为科学家指出未来努力的方向。从双螺旋结构的角度，科学家可以开始研究DNA如何复制，遗传信息如何储存，又如何传递到蛋白质分子上，让后者执行各种生理功能。这些课题成为接下来十几年科学家追寻的圣杯。这段时间经过大西洋两岸科学家的努力，这些课题基本上都得到了解答。更重要的是“遗传密码”的发现——生物体居然存在着密码系统！如果一百年前有人这样预言，一定会被当作疯子。1944 年，第二次世界大战中，旅居爱尔兰的量子力学大师薛定谔在他的《生命是什么?》一书中，就提出细胞中有遗传密码的观点。这个大胆的假设居然被证实了。

孟德尔的大胆狂言成真了，他的时代来临了。克里克的大胆狂言也成真了，他们真的发现了生命的秘密，而且是最基本的秘密。1953 年 3 月 7 日，当他们把完整的双螺旋结构模型用铁片和钢丝建构起来的时候，他们可曾想到它会成为 20 世纪最重要的发现之一?

从豌豆到“遗传密码”，历时 100 年，这个环绕着DNA的“疯狂的追寻”（克里克自传的书名）就是本书要讲给大家听的故事。

第 1 章 鸽子与豌豆

1859—1900

有一天，我剥下一张老树皮，看见两只很罕见的甲虫，就两手各抓一只。然后我又看到第三只，新的品种，我舍不得放弃，所以我就把我右手抓的那只丢进我的嘴巴里。天哪！它射出某种苦辣的液体烧烫我的舌头，我被迫把那甲虫吐出来，它不见了，那第三只也不见了。

——达尔文

达尔文的梦

在剑桥大学就学的时候，达尔文（图 1–1）就展现出自然学家收集标本的高度热忱。在 18 世纪，欧洲的自然学家四处观察周遭的动物、植物、霉菌等各种生物，并收集标本来研究大自然。他们重视观察和归纳，通常很少进行科学实验。这门比较软性的科学，是很多经济宽裕的中产士绅的时尚嗜好。

达尔文生长在富裕的家庭，祖父是有名的医生伊拉士摩・达尔文（Erasmus Darwin），外祖父则是有名的玮致活瓷器公司创始人维奇伍德（Josiah Wedgwood）。他本来进入爱丁堡大学攻读医科（当时英国最好的医学院），但是他对医生的工作兴致索然，导致功课荒废。这时期他加入了一个研究自然史的学生社团，养成了野外观察研究的爱好。在爱丁堡大学就读两年之后，父亲毅然将他转入剑桥大学，希望他毕业之后从事牧师的工作。当时英国的牧师一定要有大学的学位。

达尔文在剑桥大学结交了很多自然学家朋友，他们经常聚会并开展野外活动，达尔文自己也开始狂热地收集甲虫标本。1831 年，达尔文从剑桥大学毕业后，没有依照父母的愿望去当牧师。命运带他走上一条他完全预想不到的路。他加入了费兹罗（Robert Fitzroy）船长所领导的环球勘查航行，这改变了他的后半生。

那年 8 月底，他收到剑桥大学的老师兼朋友韩斯洛（John Henslow）教授的来信，告诉他皇家海军的小猎犬号正在寻找一位精通自然学、地质学的绅士，参加他们的环球勘查航行。1831 年 12 月 27 日，达尔文登上小猎犬号，开启这趟未知之旅。这趟环绕地球一周、为期五年的航行，让达尔文接触到非常多的生物物种及化石。他不停地收集样本、制作标本、归纳整理，连同生物与地质报告一起寄回英国。这些物种的多样性以及地理分布的广泛性，让他非常着迷。

当小猎犬号回到英国的时候，达尔文已经是一位闻名的自然学家了。他开始到处演讲和发表论文，并系统地整理和分析那些数量庞大的标本，很多专家都过来帮忙。有了这些经验，他开始归纳物种起源

图 1-1 1869 年达尔文 60 岁时的照片，当时《物种起源》已经出版 10 年。由女摄影家卡麦隆（Julia Cameron）拍摄。

和物竞天择的理论。为了支持物种不是牢固不变的理论，他进行了很多育种杂交实验与观察。他的基本理论大约在 1838 年就开始成形了。1839 年年初，达尔文被选为英国皇家学会的会员，这是很高的荣誉。同时他与大他九个月的表姐艾玛·维奇伍德（Emma Wedgwood）结婚，艾玛是一位虔诚的基督教徒。这样的表姐弟近亲结婚，有违他在进化论中提到的“杂种优势、近交衰退”观念。

1855 年，一位四处旅游、收集标本的自然学家华莱士（Alfred Wallace）发表了一篇论文——《论调控新物种形成的定律》（*On the Law which has Regulated the Introduction of New Species*）。华莱士和达尔文很不一样，他出身贫穷，并且几乎一辈子都如此。他受到几位旅游自然学家（包括达尔文）的感召，先后前往亚马孙河流域和马来群岛进行很长时间的研究，经费都是依赖贩卖他所收集的标本所得。他在这篇论文中提出：每一个新物种的出现都不是无中生有；在同一个时间和空间，都已经有亲属的物种存在。他认为这个论点可以解释他所观察到的生物和化石的地理分布。达尔文的这位朋友认为这很接近达尔文提出的理论了，但是达尔文不以为意。他慢条斯理地整理资料，打算写一本叫作《天择》的巨著。

1858 年春天，华莱士在马来群岛患病，躺在床上忽冷忽热，突然想起 12 年前读过的《人口论》（*An Essay on the Principle of Population*）。马尔萨斯的这本经典著作提出，族群的个体数目快速成长，终将超越自然资源的成长，带来必然的灾难。他想，生物物种的进化似乎可以从这个角度思考。面对自然的天敌、资源的不足，他说："为什么有些会死，有些会活？答案很清楚，整体来说最适者会活。面对疾病的威胁，最健康的逃离；面对敌人，最强壮、最灵敏或者最狡猾的逃离；面对饥荒，最好的猎人或者消化系统最好的逃离，等等。然后我就想到，这自动的程序必然会改进种族，因为每一代劣等的必定会被杀死，优秀的会存活，即最适者存活……这样动物躯体的每一部分都可以依照需要修改，在修改的过程中，没有修改的就死掉，于是每一个新物种的特殊形状和清楚的隔离都可以得到解释。我越想越相信，我终于发现了我长期追寻的解决物种起源问题的自然定律。"接下来几天，他将他的想法写成一篇 20 页的论文，寄给达尔文。

这年 6 月，华莱士的论文抵达的时候，达尔文自己的著作也已经撰写了一段时间。他看到相隔半个地球的华莱士竟然提出和自己相同的演化机制，这篇论文激发他快速整理出一篇论文，和华莱士的论文一起在 7 月 1 日举行的林奈学会上宣读。当时华莱士还在婆罗洲，达尔文则在办儿子的丧事，两人都不在现场。文章最后发表在《伦敦林奈学会学报》上。

达尔文自此发愤图强，开始撰写一本巨著的摘要。没想到这份摘要后来就演化成 500 多页的《物种起源》。1859 年这本书出版之后，大受欢迎，初印的 1250 本一下子就卖光了。那年他已经 50 岁了。

在引言中，达尔文如此综合整本书的要义："当物种生下来的个体数目远超可能生存的数目，就会有不停的生存竞争；一个个体只要有稍微对自己有利的变化，在生命复杂而且随时变化的条件下，就可能有更佳的生存机会，也就是'天择'。以稳固的遗传原理而言，任何通过筛选的品种就会倾向繁殖它改变过的新形式。"达尔文和华莱士的进化论都是如此主张：物种数目随着时间增加，个体争夺有限资源，在自然筛选的压力下竞争，适者生存，不适者被淘汰。

达尔文甚至在《物种起源》中提出地球上所有的生物可能源自一个共同祖先，这是进化论中非常重要的概念。他曾经在笔记本中画了一幅"生命树"（图 1–2），并在这页的左上角写下"I think"（我想）两个字。对此，达尔文曾经在写给华莱士的信中如此说："虽然我不会活着看到，但我相信有朝一日，大自然的每一个大界都会有相当真实的族谱树。"他说的"界"是指当时生物分类的动物、植物和原生生物的三个界。达尔文以及当时的分类学家归纳动植物的族谱，所依据的是个体形态的相似性。单靠形态的相似性来判断亲缘性，谁都很难把植物与动物归纳在一起，更别说霉菌、细菌这些原生生物。

100 年后，达尔文的梦成真了，不但每一个"界"都有一个族谱，而且所有的"界"其实都涵盖在同一个族谱中。也就是说，动物、植物、霉菌、细菌等通通来自一个共同的祖先。这样单一的族谱是 19 世纪的科学家很难想象的。

支持这单一族谱的坚强证据来自细胞里的分子信息。尽管一种细菌、一棵树和一个人，怎么看都不像，但是我们的细胞中有无数相似

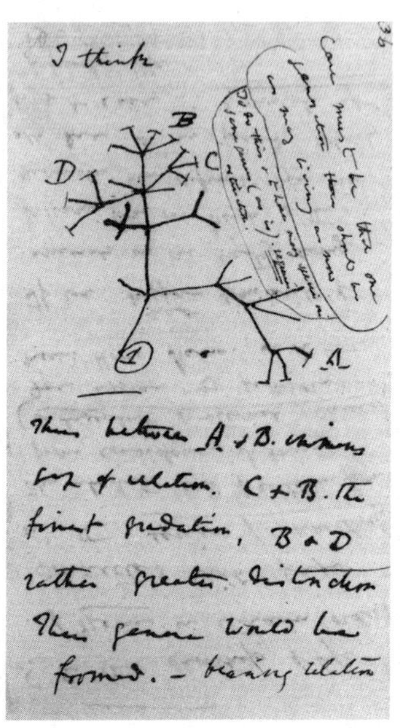

图 1–2 达尔文在笔记本上画的生命树。时间是1837年，他从小猎犬号航行归来不到 1 年。他在左上角写了“I think”（我想），显示他还在思索中。下方圈起来的①代表这棵生命树的先祖，末梢有横杠的树枝代表绝种的物种，没有横杠的树枝代表存活的物种。

的蛋白质和相似的基因。亲缘关系越接近的生物，其蛋白质越相似，基因也越相似。这种细胞分子的共通性存在于地球上的每一种生物之间。地球上的所有生命属于同一起源的证据确凿。

从分子信息所建立的族谱的角度来看，演化的步骤就反映在基因的变异上。基因的变异造成蛋白质的变异，蛋白质的变异造成个体性状的变异。族群中不同性状的个体都要接受自然的挑战和筛选。

进化论不可或缺的一环

但是达尔文不知道这些。他只知道物种发生可遗传的变异是进化论的一项要素，有了这些可以遗传的变异，才能在大自然的竞争中筛选出适合生存的物种。没有变异，就没有演化。但是物种的变异如何发生？如何遗传？达尔文没有给出答案。如果这个问题没有答案，他

的天择说只能算个半成品。

达尔文说：“筛选的力量，无论是来自人类，还是大自然通过生存竞争以及适者生存施加的，绝对要依靠生物体的变异。没有变异的话，就没有任何效果；个体的变异不管多微小，都足以达到效果，而且大概是新物种形成的主要或者唯一的工具。”

对于当时的学者来说，生物的遗传变异实在很令人困惑。从人类本身的世代相传到畜养的动植物的育种，都可以很明显观察到生物体各种性状的遗传和变化。这些现象有一定的规律，例如有些子代继承亲代的特征（“龙生龙，凤生凤，老鼠的儿子会打洞”）；有些却呈现和亲代不同的特征或不同的组合。对这些现象，大家不管如何思索，都归纳不出具体的章法。

当时欧洲能够着手思考遗传现象的，大概就是园艺学家了。园艺学家接触了很多不同品种的植物，并且将其进行杂交产生新品种。不过他们的实验结果也很令人困惑，例如红花品种和白花品种交配，有些植物产生了红花或白花的子代，有些则产生粉红色花的子代，有些甚至开出红白相间的花。他们无从归纳出任何可靠的原则，得不到任何具体的结论。

达尔文自己也做了很多遗传实验，尝试找出支持进化论的原理。他于 1868 年发表的《动物和植物在家养下的变异》（*The Variation of Animals and Plants Under Domestication*）记载了这些实验和观察结果，详细描述了他做过的很多遗传实验。这本书出版的时候，孟德尔的遗传论文已经发表了两年，而达尔文显然不知道它。

达尔文对鸽子有浓厚的兴趣，他曾经做过很多家鸽交配实验。欧洲的家鸽应该是从野生岩鸽驯化育种而来的。达尔文曾用家鸽交配，竟然得到具有岩鸽羽毛花纹的子代。达尔文认为这些子代恢复到了野生的形态，认为他观察到的现象是物种演化的见证。

达尔文还做了很多植物育种实验，超过 50 种，包括豌豆、兰花和亚麻等。不过他从来没有仔细研究这些植物的性状遗传，他比较感兴趣的是“杂种优势”，以及它与演化的关系。所谓“杂种优势”，是指亲缘关系比较远的双亲所生育的后代会比较优异、比较有竞争力。与之相反的就是“近交衰退”，也就是近亲交配容易出现衰弱、有缺陷的体质。“杂种优势”在畜牧业和农业育种上很重要，达尔文相信它在演化中也会扮演很重要的角色。

达尔文甚至和孟德尔一样，也种植豌豆做研究。他种植过 41 种不同品种的豌豆。孟德尔研究的豌豆性状，例如豆子的圆皱、植株的高矮、花朵的颜色等，达尔文都有观察，但是他没有像孟德尔那样进行杂交实验。

达尔文做了金鱼草的杂交实验。有趣的是，他让双瓣花和三瓣花的亲代交配，第一代子代都是双瓣花；第一代子代相互交配后，得到的第二代子代有 88 株双瓣花和 37 株三瓣花。这两者的比例约为 2.4 ∶ 1，已经接近著名的孟德尔豌豆杂交实验的 3 ∶ 1 的比例（见下文）。达尔文在著作中曾提到这个结果，但是没有做任何分析和申论。另外，他做了樱草的杂交实验，第二代子代也同样出现 3 ∶ 1 的比例。对于这类实验结果，他都没有特别重视它们可能具有的意义。

对这些遗传实验结果进行数学分析和思考，超出达尔文以及其他自然学家的训练和能力范围。它们只有在具有严谨数学训练的孟德尔的手中，才能得到应有的归纳和分析，背后的基本原理才得以厘清。

搅拌式的遗传

达尔文显然一直都不知道或者不注意孟德尔的遗传论文，一直到过世（1882 年）他都执着于当时流行的“搅拌遗传”理论。“搅拌遗传”认为子代的性状是双亲的性状搅拌而形成的。这样的想法比较容易被接受，譬如白人和黑人生下灰色皮肤的小孩，或者红花的植株和白花的植株生出粉红色花的植株。

此外，“搅拌遗传”产生的变化比较小。微小的变化正合达尔文进化论述的胃口，他认为演化的驱动力主要来自微小变异的累积。他说："天择得以达成，必须依赖非常微小的遗传变异，每一个变异对个体的生存都有助益。"

"搅拌遗传"理论存在一定的问题。如果性状的遗传是搅拌式，那么随着世代的延续，族群成员所具有的性状就越来越接近中间值，到最后就没有太大的变化。演化中如果出现一个优势的特征，它在传宗接代过程中，就会被迅速稀释。它如何在缓慢的天择过程中扮演关键的角色？

当时格拉斯哥大学的工程学教授简金（Fleeming Jenkin）就指出这个矛盾。他讲了一个假设的故事来说明他的论点："假如有个白人因为船难留在一座黑人住的岛上……这个白人或许会成为国王；他或许会在求生过程中杀死很多黑人；他或许会有很多妻子和小孩……他或许活到很老，但是无论经过多少代，他都无法让他的后代子民的肤色变白……第一代会有几十个聪明的黑白混种年轻人，比一般黑人聪明许多。我们可以预期好几代，占据王位的都是肤色接近黄色的国王；但是会有人相信整座岛上的族群会渐渐变白或变黄吗？"

对这样的驳议，达尔文如此说："简金给我带来了很多麻烦，不过他比任何其他论文或评论都有用。"达尔文自己也承认"搅拌遗传"理论有问题。1866 年，他在一封写给华莱士的信上提起他做的甜豆杂交实验："我拿彩纹女神（Pink Lady）和紫甜豆（purple sweet pea）交配，它们是颜色差异很大的品种。我得到的完全是这两种的变异，没有中间品种，即使在同一个豆荚中也是如此。"也就是说，这个实验结果与孟德尔所观察到的结果相近，不符合"搅拌遗传"理论。

达尔文之后提出"搅拌遗传"的变奏，叫作"泛生说"（pangenesis，图 1–3），出现在《动物和植物在家养下的变异》第 17 章中。"泛生说"认为，遗传单位（达尔文称之为"微芽"）是个体的细胞所产生的，经过体液流到生殖细胞。双亲的微芽就借着精子或卵子而传递到子代，在子代体内混合，这样就使得双亲的特征出现在子代身上。

"泛生说"也受到挑战，这次挑战来自达尔文的亲戚——一位远

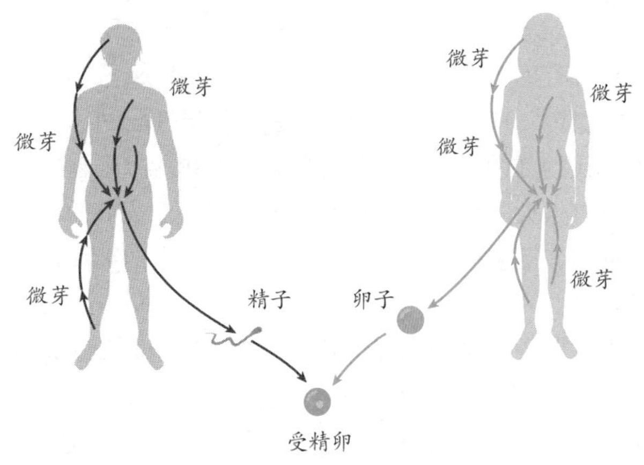

图 1–3 达尔文的“泛生说”。这个学说认为掌管个体特征的遗传单位(微芽)经过体液流到生殖细胞，透过生殖细胞的结合在子代体内混合。

房表弟高尔顿（Francis Galton）。高尔顿既聪慧又多才多艺，集生物学家、数学家、统计学家和发明家于一身。他是达尔文进化论的支持者，但是身为科学家，他不盲从。他尝试帮助达尔文厘清遗传的问题，在达尔文的鼓励下，他用兔子做输血实验来测试达尔文的“泛生说”理论。

高尔顿根据“泛生说”的论点，推论微芽会从血液流到生殖细胞，所以他就把垂耳兔子的血液输给直耳兔子，然后让后者和直耳兔子交配生小兔子。结果所有的小兔子还都是直耳的，没有一只是垂耳的，显然垂耳兔子的微芽没有发挥作用。高尔顿本来希望用实验支持表兄的“泛生说”，没想到却得到相反的结果。身为科学家，高尔顿还是发表了这项研究结果。针对这一研究结果，达尔文马上澄清，说他的“泛生说”并没有说微芽是靠血液传递的。如果微芽是靠血液传递的话，那么没有血液的原虫和植物就无法进行遗传。

海峡另一边酝酿的风暴

当达尔文进化论在英国引起大风暴的时候，另外一场风暴正在海峡另一边的欧洲大陆酝酿着。这场风暴要潜伏 30 多年才会被引爆。

地点是在当时奥匈帝国布诺恩市的圣汤玛斯修道院。圣汤玛斯修道院属于奥古斯丁修会，那是当时天主教里最自由的修会，非常注重教育与研究。它的教条是“从知识到智慧”。他们的领袖圣奥古斯丁曾经如此说：“如果你祈祷，你在对上帝说话；如果你阅读，上帝在对你说话。”

那时候的欧洲，除了大学之外，奥古斯丁修会的教会是最大的图书宝库，受到皇帝和教会的支持与鼓励，是穷人受教育的天堂。出身贫穷农家的孟德尔（图 1–4）原本在帕拉茨基大学攻读哲学和物理学，因经济窘困，只能接受妹妹用嫁妆资助。在与他很要好的物理老师法兰兹（Friedrich Franz）推荐下，他于 1843 年进入圣汤玛斯修道院，

图 1–4 孟德尔修士。摄于 1880 年。

颇受院长（农艺学会会员）赏识，支持他进修和做研究。1849 年，孟德尔开始在普通中学试当数学和希腊文的代课教师。第二年，他参加中学物理教师的资格鉴定考试，没有成功。再过一年，修道院院长送他到维也纳大学就读，一直到 1853 年。

当时维也纳大学中，孟德尔的老师包括两位著名的植物学家。其中，植物解剖学系主任芬哲（Eduard Fenzl）是个保守的植物分类学家，他相信生物的发育由神圣的生命力主导，而且生物基本上是稳定的、不会变异的；植物生理学系主任恩格（Franz Unger）则具有前瞻性，提倡生物变异的研究。

达尔文的《物种起源》于1859 年在英国出版，隔年德文版出版，在奥匈帝国流传。恩格站在达尔文这一边，认为生物品系不是恒定的，会随着时间和空间变异。在保守的环境下，这样的论点曾经给他带来被解聘的危机，还好慕尼黑大学的植物学权威纳吉里（Karl von Nageli）支持他。

孟德尔日后进行的豌豆研究，风格和当代的植物学家很不一样。他把生物学问题当作物理学问题来研究，进行合乎逻辑的实验设计以及严谨的数学分析。这应该和他在维也纳大学受教于两位物理学家有很大关系，其中一位是物理学家克里斯琴·多普勒（Christian Doppler）。多普勒早年因为提出“多普勒效应”而闻名世界，这个效应解释了为什么车子接近或者离开我们的时候，喇叭声的频率会改变。孟德尔入学的第一个学期就上他的课，后来也当过他的实验示范助理。另外一位物理学家艾丁斯豪森（Andreas von Ettingshausen）则精通统计学，写过一本关于排列组合的书。日后孟德尔分析豌豆杂交实验数据所使用的统计分析方法，显然受到这位老师的影响。数学教育让他得以用统计学在看似杂乱的数据中找到秩序。1856 年，孟德尔再度参加中学教师的资格鉴定考试，这次仍然没有通过。考官之一是他的老师芬哲。据说在考试的时候，芬哲和孟德尔之间有意见冲突，芬哲相信“精源论”，认为精子决定一切，孟德尔却认为卵子和精子同样重要。

这次考试失败之后，他就放弃了教书的梦想，开始在修道院种豌豆做遗传研究，一直持续了8年的时间。这项工作的背后动机，或许就是为了证明自己的理论。

孟德尔最初选来做遗传研究的不是豌豆，而是老鼠。他让野生的褐色老鼠和白色老鼠杂交，再观察后代皮毛色的变化。这件事情让当地的主教知道了，主教觉得禁欲的修道士怎么可以从事这种实验，就出手阻止。孟德尔只好改做植物的研究，开始在花园里种植豌豆。对这件事，他曾经如此说："虽然我不得不把研究对象由动物改成植物，但是有一件事主教大概不知道，植物也是经由交配产生下一代！"

就这样，命运让孟德尔踏入豌豆的遗传研究。如果主教没有干涉，他还是用老鼠做研究的话，他绝对不可能像将豌豆那样进行杂交，分析几百只甚至几千只老鼠子代。遗传学的历史应该会很不一样，孟德尔的名字在后世可能无人知晓。

物种变异的争论

孟德尔为什么要做老鼠或豌豆的杂交实验呢？他秉持怎样的信念？我们从他发表的论文中可以看出来。他说："花卉的人工育种交配中，杂种颜色出现的显著规律性，其中应该隐藏着大自然的法则。"所以，孟德尔是秉持着寻找大自然法则的信念出发的。

和其他做相同尝试的科学家（例如达尔文）比较，他使用的是前所未有的研究策略。他把定量及或然率的分析方法带入遗传学的研究中，分析各种"特征"（孟德尔的用词）出现在子代的数目和频率，完全不理会这些特征是如何产生的。也就是说，他完全不在乎豌豆花是白色或紫色的；他只在乎白花的子代有多少，紫花的子代有多少。花色生理学这个黑盒子，他完全跳过去不理会。

不过豌豆的实验杂务还是不能避免。豌豆是一年生草本植物，一个生长周期是一年，所以做实验很花时间。此外，豌豆是雌雄同花，会自花授粉，也就是说同一朵花的雄蕊会用花粉让雌蕊内的卵受精。孟德尔要进行杂交实验，就要避免自花授粉。他必须把花朵中未成熟的雄蕊预先切除，避免授粉；然后再从其他植株花朵中的成熟雄蕊取下花粉，进行授粉。这样一朵花一朵花地进行杂交。8 年来，他总共进行了大约 28000 株豌豆的杂交。

孟德尔从种子商人处获得 34 个不同品种的“纯种”豌豆，具有各种不同的性状特征，有的是植株高矮不同，有的是花朵颜色不同，有的是豆子形状不同等。最重要的是这些品种都是纯种的，也就是说，紫花品种自我授粉之后得到的后代也都是紫花，不会变；白花品种自交的后代也都是白花，不会变。孟德尔花了两年的时间证实这些品种都是纯种。纯种的豌豆才适合拿来进行杂交实验。

他的研究策略相当简单，就是先杂交两株特征不同的纯种豌豆，观察子代的特征，统计不同特征的后代数目，然后尝试在这些数据中寻找出规律。

纯数学的分析

孟德尔首先交配圆豆子的纯种和皱豆子的纯种。这样交配后得到的第一代子代（称为 F_1）都是圆豆，没有皱豆，也没有半圆半皱的。这个现象，不管哪个品种是父系、哪个品种是母系，结果都一样。孟德尔又测试了其他 6 组特征（见下文），也都得到同样的结果，即 F_1 都只出现一个亲代的特征，另外一个亲代的特征都不见了。

对于这个现象，已故的著名植物学家格特纳（Karl von Gärtner）已经研究过了。格特纳是植物杂交研究的先驱，曾做过 700 多种植物的杂交研究。孟德尔熟读过他的著作，在日后自己的论文中也提到他高达 17 次之多。达尔文在《物种起源》中也提到他 32 次。

这些 F_1 的结果是孟德尔所预期的。当他让 F_1 豌豆相互交配得到第二代子代（称为 F_2）时，他发现那些消失的亲代特征又出现了。这一点格特纳也发现过，所以孟德尔并不讶异。显然这些特征不是真的消失，而是隐藏在 F_1 中，到了 F_2 才重新出现。孟德尔称这些重现的特征为“隐性”，另一个出现在 F_1 的特征为“显性”。他说，当两者同时存在于一个个体（譬如 F_1）的时候，显性的特征比较强势，会遮盖隐性的特征。隐性的特征并没有消失，它只是被遮盖住，最终还是会出现在后代（F_2）身上。

孟德尔发现了如下 7 组呈现显隐性关系的特征：

1. 圆豆是显性，皱豆是隐性。
2. 黄色的豆仁是显性，绿色的豆仁是隐性。
3. 灰色的豆皮是显性，白色的豆皮是隐性。
4. 饱满的豆荚是显性，不饱满的豆荚是隐性。
5. 未成熟豆荚绿色的是显性，黄色的是隐性。
6. 花朵腋生（长在侧边）是显性，花朵顶生（长在顶上）是隐性。
7. 高茎是显性，矮茎是隐性。

孟德尔进一步注意到，具有显性特征的 F_2 占所有 F_2 子代的大约 3/4；具有隐性特征的 F_2 占大约 1/4。显性特征是隐性特征的 3 倍。这个有趣的比例在这 7 组特征的杂交实验都出现过（图 1–5）。7 个实验得到的倍数分别是 2.96、3.01、3.15、2.95、2.82、3.14、2.84，平均值 为 2.98。他认为这些都代表 3 ∶ 1 的比例。他对这个比例很有信心，因为这些数据都是根据几百到几千个 F_2 子代计算得出的。当时现代统计学还没有出现，孟德尔就注意到，如果样本的数目很小（只有几十个），计算出来的比例波动就很大，从 1.9 到 4.9。这是不可避免的统计学误差，所以他都以几百到几千个样本做计算。

3 ∶ 1 是暗示什么意思呢？那呈现隐性特征的 1/4，显然它们是只携带隐性特征的纯种，没有问题。那呈现显性特征的 3/4，有的可能是纯种（只携带显性的特征），有的可能是杂种（同时携带显性和隐性的特征）。为了厘清这一点，孟德尔就让它们自交，再观察下一代（F_3）。纯种 F_2 自交产生的 F_3 都像亲代，没有变化；杂种 F_2 自交产生的 F_3 会有变化。

前述圆豆株和皱豆株产生的 565 株圆豆 F_2 自交后，发现有 193 株是纯种，有 373 株是杂种。纯种和杂种 F_3 的比例是 193 ∶ 373，接近 1 ∶ 2。他在其他 6 组特征的 F_3 中，也都得到相同的结果，即纯种和杂种 F_3 的比例都接近 1 ∶ 2。

根据这些结果，原本的 3 ∶ 1 的比例就可以转换为 1 ∶ 2 ∶ 1 的比例。孟德尔在维也纳大学的数学教育中就遇到过这个比例，出现在“二项分布”中。所谓“二项分布”的概念，早在 1713 年就由瑞士数学家白努利（Jacob Bernoulli）首先提出，是分析概率以及排列组合的利器。孟德尔在维也纳上大学时的老师——物理学家艾丁斯豪森，就以精通排列组合学而闻名于世。最简单的二项分布，即可解释孟德尔观察到的 3 ∶ 1 和 1 ∶ 2 ∶ 1 比例。

$$(A+a)^2=(A+a)(A+a)=A^2+2Aa+a^2$$

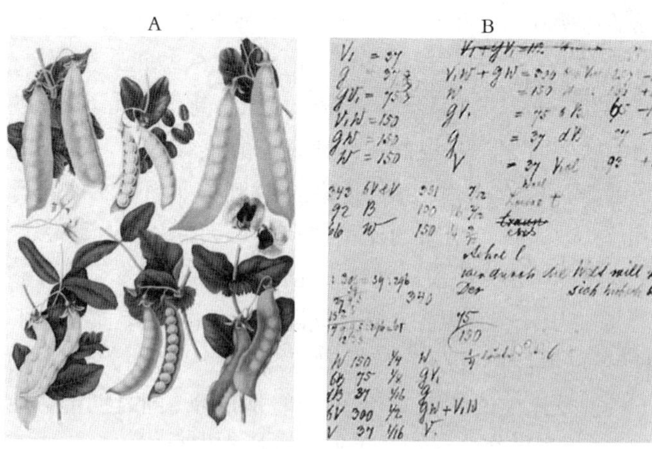

图 1–5 孟德尔豌豆杂交实验。(A) 孟德尔研究豌豆的各种变异，由 19 世纪画家柏奈（Album Bernay）绘制。(B) 孟德尔的实验记录手稿上有很多符号和数字。

这个方程式代表从 A 与 a 两种族群中取样两次，所能够得到的组合的分布。譬如，A 代表生男孩，a 代表生女孩，这个方程式就表示生两个小孩可能得到的各种组合。AA 表示生两个都是男孩，aa 表示生两个都是女孩，Aa 表示一男一女。后者有两个可能，先男后女或先女后男，所以是 2Aa。这个方程式各项系数的比例 1 ∶ 2 ∶ 1，就是“生两男∶生一男一女∶生两女”的概率的比例。

孟德尔用二项式来说明他通过实验观察到的结果。这些结果也可以用方阵图解，即把 A 和 a 当作长度。（A+a）^{2} 就是一个宽和高都是 A+a 的正方形的面积。从图解就可以看到这个面积，可以分解成一个 A^2、一个 a^2 和两个 Aa。日后，英国的遗传学家庞尼特（Reginald Punnett）发明用这样的方格来说明（图 1–6）。这个比较容易懂的方式被遗传教科书使用至今，称为“庞氏方格”。

孟德尔在论文中则用这样的方式解释他的分析：

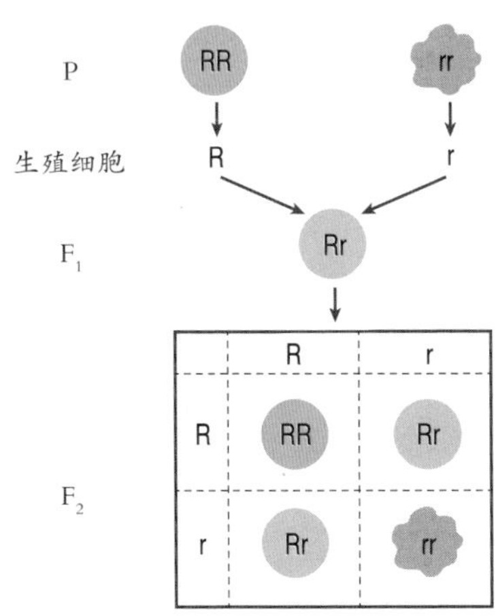

图 1–6 孟德尔的单因子杂交实验。纯种的圆豆株（RR）和纯种的皱豆株（rr）杂交，得到第一代（F_1）都是圆豆的杂种（Rr），F_1 再自交得到第二代（F_2），出现 3 ∶ 1 的圆豆株与皱豆株。3 ∶ 1 的比例可以用方阵（庞氏方格）说明。

$$\frac{A}{A}+\frac{A}{a}+\frac{a}{A}+\frac{a}{a}=A+2Aa+a$$

A 和 a 分别代表显性和隐性的因子。左边的分母是卵的因子，分子是花粉的因子，一共有四种组合。右边的 A 和 a 各代表纯种的 A/A 和 a/a；Aa 代表杂种 A/a 和 a/A。它们之间的比例就是 1 ∶ 2 ∶ 1。A 和 Aa 都具有显性特征，所以有显性与隐性特征的比例就是 3 ∶ 1。

就这样，孟德尔用或然率分配的数学解释了豌豆杂交实验的结果，这是一项前无古人的创举。

双特征的独立分配

孟德尔进一步进行双特征的交配，也就是双亲之间有两个特征的差异。结果他的数学分析也可以成功解释所有的结果。

他拿一株黄色（YY）圆豆（RR）的纯种和一株绿色（yy）皱豆（rr）的纯种交配。黄色（Y）和圆豆（R）是显性的，所以 F_1 豆子（YyRr）都是黄色圆豆。当这些 F_1 子代相互交配，隐性的绿色和皱豆又出现在 F_2 子代中，这都是可预期的。

不过，在 F_2 子代中，除了有原来的黄色圆豆以及绿色皱豆的植株，孟德尔还看到黄色皱豆和绿色圆豆这两种新组合。这是什么意思呢？

在原来的纯种亲代中，一株是黄色圆豆，一株是绿色皱豆。如果豆子的圆皱和颜色两个特征是相连不可分离的（也就是说，黄色的就会是圆豆，绿色的就会是皱豆），那么 F_2 就应该只出现黄色圆豆和绿色皱豆两种，比例是 3 ∶ 1，不会出现黄色皱豆或者绿色圆豆（图 1-7“联锁分配”）。

反之，如果豆子的圆皱和颜色两个特征之间完全没有关联，两者遗传到子代的时候各走各的，毫不相干，那么第二子代应该四种组合（圆黄、皱黄、圆绿、皱绿）都会出现，而且它们的比例孟德尔用四

项分布的方程式推演得到：

$$(RY+Ry+rY+ry)^2=$$
$$RRYY+2RRYy+2RrYY+4RrYy+RRyy+2Rryy+rrYY+2rrYy+rryy$$

其中 RRYY（1）、RRYy（2）、RrYY（2）、RrYy（4）都是圆黄，总数是 9；RRyy（1）和 Rryy（2）是圆绿，总数是 3；rrYY（1）和 rrYy（2）是皱黄，总数也是 3；rryy（1）是皱绿，数目是 1。所以它们的比例是 9（圆黄）∶3（皱黄）∶ 3（圆绿）∶1（皱绿）（图 1–7“独立分配”）。孟德尔所得到的结果是 315 株圆黄、108 株皱黄、101 株圆绿、32 株皱绿，吻合这 9 ∶3 ∶3 ∶1 的比例。

孟德尔进一步分析这四类子代，证实只有皱绿的 F_2 子代确实是

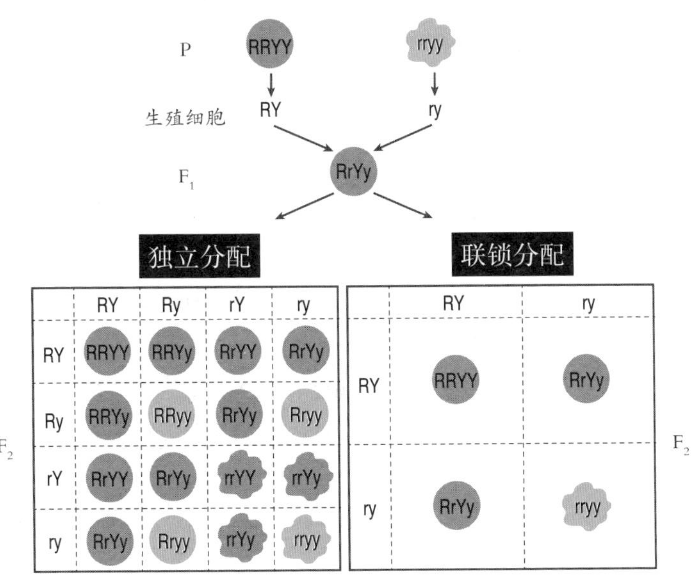

图 1–7 孟德尔的双因子杂交实验。他分析豌豆圆与皱（R/r）、黄与绿（Y/y）两个因子之间的关联性。子代中各种性状组合的比例，可以用方阵说明，也可以用分布方程式解释。

纯种（rryy），它们自交的后代都和亲代一样，没有变化。其他三种杂种自交后都会产生不同特征的后代，显示它们是杂种，而且比例都符合公式计算的预期。

我们还可以进一步印证：把 F_2 中的圆皱和黄绿分别独立考虑。只考虑圆皱的话，圆豆一共有 416（315+101）株，皱豆一共有 140（108+32）株，比例约是 2.97 ∶ 1；只考虑颜色的话，黄色豆一共有 423（315+108）株，绿色豆一共有 133（101 + 32）株，比例约是 3.18 ∶ 1。显然圆皱和黄绿两组特征在交配中都各自遵守 3 ∶ 1 的比例。所以，这两个特征杂交的结果就好像两个平行独立的单特征杂交。也就是说，虽然这个实验涉及双特征，但是这些特征的传递行为互相不相关。

于是，孟德尔下结论说，从亲代到子代的遗传，特征分配到子代的方式是独立进行，互不相干的。豆子颜色特征的分配不会受圆皱特征的干扰，反之亦然。后人将这一理论称为“孟德尔的独立分配定律”。关于这个议题，下一章谈到摩根（Thomas Morgan）的果蝇研究时，会再来讨论。

研究结果被忽略?

就这样，孟德尔完成了豌豆遗传的理论。他最重要的理论基础有二，其一是性状特征的“显性”和“隐性”的关系，其二是他排列组合的数学分析。植物杂交种出现显隐性现象，比他早大约 40 年就有人观察到，也是在豌豆上看到的。但是，没有人想到把它与数学分析结合起来，厘清杂交遗传的原理。

在孟德尔的分析中，他所研究的豌豆特征是什么其实并不重要。它们只是从花园中的观察结果，变成纸上的符号。豌豆为什么是圆的或皱的，为什么是黄色或绿色，也都不重要。在分析中，它们只是不同的数学符号。也就是说，孟德尔完全不理会生理学的黑盒子，只在乎数学。从简单的 3 ∶ 1 以及 9 ∶ 3 ∶ 3 ∶ 1 的数学关系，就推演出遗传学的基本原理，这是天才的成就，也是一项空前的创举，为未来的遗传学奠定了定量分析的基础。

1865 年 2 月 8 日，孟德尔在布尔诺自然历史学会上宣读论文。他用了一个小时的时间，把他 8 年的研究成果讲给学会的会员听。演讲的主题相当简单低调："植物杂交的实验"。3 月 8 日，他再一次发表演讲，这次加入了比较深奥的数学。很多迹象显示，这些演讲并没有引起同僚的特别注意。这也不能够怪这些同僚，做园艺研究的人大都缺乏数学训练，不能体会孟德尔定量分析的内涵意义。

隔年，他把这些演讲内容发表在该学会的会报上，也没有引起任何反响。这篇论文，孟德尔要求 40 份的抽印本。在那个时代，这样数字的抽印本算是不少，他至少寄了十几份给当时著名的科学家，包括他的偶像纳吉里，但是似乎没有寄给达尔文。1881 年，德国植物学家佛克（Wilhelm Focke）在他写的《植物杂种》（*The Plant Hybrids*）一书中提到了孟德尔，且多达 18 次。达尔文曾经有这本书（书上有他的签名），但是后来他送给了别人，而且书中叙述孟德尔研究的那几页纸张都没有裁开，显然达尔文并没有阅读。达尔文所有的著作和通信，也从未提到孟德尔或他的研究。即使他阅读了孟德尔的论文，对数学充满恐惧的他可能也看不懂孟德尔的数学分析。

孟德尔寄出抽印本两个月后，就收到纳吉里从慕尼黑寄来的回信。纳吉里表示对孟德尔的研究很有兴趣，但是他却质疑孟德尔对实验结果的诠释，认为孟德尔的实验结果并不足以构成完整的理论。孟德尔很高兴地回信给纳吉里，两人持续通信长达 7 年之久。和纳吉里的这些通信讨论，对孟德尔后续的研究有很大的影响。

被山柳菊打败

1865 年，孟德尔开始进行山柳菊的杂交实验，那时候他还没有开始和纳吉里通信。山柳菊是一属形态多变的植物，是纳吉里的研究专长，所以后来孟德尔常在信中向纳吉里请教。1868 年，孟德尔被选为修道院的院长，每天要处理许多繁杂的行政事务，做研究的时间少了。不过他还是亲手进行辛苦的山柳菊杂交实验，一直到 1873 年。

山柳菊很漂亮，但是杂交实验非常难搞。它的花朵是一种叫作“聚生花”的复合体，每一坨聚生花中含有很多同时具备雄蕊与雌蕊的同性小花。进行山柳菊的杂交实验，也要和豌豆一样，对每一朵小花在开花前进行“去势”（切除雄蕊），避免自花授粉。小花很小，所以“去势”需要在显微镜下进行，操作困难，失败率很高。专家估计孟德尔做过 5000 多次“去势”手术。

操作辛苦是一回事，最令孟德尔困惑的是山柳菊实验的结果。山柳菊的杂交结果竟然和豌豆的结果完全相反！用高品种和矮品种的山柳菊杂交，得到的 F_1 子代有高有矮，不像豌豆那样都是高的。让 F_1 子代相互交配，结果 F_2 子代反而都呈现纯种的特征，高的 F_1 自交生出来的 F_2 都是高的，矮的 F_1 自交生出来的 F_2 都是矮的，不像豌豆那样有高有矮（3 ∶ 1）。

这样南辕北辙的结果对孟德尔的打击一定很大，不过残酷的事实摆在眼前，无法逃避。1869 年，他根据这些结果发表了一篇论文，题目是《论人工授精获得的山柳菊杂种》。在这篇论文中，他说：“在所有的例子中，豌豆用两个品种交配得到的杂种，都是一样的形态，但是它们的下一代反过来有所变化，并遵循特定的定律变化。根据目前的实验，山柳菊的结果似乎刚好相反。”这些结果似乎表示豌豆研究得到的遗传法则，或许只适用于某些生物；山柳菊（还有可能包括其他生物）或许有它们自己的法则。在写给纳吉里的信中，孟德尔说：“到这个地步，我不得不说，和豌豆杂种比较，山柳菊的杂种显现几乎相反的行为。我们在这里显然只是遭遇到源自一个更高的通用法则的独立现象。”他的意思是说，应该有一个更高层的法则可以同时解释这两个现象。

豌豆和山柳菊两种不同遗传法则的概念，一直持续到 20 世纪初。生物学家（包括重新“发现”孟德尔遗传学的研究者，见第 2 章）拥抱了这个概念，并且在论文中提了出来。直到 1904 年，丹麦植物学家奥斯坦费德（Carl Ostenfeld）才解开了这一谜团。

奥斯坦费德发现问题出在山柳菊的古怪生殖方式上。山柳菊的花虽然有雄蕊和雌蕊，但是平常不进行有性生殖，它的种子没有经过雄蕊的花粉授精，是无性生殖。当一个生物用无性生殖繁殖时，子代就是亲代的复制品，自然就维持一样的特征。所以孟德尔以为他拿到的山柳菊品种都是纯种，因为这些子代都长得和亲代一样，没有变化。但其实它们都不是纯种，它们都进行无性生殖。

当孟德尔拿这些非纯种的双亲做杂交实验的时候，也是和豌豆杂交实验一样，拿一个品种的花粉授粉给另一个品种。这样的交配是有性生殖，而两个亲代都是杂种，所以得到的 F_1 子代当然有高有矮。

接下来他再让这些 F_1 植株自交，当然就没有人工授粉的必要。殊不知没有外力的干扰，这些山柳菊又进行无性生殖，结果是每一株 F_1 产生的 F_2 后代都长得和 F_1 亲代一样，没有变化。

孟德尔挑选山柳菊来印证豌豆杂交的实验，可能是因为当时山柳菊是很多人研究的对象，得到的结果会比较有影响力。说起来就是孟德尔的运气不好。

孟德尔与演化

山柳菊实验之后，或许因为受到这个挫折的打击，或许因为身为修道院院长行政事务繁忙，也或许因为身体每况愈下，孟德尔自此没有再做任何遗传研究。公事之余，他只养过蜜蜂，以及进行气象的观察。他去世后，豌豆的研究资料大都被继任的院长下令烧毁了。

虽然我们现在都称孟德尔为“遗传学之父”，其实遗传学这个概念还没有在当时的科学家脑中成形。孟德尔心中的目标其实和达尔文一样，是演化。他认为他研究的课题深具演化的意义。他说：“做这种意义深远的工作需要很大的勇气。不过，如果要得到这个深具生物演化史意义的问题的终极答案，正确的做法似乎只有一个。”

在豌豆杂交实验论文最后的结论中，孟德尔都在讨论杂交和演化的关系，特别是关于格特纳在物种转形方面的理论和研究（格特纳的名字出现了 8 次）。杂交的子代会出现崭新组合的特征，那么一再重复的杂交是否会导致新的物种出现？孟德尔非常关心这个议题，不过他的烦恼（也是很多生物学家的烦恼）是：特征的变化是否就代表新的物种？新品种和新物种如何区分呢？

同当时大部分的学者一样，孟德尔十分清楚达尔文的进化论。虽然达尔文显然没有听说过他，但是他拥有达尔文《物种起源》第二版（1863 年）的德文译本，且书中有很多批注。他也买了之后所有达尔文写的书，19 世纪 60—70 年代的达尔文著作，都收藏在修道院的图书馆里。

孟德尔经过比较严谨的物理和数学训练，比较硬性；达尔文则是一位“自然学家”，注重观察和归纳，比较软性。达尔文在自传中也承认他讨厌数学，数学成绩很差，“连最基础的代数都无法领略”。他还带着酸葡萄心态说：“数学在生物学中，就好像木匠工坊里的解剖刀——没有用。”

孟德尔用数学建立起的遗传原理，终究大力帮助了达尔文的进化论，提供了演化的遗传基础。依照达尔文的“泛生说”，每一个新出现的优秀变异马上会因为交配和传宗接代而稀释，无法保存下去。在孟德尔提出的遗传原理中，优异的突变则可以完整保持，原原本本流传到后代。

孟德尔死于 1884 年，享年 61 岁。修道院里有一位僧侣记录下他的遗言：“虽然我一生度过很多苦恼的时光，但我得带着感激承认，美好的事物还是占上风。我的科学研究带给我很多满足与快乐，我肯定过不了多久全世界就会认同我的研究成果。”此外，他也不止一次告诉同僚说：“我的时代将会来临。”

革命酝酿的年代

很多历史交代说孟德尔的研究成果被埋没了 35 年，直到 1900 年才重新被发现。其实这段时间他的论文被他人引用至少 14 次（包括前述佛克的《植物杂种》），也被收藏在 1879 年英国皇家学会出版的《科学论文目录》以及 1881 年版的《大英百科全书》中，所以孟德尔的研究成果不能说是被埋没，比较像潜伏、未受到重视。

19 世纪后半叶的这段时期，科技蓬勃发展。诺贝尔制成了炸药，俄国门捷列夫建立了元素周期表，伦琴发现了 X 射线。根据 X 射线所发展出来的技术，除了在医疗及其他检验上有重大的帮助，也会在我们叙述的历史中扮演重要的角色。

电脑的雏形也在这段时间被酝酿出来。巴比奇（Charles Babbage）首次提出“可程式控制”的计算机的原理，他设计了第一个机械式计算机，叫作“差分机”，但没有建造起来。另外，诗人拜伦的女儿爱达·洛夫莱斯（Ada Lovelace）成为历史上第一位程式设计师，提出各种程式设计的概念，也替差分机设计了程式。

电脑雏形的诞生和遗传学的诞生同样发生在这一时期，很有意思。一个是人造的信息系统，一个是大自然演化的信息系统。正当一群科学家慢慢抽丝剥茧解开遗传密码系统时，另一群科学家却在打造自动的人工信息系统。而未来，这两者越走越近。

第二次工业革命在这时候开始，西方国家享受着经济和物质文化的稳定发展，但是这些繁荣和安定只是假象。自动化科技的趋势带来社会的精神真空，旧时代的理想和价值观被机械时代的新理想和新价值观取代。法国革命进行到第三共和国时期，德意志帝国崛起，和奥匈帝国及奥斯曼帝国等国建立同盟，欧洲联盟系统形成。美国经历了南北战争。日本的明治维新开启了现代化的进程。强权帝国的殖民侵略继续扩张，明争暗斗渐渐浮现。第一次世界大战已经在酝酿中，欧洲正处于战争与和平的边缘。

如果达尔文遇见孟德尔……

第 2 章 果蝇与霉菌

1900—1941

基因是什么，它们是真实的还是纯粹虚构的，遗传学家之间并没有达成共识，因为从遗传实验的层次上来看，基因无论是假设的单位还是实质的粒子，都不会造成丝毫不同。

——摩根

1933 年获得诺贝尔奖发表演讲

重新“肯定”孟德尔遗传原理

刚进入 20 世纪，1900 年，3 名科学家分别在欧洲 3 个不同的国家发表论文，提出孟德尔 35 年前发表过的遗传原理。

第一位，荷兰的植物学家德伏里斯（Hugo de Vries）当时 52 岁，是当年和孟德尔通信 7 年的纳吉里的学生。他发表的论文题目是《有关杂种的分离定律》，使用的材料是月见草、罂粟和剪秋罗。

德伏里斯在论文发表前可能就知道孟德尔的研究，虽然他用法文发表在法国科学学会的论文中没有提到孟德尔，但是他在文中使用了一些和孟德尔相同、而自己从未用过的术语。例如，这篇论文出现了孟德尔用的“显性”和“隐性”，他以前都用“活跃”和“潜伏”来形容这些现象。他后来用德文在《德国植物学会报告》上再次发表，论文最后就提到孟德尔，他写道：“这位修士的重要论文很少被引用，所以我也未曾看过。我第一次发现它存在的时候，已经完成大部分的实验，并推论出他论文的内容与我的实验在性质上颇为雷同。”

第二位，德国的柯伦斯（Carl Correns）当时 35 岁。他的妻子是纳吉里的侄女，他本人也曾经和纳吉里合作过。他正在收集纳吉里与孟德尔之间来往的信件，准备出版。

柯伦斯用玉米和豌豆做研究，他的论文题目是《有关变异杂种的子代行为的孟德尔定律》。这篇论文发表于德伏里斯之后，他故意把“孟德尔定律”放在论文的标题中，来凸显德伏里斯的成果也不是创新的。

第三位，奥地利的谢马克（Erich von Tschermak）当时才 28 岁，还是个研究生。他的外祖父就是在维也纳大学教过孟德尔的植物学家芬哲，也是孟德尔第二次教师资格考试的主任委员。谢马克发表的论文题目是《有关豌豆的人工交配》，这篇论文发表得最迟，内容也最不完备。有人质疑，他是硬要挤进孟德尔遗传原理“再发现者”的行列。

这三人都和孟德尔有间接的关系。一位是纳吉里的学生，一位是纳吉里的侄女婿，一位是孟德尔老师的外孙。很有趣，不是吗？现在大部分的人都称他们为孟德尔遗传原理的“再发现者”，似乎不太恰当，因为这意味他们的发现都没有受到前人的影响。现代的科学史学家质疑这一点，认为他们发表论文的时候，似乎都已经知道孟德尔的研究，甚至是在读了孟德尔的论文后，才用他的原理解释自己的实验结果。这应该不算“再发现”，只算是“肯定”吧。

这三位科学家中最有影响力的是德伏里斯。他在 11 年前（1889 年）就修改了达尔文的“泛生论”，写成一本很受欢迎的书《细胞内泛生论》（*Intracellular Pangenesis*）。他认为传递个体性状特征的是具有形体的颗粒，他把它们命名为“pangene”。这些颗粒存在于细胞核中，需要用的时候才会跑出来，作用于细胞质，pangene 有时候是“活跃”的，有时候是“潜伏”的（相当于孟德尔的“显性”和“隐性”）。不论是哪一种物种，特定的特征都有特定的 pangene 负责，双亲的特征就是借由 pangene 流传到子代个体，遗传下去。

德伏里斯还进一步提出“突变”的概念。他说突变就是 pangene 发生变异。突变是孟德尔没有触碰的课题。孟德尔用不同变种进行交配实验，但是他从来都没有讨论这些变种是如何产生的，譬如什么因素造成植株变矮、圆豆变皱？德伏里斯曾经种了 5 万株的月见草，隔年发现几百株的变异。他认为他目睹的就是突变。此外，他进一步提出突变是演化的驱动力。这两个观念都很有远见和影响力。

1905 年，丹麦的约翰森（Wilhelm Johannsen）把德伏里斯的“pangene”缩短，创造出“gene”（基因）这个词，成为现在通用遗传因子的称呼。很多人以为“gene”这个词来自“genetics”（遗传学），这是很容易产生的误解。“genetics”这个词是同一年由英国遗传学家贝特森（William Bateson）独立提出来的，它源自希腊文的“genetikos”，是“起始、丰饶”之意，与“gene”无关。

孟德尔一直没有提出遗传物质的具体概念。他的论文在谈到遗传的单位时，主要都是用德文的“特征”（merkmale 或偶尔 charaktere），用了超过 150 次。20 世纪初有些人把他的论文翻译成英文，都把 merkmale 译成“因子”（factor）或“决定者”（determinant），这是过度诠释，让大众以为孟德尔已经有了基因的概念。现代的教科书在讨论他的遗传学的时候，也常常如此误导读者。其实孟德尔一直没有提出决定特征的因子，遗传因子随着生殖细胞分配到子代的想法，在 20 世纪初才开始成形。

染色体现身

20 世纪的科学界对于这些“再发现”很友善，很快就接纳了它们。在这之前的 35 年间，孟德尔的研究虽然没有受到广泛注意，但科学进展的脚步一直在加快，相关的研究已经替他铺就了一条康庄大道，其中最主要的是染色体方面的研究。

19 世纪中叶就有几位科学家（包括纳吉里）在显微镜下观察到染色体的结构，但是对它的角色都不清楚或有误会。1878—1882 年，德国的弗莱明（Walther Flemming）在蝾螈胚胎细胞的细胞核中观察到一条一条可以用苯胺染出颜色的物体，这些物体的数目在细胞分裂时似乎会倍增，然后分配到子细胞中。他将这一现象称为“有丝分裂”（图 2-1）。染色体（chromosome）这个名称是后来比利时的贝尼登（Edouard Van Beneden）取的，意思是可以染成深色的物体。

1883 年，贝尼登发现在马蛔虫卵子成熟过程中，细胞分裂时染色体的数目并没有增加，而是减半，从 4 条减为 2 条（他的运气很好，马蛔虫的染色体就是这么少）。这个过程后来被称为“减数分裂”。

减数分裂在其他有细胞核的生物（真核生物）中陆续被发现。生殖细胞的染色体数目只有体细胞的一半，称为“单倍体”；当精子和卵子结合的时候，受精卵中的染色体又恢复原来的数目，称为“双倍体”。成熟的个体制造生殖细胞的时候，又经过减数分裂，产生只有单套染色体的精子或卵子。世世代代就这样在单倍体和双倍体之间交替循环下去。

19 世纪 90 年代，德国的魏斯曼（August Weismann）对染色体

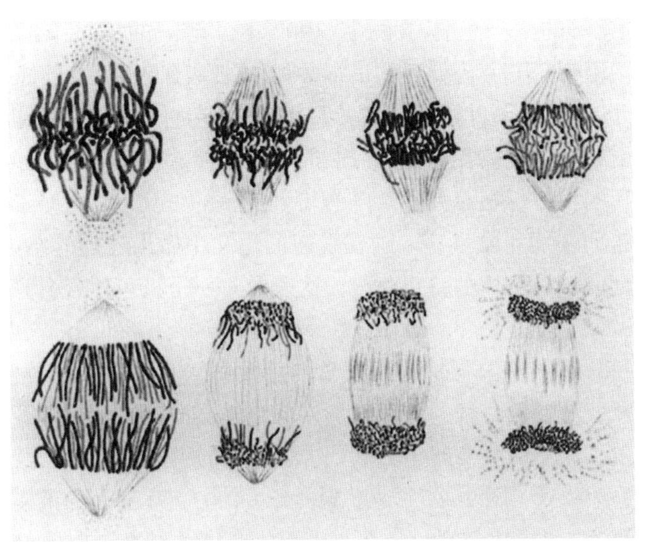

图 2-1 蝾螈胚胎细胞的有丝分裂。1882 年，弗莱明绘制。

提出比较具体的理论。他发现各种生物体细胞中的染色体数目都是偶数，只有生殖细胞的染色体数目才有奇数，显然染色体减半的现象是生殖细胞成熟的必然现象。他提出“生殖质学说”（germ plasm theory），认为生殖细胞携带以及传递遗传资讯，而体细胞只是执行一般生理功能，不牵涉遗传。所以生殖细胞不会受到身体（体细胞）在生活史中所学习的能力的影响。这样的结论排斥了拉马克主义，法国自然学家拉马克（Jean B. Lamarck）认为后天的经验会影响遗传。

细胞学的基础逐渐成形，为孟德尔的遗传学铺好路，但是弗莱明、贝尼登和魏斯曼等人都没有把他们的研究结果和孟德尔的遗传理论联系在一起。这个工作要等到下一代的科学家来完成。

遗传定律被接受

20 世纪初，两项独立的研究进一步提升了染色体的地位，开始形成所谓的“染色体学说”。1902 年，德国的波威利（Theodor Boveri）用海胆胚胎做研究。正常的海胆细胞有 36 个染色体，18 个来自精子，18 个来自卵子。波威利发现，有时候一个海胆卵会被两个精子受精，这样的受精卵在分裂时，染色体分配偶尔会发生错误，造成畸形的发育，甚至死亡。唯有得到完整的一套双倍（36 个）染色体的受精卵才能正常发育。他在发表的论文中做出这样的结论：“正常的发育仰赖染色体的特定分配，这表示每一个染色体各自具有不同的功能。”

同一时间，美国哥伦比亚大学的萨顿（Walter Sutton）发现蝗虫细胞在减数分裂的时候，父系与母系染色体会配对，然后分开，再分配到生殖细胞（精子或卵子）中。这个分配的模式正符合孟德尔遗传因子的分配模式（图 2–2）。他在同一年（1902 年）发表的论文中做出如此的结论：“减数分裂时父系与母系染色体的结合，以及之后的分离……可能就是孟德尔遗传定律的物理基础。”这时候的萨顿才只是一年级的博士生。

波威利和萨顿都正确提出了染色体就是遗传因子的携带者。遗传因子终于有了物质基础，亦即染色体。基因不再只是抽象的符号，它所在的染色体是可以用肉眼观察到，甚至可以用实验操作的东西。

“染色体学说”把染色体带入了孟德尔的遗传原理，接下来的问题就变成：“染色体是什么东西？”“基因是什么东西？”染色体平常是一坨散布在细胞核中的丝状物质，当细胞分裂的时候，它们才浓缩成一条一条棍子的形状。基因如果是由染色体携带，那么染色体是什么样的结构呢？基因又是什么样的结构呢？各种基因如何分布在染色体上面呢？对于这些问题，科学家一时还束手无策。

摩根与他的“蝇房”

这时候出现的曙光，来自一位原本不喜欢孟德尔遗传理论的科学家——哥伦比亚大学的摩根。摩根本来的兴趣是研究形态和发育，后

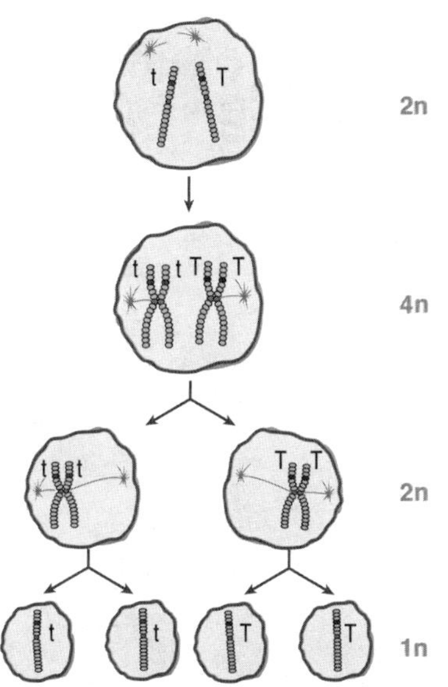

图 2–2 染色体的减数分裂可以解释孟德尔的遗传因子在生殖细胞的分配。体细胞有两套染色体（2n），两个遗传因子（以 T 和 t 表示）在一对同源染色体上。随着减数分裂，两个遗传因子分开，各自进入一个生殖细胞（精子或卵子；1n）中。

来转攻演化。他既不喜欢孟德尔的遗传理论，也不喜欢达尔文的进化论。达尔文主张演化是渐进的，演化各阶段的改变很小、很慢，如果真的是这样，演化就不能做实验来印证，他不喜欢。他比较喜欢德伏里斯提出的理论，德伏里斯认为演化是突变造成的。突变可以发生得很快，改变也可以很大，因此应该可以用实验测试。

为了研究演化，1908 年摩根开始培养果蝇（图 2–3），尝试在果蝇身上制造突变，来测试德伏里斯的突变演化理论。选择果蝇当作实验材料，节省了很多时间和空间。相对于一年生的豌豆，果蝇的生命周期非常短，只有两个星期；培养果蝇也只需要很小的空间，在装牛奶的玻璃瓶中培养就好。

图 2-3 摩根在他的“蝇房”，桌上塞着棉花的玻璃牛奶瓶中，养着不同品系的果蝇。摄于 1922 年。

摩根开始用果蝇做突变实验，却发现要找果蝇的突变非常困难。他用各种方法来刺激突变的产生，包括用酸碱、冷热，甚至离心等方式蹂躏果蝇，处理了上百万只果蝇，历经两年，都没有成功。到了 1910 年，他在培养的果蝇中意外发现一只白眼的突变果蝇，正常（野生型）果蝇的眼睛颜色是红色的。这只白眼突变果蝇是雄性，他让它与红眼的雌蝇交配，结果 1240 只 F_1 子代的果蝇中有 1237 只是红眼的，另外 3 只是白眼的雄蝇。在发表的论文中，摩根认为这 3 只白眼果蝇“显然有进一步的突变”，他对它们置之不理。绝大多数的教科书对这 3 只白眼果蝇也都忽略不提。这件事只是告诉大家，实验结果有时候不是完全干净利落，有些地方不知道如何解释，也只能暂时（或者永远）搁置在一旁。

1237 只红眼的 F_1 子代并不奇怪，因这表示红眼的特征是显性的，白眼突变是隐性的。接下来他让这些红眼的 F_1 相互交配，产生 F_2 子代。结果 F_2 中有 3470 只是红眼（2459 只雌蝇和 1011 只雄蝇），782 只是白眼。红眼和白眼的比例接近孟德尔原理所预期的 3 ∶ 1 的比例。对于一直不喜欢孟德尔遗传理论的他，这一结果好像自己打了自己一巴掌。

令他更讶异的是红眼的 F_2 中雄雌都有（2459 只雌蝇和 1011 只雄蝇），但是白眼的 F_2 中全部是雄性。摩根推论，决定红白眼的基因和决定性别的基因之间有关联，使得白眼的突变因子只传给雄性的 F_2（孙儿），不传给雌性的 F_2（孙女）。这样和性别有关联的遗传现象，摩根称之为"性限制"（sex limited）遗传。现在我们称之为"性联"（sex linked）。不过，性联遗传现象并不是摩根最先发现的。早在 4 年前（1906 年），英国的唐卡斯特（Leonard Doncaster）和芮诺尔（G. H. Raynor）就观察到，鹊蛾翅膀颜色的遗传与性别有关系。

摩根当年就把这些研究结果写成论文发表，题目是《果蝇的性限制遗传》。论文中他提出三个结论：第一，有些遗传因子是有性别限制的；第二，这些特征因子可能位于决定性别的"性染色体"上；第三，其他因子也可能位于特定的染色体上。

摩根的推论是正确的。眼睛颜色和性别的因子有联锁，是因为决定眼睛颜色的因子位于决定性别的 X 染色体上。雌蝇有两个 X 染色体（XX），雄蝇有一个 X 染色体和一个 Y 染色体（XY）。野生型的雄蝇或雌蝇都有正常红眼的因子（X^RY，X^RX^R；R 代表红眼的基因）。白眼雄蝇的这个基因发生了突变（X^rY；r 代表白眼的突变），由于它只有一个 X 染色体，所以就呈现白眼。当这个 X^r 染色体传给女儿的时候，女儿不会呈现白眼，因为它还有母亲传给的 X^R 染色体。X^R 是显性的，就压过隐性的 X^r 突变（图 2–4）。

决定性别的染色体（例如果蝇和人类的 X、Y 染色体），我们称之为"性染色体"。性染色体是 1905 年由哥伦比亚大学的威尔森

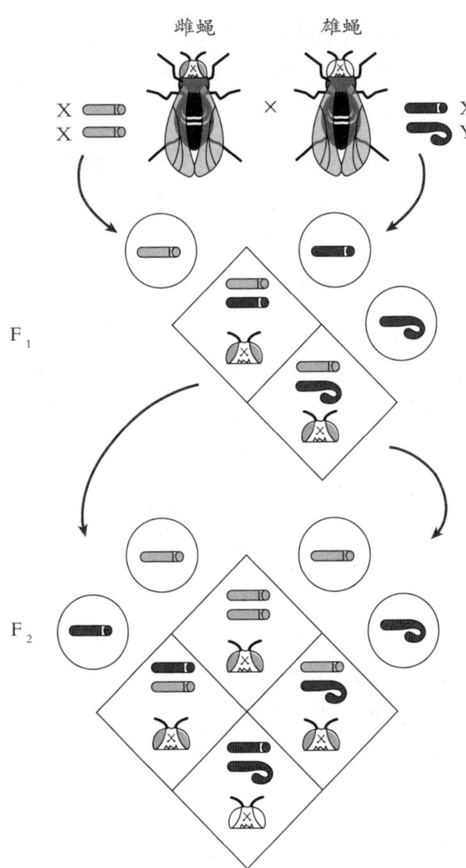

图 2-4 白眼突变果蝇呈现的性联遗传。白眼突变发生在雄果蝇（右）的 X 染色体上，由于雄果蝇只有一条 X 染色体，就会表现白眼。它和野生型的红眼果蝇（左）交配产生 F_1 子代，X 染色体分配给女儿，后者还有另一条来自母亲的正常（显性）X 染色体，所以还是红眼。儿子的 X 染色体也来自母亲，因此也是红眼。F_1 自交产生 F_2 时，外孙儿从母亲接受的 X 染色体如果是来自外祖母就会是红眼；如果是来自外祖父就会得到突变，会和外祖父一样是白眼。

（Edmund Wilson）和布林茅尔学院的博士后研究员史蒂文斯（Nettie Stevens）两人各自在不同的昆虫细胞里发现的。威尔森是萨顿的老师，史蒂文斯是摩根在布林茅尔学院任教时的学生。那时候摩根本来也不相信性别是由染色体决定的。

1911 年，人类的性染色体也被发现了。人类有 23 对（46 条）染色体，其中一半来自父亲，另一半来自母亲，这 23 对染色体中也有一对“性染色体”。和果蝇一样，女人的性染色体是XX，男人的性染色体是XY。Y染色体上的基因很少，X染色体上的基因多，一旦发生突变就会有“性联”的现象。在人类中常见的例子有红绿色盲、血友病和某种秃头症。这些缺陷和果蝇的白眼突变一样，通常不会在女性身上出现，因为女性必须是从父亲和母亲得到的两个X染色体都有突变才会发病，这种概率很低。但是，如果母亲携带着隐性突变，就有一半的概率会传给儿子，造成“隔代遗传”，让突变从外祖父母传到外孙儿身上。

联锁、重组与交换

摩根这只白眼突变果蝇得来不易，同时帮助了摩根的“蝇房”运转。因为接下来，新的突变陆续出现，20年内就发现了80多只突变果蝇。这些突变改变的都是果蝇的外形，这也是最容易观察得到的。这些突变很多都呈现“性联”现象，显示突变基因也都位于X染色体上。

决定这些特征的因子（基因）既然都在X染色体上，那么它们传递到子代时应该都是一起的，也就应该是联锁的。当摩根让突变果蝇杂交的时候，他发现事情没那么单纯。他看到了联锁，但是并非完全的联锁。

例如，他们拿一只灰体色（BB）长翅膀（VV）的果蝇和一只黑体色（bb）残翅膀（vv）的果蝇交配。F_1都是灰体色长翅膀，这在预料之中，因为这两个特征是显性的。接着他让F_1自交，产生F_2后代。如果依照孟德尔的独立分配定律，他应该得到四种不同组合，以9∶3∶3∶1的比例出现。反之，如果体色因子和翅形因子联锁在一起，就应该不会有新的组合出现，所有的F_2都应该像原来的亲代，两者的比例是灰体色长翅膀∶黑体色残翅膀＝3∶1（如同图1–7“联锁分配”）。这一比例可以用二项分布程式表示：$(VB+vb)^2 = VVBB+2VvBb+vvbb$。（V和B不分开，v和b也不分开，所以VB和

vb 可以各自视为一项）。

实际上，摩根得到的 F_2 的比例，既不是 3 ∶ 1，也不是 9 ∶ 3 ∶ 3 ∶ 1。他得到的是 11 ∶ 1 ∶ 1 ∶ 3。11/16 是灰体色和长翅膀；3/16 是黑体色和残翅膀，两者的比例接近 3 ∶ 1。其他少数（各占 1/16）的 F_2 则是新的组合（灰体色残翅膀；黑体色长翅膀）。这个结果显示这两套因子不独立分配，但是也不完全联锁，有少数新的组合出现。这一现象后来被称为“遗传重组”（genetic recombination）。新组合发生的频率称为“重组频率”（recombination frequency），定义是：新组合的子代数目除以所有子代的数目。对于上述例子而言，重组频率是（1+1）÷（11+1+1+3）=2 ÷ 16=12.5%。

对于“遗传重组”的发生，摩根的解释是雌蝇卵子形成的时候，进行减数分裂的两个 X 染色体发生交换。一个带着 VB 的 X 染色体和一个带着 vb 的 X 染色体之间发生交换，产生 Vb 和 vB 的重组染色体，再分别传到成熟的卵子中。这些偶尔的交换就让 F_2 出现新的组合。

其实摩根不是第一位发现联锁的人。早在 1905 年，英国的贝特森与庞尼特就在甜豌豆的研究中观察到联锁现象。他们曾发表这项结果，但是没有提出具体的理论。

摩根的具体解释是正确的。同源染色体在减数分裂中确实常常发生交换，造成遗传基因的重组。摩根的实验室陆续发现 X 染色体上其他因子之间也有联锁，而且大部分的联锁发生了重组。有趣的是，不同因子之间的重组频率不一样，差异很大。这些不相等的重组频率代表什么意义，后来被实验室的一位大学生厘清。

第一张遗传地图

出身农家的史特蒂凡特（Alfred Sturtevant，图 2–5A）在 1908 年进入哥伦比亚大学。他根据自家农场的马匹毛色遗传写了一篇论文，拿给摩根看。在摩根的鼓励下，他把论文发表在学术期刊上。后来，史特蒂凡特进入了摩根的实验室，做果蝇遗传研究。

1911 年，史特蒂凡特大三的时候，有一天他和摩根讨论兔毛颜色的文献，突然得到一个灵感。根据他自己的说法："我突然想到联锁的强度差异，摩根已经认为它是由基因空间距离的差异所造成的，提供一个决定染色体线状序列的可能性。我回家后，花了大半个夜晚（忽略我的大学作业），做出第一幅染色体地图。"

史特蒂凡特是如何做出染色体地图的呢？他做了两个假设：第一，他假设遗传因子在染色体上排列成一条线；第二，他假设两个因子之间的距离和重组频率成正比，所以可以用重组频率代表。根据

A

B

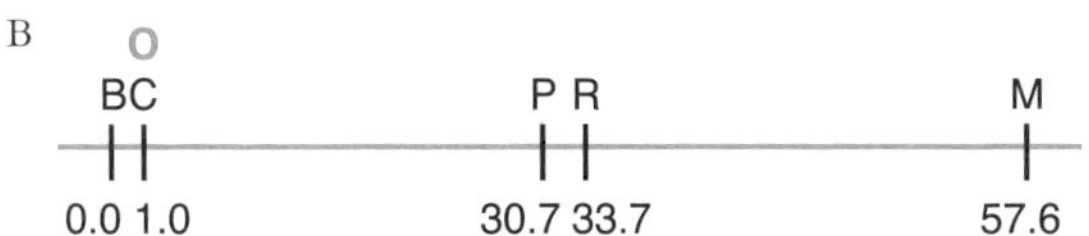

图 2-5 史特蒂凡特与他的遗传地图。(A)果蝇实验室中的史特蒂凡特，摄于 1932 年。(B)他根据基因重组频率（百分比）制定了 X 染色体上基因的排列和相对距离。以 B 为零点，O 与 C 之间没有发生重组，因此无法分开，都在 1.0 位置。

这两个假设，染色体上有联锁关系的因子就可以依据距离排列起来。譬如 A 和 B 之间的重组频率是 0.1，B 和 C 之间的重组频率是 0.2，A 和 C 之间的重组频率是 0.3，那么三个基因排列的顺序就是 A–B–C，它们之间的距离就分别是 0.1 和 0.2。史特蒂凡特用这个方法，把 X 染色体上五个因子的相对位置排出来后，发现它们确实可以排成一条直线，距离和数据很吻合。两年后，他又加上第六个基因，把地图发表在《实验动物学期刊》上。这是人类历史上第一幅“遗传地图”（图 2–5B）。

史特蒂凡特的第一个假设相当合理，因为显微镜下呈现的染色体就是线状的，所以基因在上面大概也是线状排列。至于第二个假设就比较复杂，他假设染色体任何单位区域中发生交换的概率大致一样，也就是说，两个因子之间的距离越大，发生交换的概率也越大。但是，交换不等于重组，“交换”是染色体发生的事件，“重组”是个体遗传特征的重新组合。在任何两对因子之间，交换可以发生超过一次。一次交换造成两对因子的重组，但是两次交换就等于没有交换，因为第二次交换抵消了前次交换造成的重组。我们可以下结论，奇数次的交换才能造成重组，偶数次的交换不会造成重组。

当距离很小的时候，发生一次交换的概率就很低（譬如 1%），发生两次交换的概率（0.01%）就低到可以忽视。所以，距离近的时候，重组频率可以直接代表距离，没有问题；但是距离不近的时候，偶数次交换的发生就不能忽视了。距离越远，越是如此。事实上，如果两对因子在染色体上的距离非常遥远，交换次数非常多，那么真正发生的次数是奇数或偶数的概率就很接近，重组概率就接近 50%。也就是说，距离越远，重组概率越接近 50%，但是不会超过 50%。这是很容易被忽视的要点（见下文）。

史特蒂凡特就发现了这个问题，他注意到地图中最长距离 B–M，如果 B–M 用 B–P 和 P–M 相加得到的是 57.6（图 2–5B），而直接测量的 B–M 重组频率却只有 37.6。他认为这就是因为 B–M 中间有多次交

换的关系，并提供实验结果支持这个说法。

染色体距离、交换次数以及重组频率之间的数学关系问题，到了1919年才被印裔英国遗传学家霍尔丹（John Haldane）解决。霍尔丹用统计数学模式发展出“定位函数”（mapping function），让遗传学家利用它就可以从重组频率导出相对的遗传距离。重组频率没有单位，所以导出来的遗传距离也没有单位。他给距离单位取了一个名称：把相当于1%重组频率的遗传距离定作一个“分摩根”（centimorgan），以纪念摩根。

建立遗传地图所根据的只是重组频率，它和孟德尔的遗传原理一样，都是建立在数学上。在理论推演中，遗传学家所观察的个体性状都只担任符号的角色，性状本身不是重点，可以忽视。突变为何会使豌豆变皱、使果蝇眼睛变白，这些生理机制都不是遗传学家所关注的。

史特蒂凡特开创的基因定位技术，终将成为遗传学的一个重要支柱。遗传地图渐渐扩张到果蝇的其他染色体，并且被其他遗传实验室争相仿效，扩大到其他的生物系统。只要有充分的遗传定位，最后每一对染色体都会对应一条线状的遗传地图，所以基因显然是以线状排列在染色体上。“染色体学说”逐渐就被大家接受，成为遗传学的主流。

摩根本人经过这一番洗礼，从此成为孟德尔遗传理论的信徒，全力投入果蝇遗传学的研究，教育出很多优秀的学生。日后，他所建立的果蝇研究系统慢慢散播出去，被其他实验室模仿，成为遗传研究的经典平台之一，直到今日。

为什么孟德尔没看见?

很多人问：孟德尔用豌豆进行了7种性状的遗传交配，为什么都没有发现联锁的现象?

有趣的是，后来科学家发现豌豆刚好有7对染色体。如果这7个基因刚好分别位于 7 对染色体上，那就可以解释为什么它们都是独立分配。事实上，20 世纪 50—60 年代欧美的教科书都如此解释，直到后来科学家深入研究孟德尔当年可能采用的突变株，再用传统及分子遗传技术分析，认为不是如此。孟德尔研究的 7 个基因并不是刚好都位于不同的染色体上。

孟德尔的论文中只对两组“双性状杂交”进行 F_1 和 F_2 的详细分析：第一，掌管种子圆皱的 R/r 和掌管种子黄绿色的 Y/y；第二，掌管花朵紫白色的 A/a 和掌管植株高矮的 Le/le。根据现在的豌豆遗传地图，它们分别位于不同的染色体上，所以当然都显示独立分配。至于其他性状，他也有做双性状杂交，但是没有全部列出来，也没有提到分析了多少子代植株，只说比较少，并且说这些杂交“都产生大约相同的结果”。

孟德尔研究的 7 个基因中，位于同一条染色体而且距离近到足以显现联锁的只有两对：R/r（种子圆皱）与 Gp/gp（豆荚颜色），以及 Le/le（植株高矮）与 V/v（豆荚圆凹）。孟德尔有做 R/r 与 Gp/gp 的双性状杂交，但是没有提供 F_2 的数据。根据后人的分析，R/r 与 Gp/gp 之间的重组频率大约为 0.36，所以 F_2 的分配比例会是 9.6 ∶ 2.4 ∶ 2.4 ∶ 1.6，和 9 ∶ 3 ∶ 3 ∶ 1 相差不大。孟德尔必须分析大约 200 株 F_2 才能在统计上显著地区分两者。他大概没有分析这么多。至于 Le/le 与 V/v 的双性状杂交，孟德尔也有做，但是没有报告联锁，可能是他分析的子代植株数目太少，不足以在统计上显著看出联锁。另一个可能是他研究的豆荚圆凹的基因不是 V/v，而是位于另一个染色体上的 P/p。p 突变和 v 突变一样，都会使豆荚失去厚壁组织而压缩成凹状。

探索基因的生化性质

基因联锁和遗传地图代表什么意思呢？它们显示基因是以线状的形式排列在线状的染色体上。这意味着基因应该是实体的物质，而不是抽象的现象。那么基因是什么？

以重量计算，染色体大约是一半蛋白质、一半 DNA。如果基因是染色体的一部分，那么它是蛋白质还是 DNA 呢？对于这个问题，当时遗传学家完全无法解释，因为他们的分析工具仍然是数学和抽象的，基因的本质（化学）和功能（生理学）隐藏在他们跳过去的黑盒子里。

最早探索基因生理学的是英国医生贾洛德（Archibald Garrod）。贾洛德研究一种家族性遗传疾病“黑尿症”（alkaptonuria）。这些患者的尿液接触空气后会变黑，而且常常会得关节炎。贾洛德追踪几个家族的病史，发现他们的病变都遵循孟德尔遗传理论的隐性突变模式，应该是一个基因突变。他在 1902 年提出黑尿症是一个酶（酵素）发生变异，使得患者无法把尿中的苯丙氨酸（phenylalanine）和酪氨酸（tyrosine）完全代谢掉，经过空气氧化转变成黑色素，就造成黑尿（图 2–6）。这是遗传学和生物化学的第一次相遇。贾洛德后来也把这样的研究扩大到胱氨酸尿症、戊糖尿症和白化病这三种遗传疾病，开展了先天性代谢缺陷的研究。

首度对基因本质进行探索的人，是摩根的学生缪勒（Hermann Muller）。缪勒用的是物理学。1927 年，他发现可以用 X 射线诱导出果蝇的突变。X 射线会伤害生物个体，过量甚至会造成死亡，但是适当的剂量能大幅提高果蝇的突变频率。

缪勒的这项发现不单单是提供给实验室一项便利的技术，还有更深远的科学意义。X 射线的波长很短，为 0.01~10 纳米（1 纳米＝10^{-9} 米）。缪勒的研究显示，某些特殊波长（也就是特殊能量）的电磁波可以触动基因，造成突变。并不是所有的电磁波都可以造成突变，人类看得见的可见光就不会。这表示基因是某种特殊物质，可以和 X 射线交互作用。缪勒因为这项成果获得 1946 年的诺贝尔奖。

缪勒的研究引起其他科学家的兴趣，其他人也开始用辐射线探索基因的性质，开启了一门新的热门科学“辐射遗传学”。远在德国柏

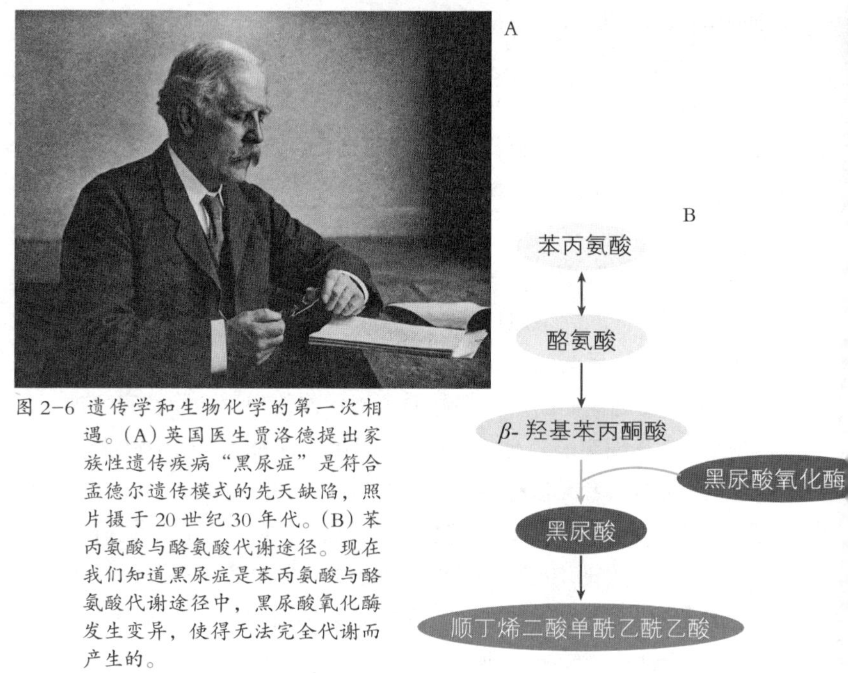

图 2-6 遗传学和生物化学的第一次相遇。(A)英国医生贯洛德提出家族性遗传疾病“黑尿症”是符合孟德尔遗传模式的先天缺陷，照片摄于 20 世纪 30 年代。(B)苯丙氨酸与酪氨酸代谢途径。现在我们知道黑尿症是苯丙氨酸与酪氨酸代谢途径中，黑尿酸氧化酶发生变异，使得无法完全代谢而产生的。

林的两位科学家，德国的物理学家齐默（Karl Zimmer）和苏联的遗传学家提摩非-雷索夫斯基（Nikolai Timoféeff-Ressovsky），在缪勒的鼓励下开始合作进行这方面的研究，后来另一位德国物理学家戴尔布鲁克（详见第 3 章）也加入他们，这 3 位科学家合作完成的一篇论文，引起很大的反响。

好养的红面包霉

一直到这个阶段，遗传研究都是在动物和植物身上进行。这些生物系统不但复杂，而且繁殖速度缓慢。遗传学家逐渐开始尝试把研究对象转移到比较简单、繁殖速度快的微生物上。

首先在遗传学研究舞台上一展身手的微生物，是红面包霉。红面包霉会走上遗传学研究舞台，归功于美国纽约植物园的霉菌学家道奇（Bernard Dodge）。道奇在哥伦比亚大学研究所的时候即开始研究霉菌。很多霉菌的子囊孢子很难发芽，做研究很麻烦。有一次道奇把孢子遗忘在灭菌锅中，被别人不小心加热，结果他发现加热过的霉菌孢子居然快速发芽。这个意外发现对研究者很重要，因为它大幅提高了霉菌研究的效率。

道奇投入红面包霉的研究长达 30 年。这段时间他确认了红面包霉的习性、交配型（类似动植物的雄雌性）等重要基础研究。霉菌很容易培养，用很简单的培养基就可以长得很好，需要的空间小，保存容易，而且只要几天就可以完成生命周期，是很方便的研究材料。

1930 年，道奇到康奈尔大学演讲，听众中有一位研究生比德尔（George Beadle）提出一个很好的论点，让他印象深刻。比德尔获得博士学位之后，到加州理工学院摩根的实验室当博士后研究员，从事热门的果蝇研究。

1937 年，比德尔到斯坦福大学任教，实验室来了一位博士后研究员塔特姆（Edward Tatum），他们一起进行果蝇的研究。3 年后，他们决定进行“生化遗传学”的研究，也就是探索基因和细胞中新陈代谢反应之间的关系。这样的研究用果蝇做太复杂，应该找一个简单的生物来做。比德尔想起 10 年前在康奈尔大学听到的演讲，觉得红面包霉应该是很适合的材料。红面包霉是单倍体生物，只有单套染色体，它们的遗传没有显性隐性的问题，任何突变可以马上观察得到，分析起来简单。不同交配型的红面包霉会进行交配，形成双倍体（两套染色体），但是这些双倍体又会马上进行减数分裂，在子囊中形成 8 个子囊孢子。这些孢子的遗传都遵循孟德尔的遗传定律，所以红面包霉也很适合用来研究遗传学。比德尔与塔特姆开始清理果蝇实验室，改装霉菌的研究设备。

比德尔和塔特姆首先用 X 射线诱发红面包霉的突变，找到一些特殊的“营养需求突变株”。什么是“营养需求突变株”呢？野生的红面包霉很容易培养，只要提供最简单的“基本培养基”就可以生长。基本培养基只含有糖类、无机盐和生物素。培养基中只要提供这些物质，霉菌就可以合成其他生物生长所需要的养分，包括氨基酸、维生素等。

比德尔和塔特姆首先筛选出无法在基本培养基中生长的突变株，然后看它们能否在添加了氨基酸和维生素的“完整培养基”中生长。如果可以的话，就表示这些突变株失去制造某一种氨基酸或维生素的能力 。接下来，他们在基本培养基中分别添加各种不同的氨基酸或维生素，看看哪一种化合物能够让突变株生长。结果他们发现，这些突变株都各只需要一种营养成分就可以生长，显然这些突变株失去了合成该营养成分的能力，应该是在合成那个成分的步骤上有缺陷。

在 1941 年发表的论文中，他们描述 3 株突变株，第一株不能合成维生素 B_6，第二株不能合成维生素 B_1，第三株不能合成对氨基苯甲酸（para-aminobenzoic acid，叶酸合成的中间产物）。这是很重要的发现，因为那时候很多生物学家都认为基因控制的是比较不重要的性状，例如眼睛的颜色、翅膀的大小等；细胞的基本生理机制则是由细胞质所控制的。比德尔和塔特姆的研究显示，细胞中的基本代谢功能就是由基因控制。

这是空前的成就，科学史上首次有人分离出生物化学上的突变株。他们的研究和贾洛德先前对黑尿症的研究一样，把遗传学与生物化学结合起来。

比德尔的实验室陆续筛选出很多这样的营养需求突变株，进行各种遗传和生化的研究。这些研究结果显示，不同的营养需求缺陷，分别由不同的突变造成，也就是说，这些营养成分的合成步骤是基因所控制的。红面包霉的这些突变（基因），和果蝇的基因一样，可以在遗传地图中找到定位。

一个基因一个酶

比德尔的实验室进一步用生化实验厘清有些营养成分在细胞中的合成步骤。简单来说，他们分离出 3 株突变株 a、b、c，需要添加氨基酸 R 到基本培养基上才能生长，没有添加就不生长，表示它们都是在合成 R 的途径中有缺陷。R 的合成途径有 3 个中间代谢物 A、B 和 C。突变株 a 在添加 A 的基本培养基中不能生长，添加了 B 或 C 就可以生长；突变株 b 在添加 A 或 B 的基本培养基上不能生长，但是添加 C 就可以生长；突变株 c 则是在添加 A、B 或 C 的基本培养基上都不能生长。根据这样的结果，他们就可以推敲出 R 的合成路径上的顺序是：A → B → C → R。突变 a 是 A → B 的步骤坏了，突变 b 是 B → C 的步骤坏了，突变 c 是 C → R 的步骤坏了。

细胞中的大多数代谢反应都依赖酶，所以这些突变应该就是使得催化这些步骤的酶失去了功能。比德尔和塔特姆认为每一个突变对应一个酶，也就是说每一个基因对应一个酶。这就是让他们举世闻名的"一个基因一个酶"假说。不过这个假说的名字不是他们自己取的，是多年后（1948 年）他们的合作者霍洛维兹（Norman Horowitz）在一篇论文中提出的。

对于"一个基因一个酶"，当时有些人抱着质疑的态度。此外，这一假说特别强调酶和基因之间的关系，甚至让有些生化学家以为基因可能就是酶。这和当时很多人相信基因是蛋白质也有关。

现在我们知道比德尔和塔特姆的"一个基因一个酶"，和孟德尔的遗传定律一样，都只能说是在某些（大部分）情况下才成立，后来都有修正。例如，当科学家发现基因编码的蛋白质有些不具有酶的功能，于是把口号改为"一个基因一个多胜肽"；后来又发现，有的基因编码的最终产物不是蛋白质而是 RNA，例如核糖体 RNA（rRNA）和转运 RNA（tRNA），于是这个口号又要修正了。

这些过渡时期的观念，即使日后要修正，还是扮演非常重要的枢纽角色，因为它们突破旧框架，指出新的途径。孟德尔指出遗传基因的传递可以在世代相传中进行量化分析，比德尔和塔特姆的结果显示了基因在生理代谢中扮演的角色。

氢键的关键

化学在“一个基因一个酶”的研究中扮演很重要的角色。这段时期的化学和生物化学的研究进展很快，其中有一项与我们这段科学史有很大关系，要特别提出来的是“氢键”（hydrogen bond）这个新概念。它是 1912 年温米尔（Tom Winmill）和摩尔（Thomas Moore）在研究四甲铵（tetramethylammonium）的时候首先提出来的，但是并没有受到重视；一直到 1920 年赖提默（Wendell Latimer）与罗德布西（Worth Rodebush）发表论文，才确立氢键的地位。赖提默和罗德布西认为氢键是一个普遍现象，是一个正电的氢原子核存在于两个负电的原子之间产生的键结；它存在于很多有机化合物和无机化合物中，包括水分子。

氢键的概念很快被大家接受并应用。1939 年鲍林在他著名的《化学键的本质》（*The Nature of the Chemical Bond*）一书中还用了 50 页的篇幅讨论氢键。他说：“我相信，当结构化学的方法进一步应用于生理学问题时，我们会发现氢键在生理学上的意义，比任何其他结构特征还要重要。”他的预言非常有远见。

氢键最好的例子是水分子之间的氢键。水分子（H_2O）是一个氧原子结合两个氢原子，左右各一个（图 2-7）。氧原子连接氢原子的两个共价键（H—O—H）不在一条直线上（180°），而是呈 104° 角，让水分子呈现不对称，氢原子（带微正电）偏靠的那面会微带正电，氢原子偏离的那面氧原子（带微负电）暴露较多，所以微带负电。于是，水分子带有极性的电场会互相产生微弱的正负电相吸力，一个水分子的氧会被另一个水分子的氢吸引，就好像两个水分子的氧原子共享一个氢原子。这种相当微弱的键结就是“氢键”。

氢键虽然微弱，但是非常重要，它解释了水的一些特性，例如为什么水的沸点很高（因为氢键让水分子互相吸引，不易分开）。它也

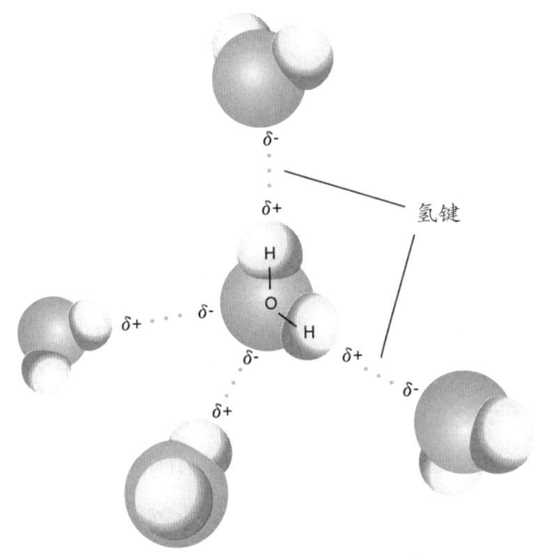

图 2–7 水分子（H_2O）间氢键的交互作用。氢键是带微正电（δ +）的氢原子（白色）和带微负电（δ –）的氧原子（绿色）之间的微弱吸力。一个水分子的氢原子喜欢和邻近水分子的氧原子之间产生氢键（虚线）。

说明为什么有些物质溶于水，有些却不会。简单而言，和水分子一样，电荷分布不均匀的分子（“极性分子”），容易和水分子形成氢键或离子键，它们就相当受水的“欢迎”，在水中溶解度高。这样的化合物，像盐和糖，我们说它“亲水”。反之，非极性分子不能和水分子形成氢键或离子键的，就“不受欢迎”，因为它会打断水分子之间的氢键，这样的分子，像油脂类，我们称为“疏水”。

后来化学家发现氢键在自然界中到处可见，尤其是在细胞中。细胞中大大小小的分子大多溶于水，都必须和水分子交互作用。一些生物巨分子（例如蛋白质、脂肪和核酸）的三维结构也有众多氢键参与。分子和分子之间的交互作用，也常常牵涉到氢键的形成。事实上，细胞里的基因调控在分子层次上的运作，参与的都是氢键之类的弱键。

分子生物学先驱史坦特就有点夸张地说："……好像要清楚遗传物质的运作，只要了解氢键的形成与断裂就够了。"在分子生物学历史上，例如蛋白质和DNA结构之间的竞赛，氢键也扮演极为重要的角色（见第 6 章）。

演化与遗传的整合

在这段时期，历经半个世纪都没交集的达尔文进化论和孟德尔的遗传学，才逐渐整合在一起，成为完整理论。在这之前，科学界对演化的机制基本上分为两派：孟德尔派和生物统计派。孟德尔派主张演化是由突变驱动的，代表人物有英国遗传学家贝特森和荷兰遗传学家德伏里斯；生物统计派则认为演化是由微小或连续性的变异驱动的，不是孟德尔遗传理论所显示的那种跳跃性突变，代表人物有英国的两位生物统计学家皮尔森（Karl Pearson）和韦尔登（Walter F. R. Weldon）。其实孟德尔并没有主张演化的过程都是不连续的跳跃，只是他采用的豌豆特征的遗传都是非连续性的表现型变异，譬如高株豌豆和矮株豌豆杂交产生的子代不是高的就是矮的，没有连续变化的特征。

1880 年之后，达尔文的进化论开始在生物界失宠，主要原因是他在遗传观念（特别是"搅拌遗传"）方面的弱点。"搅拌遗传"实在无法支持天择的演化机制。根据"搅拌遗传"，演化中出现的任何变异，不管对生存竞争有多少优势，都会一代一代不停被稀释掉。此外，达尔文的"泛生说"也带有拉马克式遗传的倾向，他曾经考虑过物种的新性状会从后天获得。

反过来说，孟德尔的遗传理论中，遗传因子会世代传递，没有融合或稀释。英国数学家哈代（Godfrey Hardy）和德国医生温伯格（Wilhelm Weinberg）各自用数学证明，在没有其他演化因素的影响下，一个族群中对偶基因频率和基因型可以一代一代地维持不变。

英国生物学家和统计学家费雪（Ronald Fisher）于 1918 年发表

了一篇论文《孟德尔遗传假说中的亲属相关性》（*The Correlation Between Relatives on the Supposition of Mendelian Inheritance*）。这篇论文用数学证明，连续性的表现型变异可以由很多不同基因的联合作用造成，也就是说，孟德尔遗传原理也适用于连续性的表现型变异。在此之前，科学家认为这两套理论是相互矛盾的。费雪的论文还指出天择可以影响族群中对偶基因的频率，促成演化的发生。这篇论文建立了以统计学为基础的族群遗传学。

加入费雪用统计学新技术研究族群遗传的还有两位重要科学家：英国的霍尔丹和美国的赖特（Sewall Wright）。这三个人共同奠定族群遗传学基础，建立起理论的架构。另外，从实验和观察的角度进行这方面研究的是杜布蓝斯基（Theodosius Dobzhansky）。杜布蓝斯基是摩根果蝇实验室中来自苏联的博士后研究员。他把果蝇遗传学从实验室带到野外的自然族群，用前人的遗传理论分析实际的情境。他同时进行实验室和花园里的研究和实验及野外的观察，发现野外的果蝇族群具有前所未知的遗传多样性。过去很多人认为族群是由遗传背景相同的个体所组成的。他发现真实世界中的族群的多样性远超从前的遗传学家的想象。这些族群中的遗传多样性不但是正常的现象，更是让族群在天择下成功演化的一个重要因素。此外，他从重复取样的观察中发现，果蝇族群在野外演化很快，应该足以让族群在环境变迁下快速地演化。此外，遗传差异加大，最终导致彼此不会或不能交配生殖，也就是说遗传的变异导致新物种的出现。

1937 年，杜布蓝斯基出版了一本影响深远的书《遗传学与物种起源》（*Genetics and Origin of Species*），以较浅显的方式综合费雪、霍尔丹和赖特等人的数学理论，填补了族群遗传学家和田野自然学家之间的缝隙。他和德伏里斯一样，主张演化的发生是透过基因的突变产生的。他认为，生物的突变常常发生，而且是随机和盲目的；它们影响生物的各种特征，有好有坏，有的甚至会致命。不同物种具有不同的基因组合，这些基因组合决定它们的特征变异。有些特征会让物种不适合生存，有些特征会让物种适合生存。族群中突变频率与组合的改变导致族群的改变，足够大的改变又会导致生殖的孤立以及新物种的出现。这本书可以说是把细胞学、遗传学和演化统一起来，成为演化遗传学的里程碑。

后世把达尔文进化论、孟德尔遗传学以及族群遗传学的整合体称为“现代综论”（Modern Synthesis）。这一称号来自演化学家赫胥黎（Julian Huxley）1942年出版的一本书，书名是《演化：现代综论》（*Evolution: The Modern Synthesis*）。

革命的开始

这时候（20世纪初）的西方世界，欧洲、美国、日本等国争霸，世界各地产生各种动乱。

在物理学方面，爱因斯坦（Albert Einstein）发表了他的狭义和广义相对论、光电效应方程和光量子假说。光量子假说属于新兴的量子力学的一部分。量子力学为原子和次原子的阶层，带来崭新的物理概念。它和遗传学没有直接的关系，却意外对日后参与遗传学研究的人才以及遗传学发展走向产生很深远的影响（见第3章）。

另外，这一时期也出现了一些重要的化学和物理仪器以及技术，例如超高速离心机、电子显微镜、光谱仪、电泳、色层分析等。德国物理学家冯劳厄（Max von Laue）发现的晶体X射线衍射技术，更将成为分子结构研究的利器，在这段科学史中发挥关键性的作用。新技术和新仪器对科学研究的发展有绝对的影响，因为如果没有可行的技术和可用的仪器来做实验测试，不管你的想法有多棒都没有用。所以，很多研究的走向都被新仪器和新技术带着走；或者说，新技术和新仪器的出现，让科学家得以测试新主意，也让一些旧观念得以检验。

贾德森在他撰写的《创世第八天》中就如此说：“科学是无可救药的机会主义者；它只能追寻技术所开拓的路径。”

第 3 章
量子与基因

1869 — 1944

太棒了，我们遇见一个谜团。我们现在进展有望了。

——波耳（Niels Bohr）

DNA 的发现

DNA 在生物学历史上经历过一段相当漫长的“灰姑娘”时期。从一开始，它的出场就不是很风光。

孟德尔的豌豆杂交实验论文发表后的第三年（1869 年），在德国的杜宾根大学，来自瑞士的 25 岁的米歇尔在生理学教授霍佩赛勒（Felix Hoppe-Seyler）的指导下研究白细胞。他收集医院病患伤口的绷带，从上面的脓液中分离出白细胞，纯化出白细胞的细胞核。过程中他用温热的酒精洗掉细胞中的脂肪，还用他从猪胃中萃取的“胃蛋白酶”（pepsin）除去黏在细胞核上的蛋白质。从这样纯化的细胞核中，他用酸沉淀出一种絮状的物质，可以用碱再把它溶解。他把这种物质命名为“核素”。

米歇尔分析核素的化学成分，发现有碳、氧、氮、氢这些有机化合物中常见的元素，但是没有蛋白质中有的硫；相反地，它有很多蛋白质没有的磷。事实上，其他细胞化学物质也都没有这么多的磷，所以他下结论说：“我们处理的是一个不同于目前所知道的任何种类，别具一格的实体。”

霍佩赛勒原本研究的是人类的红细胞，如果米歇尔也是研究红细胞的话，就不会抽取到核素，因为人类的红细胞没有细胞核。米歇尔后来在鲑鱼精子中也抽取到核素。他把结果写成论文交给霍佩赛勒看，后者不太相信，结果自己重复几次实验都获得了成功，两年后才和米歇尔一起发表论文。

1889 年，米歇尔的学生、德国病理学家阿特曼（Richard Altman）证实了 DNA 是一种酸，因而把“核素”改称为“核酸”（nucleic acid）。后来科学家发现还有另外一种核酸 RNA，RNA 会被碱所分解，而 DNA 不会。当时还不清楚这两者在结构上和生理学上的差异，所以没有用正式的化学名称命名，只用它们的来源命名。例如，RNA 最初叫作“酵母核酸”，因为其是从酵母中分离出来的；DNA 叫作“胸腺核酸”，因为其是从小牛的胸腺中分离出来的。那时候甚至有人认为霉菌和植物的核酸都是 RNA，动物的核酸都是 DNA。至于动物细胞为什么也可以萃取出 RNA，那是因为动物吃植物。等到 1920 年，DNA 和 RNA 的正式名称才出炉。

霍佩赛勒的另一个学生，德国化学家柯塞（Albrecht Kossel）在 1885—1901 年从核素中分离出五种碱基（图 3-1），并且给它们命名：腺嘌呤（adenine，A）、鸟嘌呤（guanine，G），胞嘧啶（cytosine，C）、胸腺嘧啶（thymine，T）和尿嘧啶（uracil，U）。这些碱基是核酸结构的次单位。C、T、U 是单环结构，统称为“嘧啶”（pyrimidine），A 和 G 是双环结构，统称为“嘌呤”（purine）。我们现在知道 DNA 和 RNA 都各含两种嘧啶和两种嘌呤。DNA 含有的碱基是 C、T 和 A、G，RNA 含有的是 C、U 和 A、G，不过当时还没有厘清。除了碱基，柯塞还发现核酸含有五碳糖（含有五个碳原子的糖分子）。

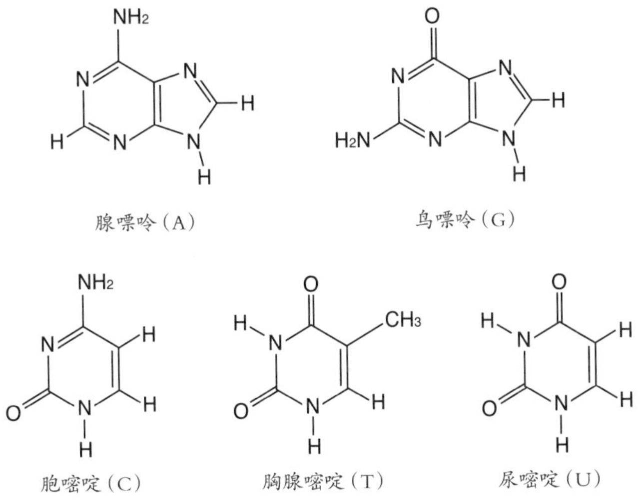

图 3-1 核酸中的五种碱基，分别是两种嘌呤：A 和 G（上）；三种嘧啶：C、T、U（下）。T 存在于DNA 中，U 存在于RNA 中。

进一步解开核酸结构的，是美国纽约洛克菲勒医学中心的李文（Phoebus Levene）。李文是从苏联移民到美国的生化学家，他在1909年纯化出RNA所含的五碳糖，是一个新的糖，他把它命名为核糖（ribose）。整整20年后，他的实验室才再次分离出DNA含的五碳糖，脱氧核糖（deoxyribose）。核糖和脱氧核糖唯一的差别，是脱氧核糖在第二个碳原子（2′）上少了一个氧原子（图3–2）。RNA和DNA也就根据它们五碳糖的不同，分别被命名为“ribonucleic acid”和“deoxyribonucleic acid”（“de”是“脱”，“oxy”是“氧”）。

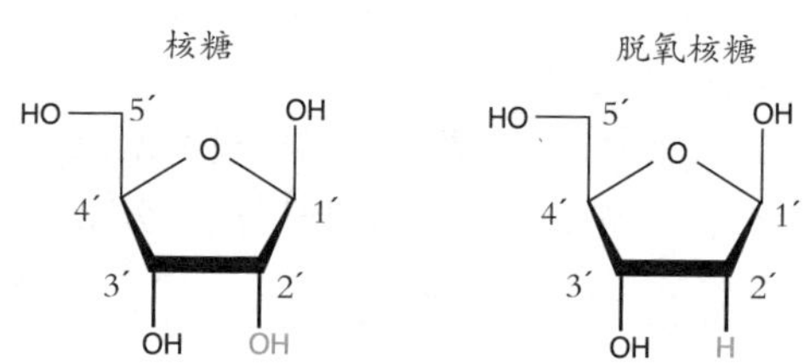

图3–2 构成RNA的核糖和DNA的脱氧核糖。核糖和脱氧核糖的五个碳原子分别编号为1′、2′、3′、4′和5′。

核酸的基本单位

DNA和RNA的三个次单位（碱基、糖和磷酸）如何连结在一起，这时候还不清楚。不过李文提出“碱基–糖–磷酸”这样的键结：磷酸接到五碳糖的5′碳原子上，碱基则接到磷酸接到五碳糖的1′碳原子上。他称这个“碱基–糖–磷酸”的组合单位为“核苷酸”（nucleotide），这个连结方式日后被证实是正确的。

DNA中携带A、T、G和C四种碱基的核苷酸，简称dAMP、dTMP、dGMP和dCMP（图3–3）；带有两个连续磷酸的叫作dADP、dTDP、dGDP和dCDP；带有三个连续磷酸的叫作dATP、dTTP、

图 3–3 DNA 的四种核苷酸 dAMP、dTMP、dGMP、dCMP。在中性水溶液中，磷酸会带负电，是亲水的，碱基则是疏水的。这在日后探索 DNA 立体结构的研究中扮演着重要的角色。

dGTP 和 dCTP。这里的“d”，也是代表“脱氧”（deoxy）。RNA 含的四种核苷酸就是 AMP、UMP、GMP 和 CMP（带一个磷酸）；ADP、UDP、GDP 和 CDP（带两个磷酸）；ATP、UTP、GTP 和 CTP（带三个磷酸）。它们和 DNA 的核苷酸的差别，只在于五碳糖的不同。

1909 年，李文提出一个核酸结构的假说。他认为每一个核酸分子含有四个核苷酸，dAMP、dTMP、dGMP 和 dCMP 各一个。这个假说被称为“四核苷酸”（tetranucleotide）模型（图 3–4）。它可以很简洁地解释 DNA 的结构，很吸引人。1914 年出版的第一本讨论核酸的书中，生化学家琼斯（Walter Jones）在序文中就宣称：“核酸算是生理化学中可能了解得最清楚的领域。”

图 3-4 李文纯化出核糖和脱氧核糖，并提出“四核苷酸”假说。他认为 A、T、G、C 四个核苷酸是形成 DNA 的基本单位。肖像摄于 20 世纪初。

这个时期 DNA 的纯化技术仍然相当粗糙，萃取出来的 DNA 都已经被分解成小片段，所以“四核苷酸”假说提出来的时候，计算所得的分子量和测量出来的 DNA 分子量大致吻合。后来 DNA 萃取的技术改进了，得到的 DNA 片段的分子量比“四核苷酸”的分子量高很多，高达几十倍甚至几百倍。李文认为，这些大分子是很多个“四核苷酸”单位连接起来的聚合物，这些高分子量的 DNA 可被分解成基本单位，亦即“四核苷酸”。

“四核苷酸”假说对当时遗传学的发展影响极大，主要是因为它显示 DNA 是一种很单调的分子，怎么也看不出它有何重要功能，最

多也只是染色体结构的成分之一罢了，很难引起遗传学家的兴趣。

相较之下，蛋白质就有趣多了。蛋白质的研究本来就比DNA的研究早许多年，至少早一个世纪。起初科学家只知道细胞中含有很多不同的蛋白质，但是结构和功能都不清楚。1902年捷克的霍夫麦斯特（Franz Hofmeister）和德国的费雪（Emil Fischer）才分别提出正确的理论，即蛋白质是由一串氨基酸排列起来的线状聚合物。

蛋白质在细胞生理中担任的角色，则到1926年才被发现。那年，美国的萨姆纳（James Sumner）从白凤豆中纯化出分解尿素的尿素酶，让它结晶后，发现它是一种蛋白质。这是历史上首次发现酶为蛋白质。之后越来越多的蛋白质被发现也是酶，在细胞中催化不同代谢功能。接着发现蛋白质在细胞中也扮演结构单位、免疫抗体和激素等角色，充分展现它的多样性。蛋白质越来越受重视，越来越多的人投入到对蛋白质的研究中，探讨它们的结构、生化功能和生物学的角色。

其中最迷人的课题，是它们在遗传学中可能扮演的角色。它们会扮演基因的角色吗？如果可以，它们如何做到？蛋白质由20种不同的氨基酸组合，可以排列成各种不同的长度和不同的序列，所以比核酸有趣得多。相较之下，DNA似乎只是笨笨的结构（重复的“四核苷酸”），傻傻地待在这个舞台的角落，被大部分的人忽略。

DNA翻身很难，因为“四核苷酸”虽然是一个未经证实的假说，但它是全世界的核酸权威所提出来的，时间一久渐渐成为根深蒂固的观念，广泛被科学家接受，很难被撼动。高分子量DNA的出现曾经是一个挑战，但是它只促进了对观念的修饰而已。真正革命成功还要等30多年！

就这样，DNA成了“灰姑娘”。DNA的研究进入黑暗时期。

量子力学与谜团

这段时期，物理学领域爆发了两场大革命：相对论和量子力学。

爱因斯坦在1905年和1915年分别发表了“狭义相对论”和“广

义相对论”，颠覆了传统的物质、辐射、重力、时间和空间的观念，可以说是一夕之间改变了我们对所熟悉的牛顿的物理学世界的认知。相对论所涉及的基础理论和生物学没有任何交集，而量子力学的出现和现代生物学的发展有相当密切的关系。

虽然量子力学和相对论一样难以让人理解，更别说在短短的篇幅中说明清楚，但是我们必须在此好好谈一下量子力学崛起，特别是那些拓荒的物理学家如何思考转折，因为现代分子生物学的起步，就是由一群抱着同样心态的物理学家所激起的。

话说 20 世纪刚开始的时候，原子学说还不完备。原子虽然被认为是粒子，但是大家对它的细节并不清楚。原子核还没有被发现。电子才刚刚（1897 年）被发现不久，它在原子里的位置和行为也不清楚。很多原子的能量问题同样令人迷惑，例如，没人知道为什么不同原子在气体放电管（像日光灯）中发光的颜色会不一样？还有，为什么温度较低的光比较红，温度高的就比较白，甚至发蓝？

1900 年，有几位物理学家尝试解释这些现象。德国的普朗克（Max Planck）在柏林物理学会提出一个惊人的理论，他说热和其他形式的辐射所携带的能量是不连续的，而且都是一个固定量的整数倍，他称这些一包一包的量为“量子”（quantum）。能量被描述成类似粒子的东西，套用一个术语，就是辐射能被“量子化”了。

量子学说是普朗克根据理论计算推导出来的，表面看起来似乎是纯粹的数学游戏，却改变了我们对物理世界的基本观念。量子力学的火苗被点燃了，开始燎原，直到一发不可收。

1905 年，爱因斯坦也提出“光量子”（后来称为“光子”）的概念，认为光也是由类似粒子的光量子所组成的。爱因斯坦提议用光电效应来检验他的光量子理论，实验结果支持他的理论。

量子学说带来令人迷惑的问题。例如，如果光是粒子，那么为什么传统研究显示的光的特性，包括衍射、干涉和折射等现象，都显示光是一种波？光到底是波还是粒子呢？ 19 世纪末，物理学家就深受这个问题的迷惑。他们观察光，有时候觉得它好像一颗一颗的“粒子”，打击在某些物体上，会激发其他的粒子射出；有时候光又好像“波”，像水波那样行进，会产生衍射、干涉等现象。这样引出的新概念，就是所谓的“波粒二象性”（wave-particle duality）：波与粒子同时是光的两种基本属性。爱因斯坦就如此说：“我们好像有时候必须用一个理论，有时候要用另一个理论，有时候我们又两者都不用。我们面对的是新的困难。我们有两个矛盾的真实，两者都无法单独完整解释光的现象，但是它们在一起就可以。”

1924 年，德布洛依（Louis de Broglie）把“波粒二象性”拓展到所有的微观粒子，并且发展出波与粒子之间的数学关系（“波动力学”），这一理论也得到了实验的验证。本来让人困惑的谜团，原来代表了宇宙的基本性质。

像这样的谜团，也出现在原子及次原子微观世界中其他的地方。这些矛盾的出现，是因为我们硬要把日常宏观现象的古典概念（例如粒子和波），套用到原子及次原子的微观世界。“粒子”和“波”都是我们在宏观世界提到的概念，所以我们不能期望它们可以直接拿来检验在微观世界观察到的现象。只要我们继续想在微观世界中使用这些古典概念，就会继续出现这样的矛盾和谜团。

量子力学家认为我们不要把这些情形看成矛盾，而要看成这些古典概念之间的“互补性”，一同来描述很难描述的微观现象。可以说，光既是粒子也是波；或者反过来说，光不是粒子，也不是波。

所以，我们必须接受这谜团，接受我们宏观观念和逻辑的不足。我们必须重新建立一个崭新的物理原理（量子力学）来处理这些微观世界的研究。物理大师波耳说：“乍看之下似乎是很深的谜团，终于导致一个较高层次的了解。”

海森堡的测不准原理

1911 年，英国剑桥大学的卡文迪什实验室的拉塞福（Ernest Rutherford）发现原子核，建立起原子模型的雏形，亦即负价的电子绕着正价的原子核。两年后，丹麦哥本哈根大学的波耳将量子力学带入原子世界。他提出电子围绕原子核的轨域也是量子化的，也就是说，电子只能占据某个特定轨域，但可在轨域之间跃迁。这个理论让原子模型更趋完备。1926 年，薛定谔进一步把德布洛依的“波动力学”理论带入原子的世界。他直接把电子看作围绕着原子核的波，每个波的性质（“函数”）都不同，并推导出“薛定谔方程式”描述这些函数。这样，对微观世界中粒子的量子行为描述，就渐趋完备。

1927 年，在哥本哈根大学执教的德国人海森堡（Werner Heisenberg）又在量子世界中提出一个反直觉的“测不准原理”（Uncertainty Principle）。这个原理说，在微观世界中测量粒子的位置和动量（移动的速度和方向）的时候，会有一定的误差。粒子的位置测量出来的误差越小，它的动量测量的误差就越大；反之亦然。也就是说，观测者可以精准测出粒子的位置或者动量，但是无法同时精准测量出两者。一个属性越精准，另一个属性就越模糊。这就是海森堡的“测不准原理”。这个原理严格限定了微观世界测量粒子行为的精准度，譬如，任何时候，我们都不能确定一个电子在轨域上的位置，我们只能描述它出现在某个位置的概率。

从海森堡“测不准原理”推演出来的结论就是：微观世界中的粒子只有在我们观察的时候才知道它在哪里；在还没观察之前，它可以在轨域上任意一个地方，而它的真正位置只能用概率来描述。

“测不准原理”使量子力学更完备，可以说是量子力学不可或缺的支柱。但是这些革命性的量子物理学，完全违背了牛顿以来的古典物理学所建立的因果关系。古典物理学的因果关系是确切的，没有模糊的空间。严格来说，量子力学只是在微观世界中颠覆了古典力学。也就是说，量子力学所描述的微观世界物理学，是我们在宏观世界难以通过直觉理解的。

这样令人难以相信、难以理解的理论，任何清醒的物理学家都不可能通过直觉就构想出来。量子力学的出现，是因为物理学家在微观世界中观察到无法以传统理论解释的现象，被逼到死角，只能提出这些怎么看都非常奇异的假说。随着这些奇异假说被后来的实验一一验证，一套完整的新学问就渐渐构筑起来，成为新的典范。

三人论文

德国物理学家戴尔布鲁克应该没有想到，他会在这条路上扮演枢纽的角色。

戴尔布鲁克在哥廷根大学修习时，从天文物理学转至理论物理学领域。1930 年他取得博士学位，接下来的三年，他先后旅居英国、瑞士及丹麦做研究。他在丹麦的时候师承波耳，波耳预期量子力学在生物学领域会有广大的应用及作为，激发了戴尔布鲁克对生物学的兴趣。

20 世纪 30 年代初期，戴尔布鲁克号召一群物理学家、遗传学家及生物学家私下聚会讨论这些领域之间的理论关系。这群科学家包括来自苏联的提摩非-雷索夫斯基与德国的齐默，这两人在缪勒建议下合作用 X 射线诱导果蝇突变（见第 2 章）。提摩非-雷索夫斯基是族群生物学家和遗传学家，他做遗传分析；齐默是物理学家，他测量辐射线的剂量，观察辐射线产生的物理化学变化。后来，戴尔布鲁克加入了这两人的研究，他没有动手做实验。1935 年，三人共同发表一篇论文，题目是《论基因突变与基因构造》。这篇论文被戴尔布鲁克戏称为“三人论文”（Three-Man Paper）。

这篇论文分成三个部分，三位作者各写一部分。齐默的部分讨论如何利用 X 射线照射果蝇产生突变，来了解基因的性质。提摩非-雷索夫斯基分析 X 射线在果蝇中造成的突变。戴尔布鲁克写的是理论的部分，标题是《基因突变的物理原子模型》。戴尔布鲁克尝试用物理学解释基因的两个特性：极端的稳定性以及罕见的突变。

基因的确很稳定，它的状态可以在生物体中一代一代遗传下去，不发生变化。譬如，红眼睛的果蝇遗传好多好多代都不变。即使发生偶尔的突变，突变后的基因状态也很稳定，还是继续遗传到后代，譬如果蝇发生的白眼突变，它仍然稳定地遗传下去。也就是基因的状态在突变前和突变后都一样稳定。

X 射线是高能量的离子化辐射线，它打击到分子的时候，会造成分子的离子化，并破坏分子的化学键。戴尔布鲁克认为基因就是分子（他大多用比较保守的称呼“原子的组合”），X 射线造成突变是因为基因分子的化学键受到破坏。

戴尔布鲁克等人用当时热门的“标靶理论”分析 X 射线的致变效应。标靶理论是辐射生物学的数学基础。它假设细胞（或生物）拥有一个或多个标靶，会受到辐射线的打击破坏。当所有的标靶都损坏了，细胞就会产生某种变化，譬如突变或死亡。戴尔布鲁克等人将基因看作接受 X 射线激发的离子化效应的标靶。他们从诱导突变所需的最低 X 射线强度，估计它涵盖的体积大约是 10 个原子距离的立方（10^3）。这样的体积可以包含大约 1000 个原子。1000 个原子多大呢？当时还不知道基因就是 DNA，不过我们用 DNA 的尺度估算的话，1000 个原子相当于 40 个核苷酸，或者 20 个核苷酸对。也就是说，X 射线产生的离子化在这个最小范围内，就可能造成基因的突变。

X 射线的突变研究还告诉我们，不是所有的电磁波都能够有效地诱发突变，只有某些特定波长（特定能量）的电磁波才容易造成突变。这表示基因分子能够和特定波长（特定能量）的辐射线交互作用产生变化，造成基因分子的改变，从一种结构变成另一种结构。这样产生的突变效果常常是跳跃式（非连续性）的，譬如果蝇的红眼发生突变，变成白眼而不是粉红色的。这种跳跃式的突变很像电子在不同能量的轨域间跳跃，没有中间值。

戴尔布鲁克用这样的量子力学观念来提出基因分子可以存在不同

的稳定状态。突变的发生就是受到外来能量（例如 X 射线）的激发，使基因分子从一个状态“跳”到另一个状态，从一个稳定的状态“跳”到另一个稳定的状态。这个模型也支持基因是单一的分子，因为一个基因如果是由很多个分子构成的，那么它们不太可能同时都被单一的能量事件激发，做跳跃式的改变。

戴尔布鲁克的论述被称为“基因的量子力学模型”。它结合了遗传学和物理学，将基因从天上拉到人间，显示基因应该可以用物理方法研究，并不是遥不可及的。在此之前，遗传学原来是一门相当“自主”的科学，除了数学之外，它和其他科学都没有什么牵扯，不像物理和化学之间有非常密切的联系，分享相同的物质和能量观念。遗传学到目前为止都是独来独往，除了普世的数学之外，不依靠其他学科。

“三人论文”的基因和突变模型终究是错误的，但是后人称这项尝试是“成功的失败”，意思是说虽然它错了，但是它具有很大的意义。它让很多物理学家开始觉得物理学在遗传学的研究中好像有了用武之地。

生命是什么？

这篇长达 53 页的“三人论文”，用德文撰写，发表在一份名不见经传的期刊上，名字叫《哥廷根科学院学报》，这份学报发行了 3 期就停刊了。据戴尔布鲁克自己说：“绝对没有人会读的，除非你寄抽印本给他。”但是，这篇论文却意外找到一条出路，成为点燃现代分子生物学革命的火花。

戴尔布鲁克送了一份抽印本给晶体衍射图谱专家艾瓦特（Paul Ewald）。艾瓦特又把这份抽印本借给量子力学大师薛定谔。薛定谔在 1933 年获得诺贝尔物理学奖。1940 年，他应爱尔兰总统邀请，到爱尔兰都柏林的三一学院（Trinity College）担任理论物理学院的院长。1942 年薛定谔收到艾瓦特借给他的“三人论文”抽印本，让他立刻对生物学产生了很大的兴趣。

1943 年薛定谔在三一学院做了 3 场演讲，观众场场爆满，爱尔兰总统也出席聆听。隔年，他把这些演讲内容整理起来，出版了一本书《生命是什么？》。这本书炒红了戴尔布鲁克和他的基因模型。

这本书开门见山提出一个基本的问题："在一个生物体所涵盖的空间和时间中发生的事件，如何用物理和化学解释呢？"对此，他提出一个初步的答案："现代的物理和化学显然无法解释这些事件，但是这绝对不构成怀疑它们能用这些科学来解答的理由。"

接着，薛定谔引用戴尔布鲁克的模型，从量子力学的角度讨论基因为何物、基因有多大、基因如何忠实地复制、基因如何储藏巨量的资讯。他重复戴尔布鲁克的结论：基因是单一分子，但是单一分子是脆弱的，应该不是很稳定。那么为什么基因会那么稳定呢？

此外，单一分子除了结构不稳定之外，它的实际行为也会难以预测。量子力学的"测不准原理"告诉我们，单独的粒子或原子的行为是无法确定的，只能用概率描述。概率和统计学用在族群的行为，可以达到相当的准确性。由于细胞中的生化反应都是庞大数目的分子的行为，因此它们的状态都可以用概率预测得相当准确。假如细胞中催化某个反应的酶有 10000 个分子，在某个时候这个反应发生的概率是 50%，那么我们可以预期大约 5000 个酶分子会进行这个反应，误差不会太大。反过来，如果催化这个反应的酶只有 1 个分子，那么这个反应会不会发生就很难预料了。也就是说，族群的行为容易预料，个体的行为很难预料。

所以，基因如果是单一的分子，不但稳定性很难维持，行为也将很难预料。这些谜团暗示着遗传学不遵循典型的物理定律。

对于这个谜团，薛定谔提出一个有趣的模型：他想象基因是一种一维的"非周期性晶体"（aperiodic crystal）。"晶体"具有极度的规律和稳定的构造，他用晶体来支持基因是稳定的这一事实；但是晶体的结构太规则了，缺乏变化，不可能储藏大量的遗传信息，所以薛定

谔提出基因是“非周期性晶体”，为了摆脱晶体的规律性。

至于这些非周期性晶体如何携带遗传信息，薛定谔提出“遗传密码本”（hereditary code-script）的概念。他猜测“生命的密码及遗传因子”是密码的无数排列组合，封藏在每一粒细胞的染色体中间。这样的密码就好像摩斯密码。摩斯密码用 3 个密码子（短线、长线及空格）的排列变化，就可以传达文字、符号和数字。他猜测生命密码也以类似方式存在。

薛定谔在这本书中一再讨论遗传密码，“密码”一词在文中出现了 23 次之多。在这之前连遗传物质是什么都还不知道，距 DNA 双螺旋结构的发现还有 9 年。

9 年后（1953 年）的 4 月，华生和克里克发表 DNA 双螺旋结构。8 月薛定谔收到克里克寄来的论文抽印本。克里克在信中说：“有一次华生和我在讨论我们如何进入分子生物学领域，发现我们两人都受你的书《生命是什么？》的影响。我们认为你对附上的抽印本会有兴趣——你会发现你提出的‘非周期性晶体’一词，好像将会是很适当的名词。”

寻找新的物理定律

对于所谓基因的谜团，薛定谔在书中做出这样的预言：“从戴尔布鲁克对遗传物质的描述，可以看出生物体虽然没有违背目前已建立的‘物理学定律’，却可能涉及目前尚未知道的‘其他物理学定律’。这些定律一旦被发现，也会和前者一样，成为这门科学的完整部分。”

这等于在宣告，遗传学的研究可能导致新物理定律的发现。这个挑战对于物理学家来说是何等的诱惑！新的物理定律是科学家梦寐以求的圣杯。

《生命是什么？》让物理学家开始浅尝到遗传学的物理意义。遗传学似乎也是物理学家可以着手研究的对象。遗传学的谜团更使他们感到兴奋。谜团，原本就是引发量子力学的最重要火种，物理学就是因为谜团的出现，逼迫物理学家夹缝求生，才发展出这个新学科和新定律。

《生命是什么？》出版后第二年，退伍的物理学家开始寻找非军事的研究计划。很多人都读了这本小册子，其中不少人受到感召，开始涉足遗传学的研究。对这些科学家而言，戴尔布鲁克俨然成为基因研究的领袖。

当时洛克菲勒基金会自然科学部的主任、数学家魏佛（Warren Weaver）也是受《生命是什么？》所感召的人之一。“分子生物学”这个名称就是魏佛所创用的。它首次出现在 1938 年他撰写的基金会年报中：“……于是渐渐地形成一支新的科学——分子生物学，开始发掘关于活细胞基本单位的许多奥秘。”

洛克菲勒基金会曾经为戴尔布鲁克提供经费，让他在 1937 年到美国的加州理工学院做研究。在以后的十几年，这个基金会继续担当分子生物学研究的主要支持者。

从这段时期一直到 1953 年 DNA 双螺旋结构发现为止，生物学界充满乐观的革命情绪。史坦特 1968 年写的回顾文章《那就是那时候的分子生物学》称这段时期为分子生物学的“浪漫期”。这段时期中，很多科学家抱着浪漫的梦想，投入遗传学的研究行列。这些浪漫的学者觉得遗传学似乎不能用传统的科学原理解释，在它的神秘纱幕中隐藏着某些谜团，就像 19 世纪末物理学的谜团一样。他们希望发现并掌握这些谜团，然后深入研究，找到新的物理原理。

但是真正可以用理论规范，甚至用实验测试的谜团还没有出现。戴尔布鲁克在 1949 年的文章中说：“在生物学领域，我们还没到达一个地步，会遇到明确的谜团；这在活细胞的行为仍未分析到极致之前，不会发生。这种分析必须要站在细胞的立场，不要害怕提出和分子物理学相抵触的理论。我相信物理学家会热烈地朝这个方向走，创造出生物学上智慧的新方法。”

这些投入研究的科学家很多都是物理学家，他们不走研究细胞生理方面的生化实验工作路线，也不做结构分析的繁杂工作，他们大都走遗传学的路线。这时候的遗传学仍然偏重定量的分析，远离生化的实验技术，所以比较符合物理学家的胃口。这群人在历史上被称为“信息学派”。发现新的物理定律是这个学派的原动力，至少起初是如此。这些人大部分在美国。

并不是所有的人都认同这样梦幻的乐观。也有很多科学家认为，生命现象终归都可以用物理定律解释，所以不会有新的物理定律。他们采取的研究方式是渐进、按部就班的；他们务实，他们不相信信息学派的急进作风。这群科学家很多都是化学家和结构学家，历史上称他们为“结构学派”，而且很多人在英国。

这两个学派的人都认为对方的策略不够好或者不会成功：信息学派认为结构学派的步伐走得太迟缓，革命性不够；结构学派则认为信息学派的方向太天真，可能走入死胡同。历史的发展，终将让两者密切结合起来。

蓝恩（Dimitrij Lang，见第 4 章）是我在美国得克萨斯大学达拉斯分校的物理化学老师。这是当年我为他画的漫画。放大镜代表他擅长使用电子显微镜。凉鞋是他的招牌穿戴。

第 4 章
噬菌体与吃角子老虎机

1937—1963

新的事物诞生，一定发生了什么事情。牛顿看见苹果掉下来；詹姆斯·瓦特看见一壶水沸腾；伦琴弄雾了底片。这些人够聪明，把平常发生的事转换成崭新的东西……

——亚历山大·弗莱明（Alexander Fleming）
苏格兰生物学家，发现青霉素

细菌有基因吗?

正当信息学派的科学家陆续跨入遗传研究的时候，遗传研究的对象渐渐转向最简单的生物——细菌。这是个很明智的抉择，因为细菌的实验做起来非常快速。细菌几十分钟就可以分裂一次，一个实验只要一两天就能完成，不像果蝇要两三个星期、豌豆要一年。此外，豌豆和果蝇这类生物属于真核生物，真核生物的细胞有细胞核，里面包含双套的染色体；细菌没有细胞核，但是它们也有染色体，虽然它们的染色体不像真核生物的染色体那样可以用染色观察得到。细菌的染色体通常都是单套的，所以遗传操作和分析比较简单。

不过，20 世纪初期科学家对细菌的遗传知识十分匮乏，连细菌有没有染色体、有没有基因都不知道。这是很重要的问题，因为如果细菌没有染色体和基因，那么就别期望能够用细菌研究遗传原理。

动植物的染色体是在显微镜下发现的。细菌太小了，在显微镜最高的放大倍数下也只是一个小点，即使有染色体也不可能观察到，更别谈有丝分裂或减数分裂。此外，细菌显然没有有性生殖，不像很多动植物那样要依赖交配来繁殖子代。不过，细菌显然会发生变异，而且这些改变的性状会遗传给后代。这些变异到底是否代表基因的突变，或者只是后天的适应现象，当时并不清楚。

当时英国的物理化学家欣谢尔伍德（Cyril Hinshelwood）爵士（1956 年诺贝尔奖得主）用数学模型，“证明”细菌没有遗传系统。细菌所发生的变异，他认为只是化学平衡的改变而已，不是基因的突变。当时著名的演化学家赫胥黎也宣称细菌没有基因，也不需要基因。他认为，细菌的变异是可以逆转的，它们的演化和高等生物很不一样。

持相反意见的人也有。他们认为细菌的遗传系统基本上应该和高等生物一样，细菌的变异没有办法接受具体和严谨的研究分析，是因为科学家做细菌实验的时候，很难分离单一的细菌来处理和观察。实验室里的细菌都是培养在试管中或培养瓶中，每一个样本都是数以千万计的细菌，不像豌豆或果蝇那样可以清楚地做个体的处理和观察。也就是说，细菌的研究涉及的都是族群现象，观察个体的遗传现象极端困难。摩根的学生杜布蓝斯基虽然是研究果蝇的，但是很有远见地提出细菌具有类似高等生物的遗传系统，而且是研究突变及天择的好材料。

细菌是最简单的单细胞生物。感染细胞的病毒比细胞更简单，不过病毒不能算是真正的生物，因为它们单独存在的时候没有生命迹象。它们必须进入细胞中，才能够进行新陈代谢和繁殖。尽管如此，病毒终究是具有生命能力的最简单个体。它们非常小，大约是细胞的百分之一，构造也非常简单。不少科学家被它们深深吸引，特别是感染细菌的病毒，它们有特别的名称，叫作“噬菌体”（bacteriophage）。

生物学的原子

噬菌体是 1915 年英国细菌学家特沃特（Frederick Twort）发现的，名字则是 1917 年法国人戴瑞尔（Félix d'Hérelle）取的。它们太小了，光学显微镜都观察不到，后来用电子显微镜才看到它们的真面目。在那之前，噬菌体的存在只能从它们侵袭细菌的行为中判断出来。科学家可以利用这样的观察，从自然界分离出很多不同的噬菌体，每一种噬菌体都有它特定的宿主，它们只能感染这些宿主，不能感染其他的细菌。

将噬菌体引入现代生物学研究的最大功臣，就是戴尔布鲁克。1937 年，他由洛克菲勒基金会赞助，迁至美国，进入加州理工学院，在摩根的实验室进行果蝇的遗传研究。有一次，他去露营度假回来，很懊恼地发现他错过了一个同事艾里斯（Emory Ellis）有关噬菌体的演讲。艾里斯研究的是癌症。当时整个加州理工学院只有他一人研究癌症。他知道病毒会引起癌症，所以想从简单的噬菌体切入可能会比较容易，比较适合单打独斗的他。他从朋友那里取得大肠杆菌，又从废水处理厂的污水中分离出感染大肠杆菌的噬菌体。培养噬菌体的方法，艾里斯都是自修学来的。在这之前，整个学院里连大肠杆菌都没有人听说过，更遑论噬菌体了。

戴尔布鲁克错过了艾里斯的演讲，所以他干脆直接到地下室的实验室拜访艾里斯。这次会面的结果，戴尔布鲁克如此回顾：“不管怎样，我真的彻底抓狂了，竟然用这么简单的步骤就可以看见一个一个的病毒颗粒；我是说，你可以把它们放在长得像一片草地的细菌上面（图 4–1），第二天早上每一株病毒就在草地上吃出一个 1 厘米大小的洞。你可以拿起盘子，数数溶菌斑。对我而言，这好像在做生物学的原子实验，简直是做梦也想不到，所以我问他可不可以加入他的工作。他很好心，真的邀请我参加——于是，我就抛下果蝇，和艾里斯组成团队。”讽刺的是，两人合作一年之后，艾里斯抛下噬菌体，回去用小鼠研究癌症。

戴尔布鲁克深深被噬菌体吸引，他称它们为“生物学的原子”。他和艾里斯合作的第二年（1938 年），他们共同发表了一篇论文，描

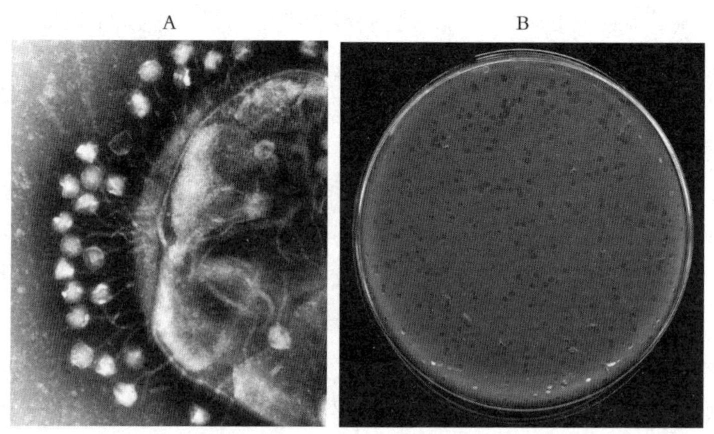

图 4–1 噬菌体。(A) 在电子显微镜下，可观察到噬菌体用“尾巴”（细线）附着在细菌外表。(B) 噬菌体在细菌的“草原”上形成溶菌斑，每一个“洞”都是由一个噬菌体感染和再感染所造成的，从溶菌斑的数目就可以知道起初噬菌体的数目。

述他们所建立的噬菌体实验模式，以及感染过程的观察。

这篇被称为“现代噬菌体研究起源”的里程碑论文，描述一个噬菌体如何侵入细菌细胞中，过了几十分钟，细菌细胞如何被打破，释出数十个子代的噬菌体。很神奇的是，噬菌体进入细菌之后，就好像失踪了，科学家把细菌细胞打破也侦测不到它的踪迹。要经过相当长的一段时间，子代噬菌体才会陆续出现。问题是：这段“空窗期”噬菌体跑到哪里去了呢？是分解成小单元，或是隐藏在细胞中的某种结构里？其他生物没有这样的繁殖方法。原本戴尔布鲁克以为构造简单的噬菌体应该很容易研究，现在他发现必须重新好好思考。

一见如故

戴尔布鲁克和艾里斯的噬菌体研究局限于生理学，细菌和噬菌体有没有基因，还是不清楚。这个问题到 1943 年才得到初步的答案。这个研究出自来自意大利、在美国任教的卢瑞亚（Salvador Luria）。卢瑞亚在意大利取得医学学士学位后，在罗马攻读物理及辐射生物学，曾经读过“三人论文”（见第 3 章），接着他在法国巴黎研究细菌及噬菌体。1940 年德军攻进法国，卢瑞亚逃亡到美国。

1941 年，他在美国长岛的冷泉港实验室（Cold Spring Harbor Laboratory）结识了戴尔布鲁克（这时候他已经转到田纳西州的范德比尔特大学任教），两人一见如故（图 4–2）。日后卢瑞亚如此回忆：“戴尔布鲁克和我第一次见面时，从分子生物角度对噬菌体感兴趣的人可能只有我们两人。”

卢瑞亚相信所有生物都有基因和染色体，细菌也应该有基因和染色体。他知道欣谢尔伍德爵士用数学分析提出细菌没有基因，他不以为意。他在自传中说：“我后来注意到，生物学家很容易因化学家或物理学家在他面前搬弄一点数学，就被吓唬到。”而且他“实在搞不懂欣谢尔伍德爵士的数学”。

他在实验室可以观察到细菌变异的发生。他研究的细菌是大肠

图 4-2 戴尔布鲁克(左)和卢瑞亚(右)的穿着是当时很多分子生物学家相当喜欢的随性穿着。拍摄于冷泉港实验室，约是 1952 年。

杆菌，他手头也有一种噬菌体 T1，会杀死大肠杆菌。把大肠杆菌和足够多的噬菌体 T1 一起涂抹在培养基上，绝大部分的细菌都会被 T1 杀死，只有极少数的细菌存活。这些存活的细菌隔夜会在培养基上长成稀稀疏疏的菌落，肉眼就可以看到。每一个菌落来自单一细菌所繁殖的子代。这些存活的菌落继续培养下去，它们的子代都还是对 T1 具有抗性，不会被 T1 杀死，表示这些菌株产生了一种可以遗传的变异。问题是：这样的变异是出于基因的突变，还是只是一种适应的反应(如欣谢尔伍德爵士所言)?

突变与适应之间的差异，以时机而言，适应是细菌接触到噬菌体之后才产生的反应；突变则是细菌接触到噬菌体之前就已经发生了。这个议题，就相当于拉马克进化论和达尔文进化论的差异。法国自然学家拉马克的进化论认为，个体后天适应环境所获得或改变的性状（变异）可以遗传；达尔文进化论认为，后天的适应不能遗传，科学家观察到的变异是自然发生、先天就存在于族群中的。但是拉马克和达尔文所讨论的变异、适应和演化都是针对动物和植物，在这个战场上，拉马克学派基本上已经被击败了。细菌会不会是拉马克主义的最后根据地呢？细菌到底有没有染色体，有没有基因？如果细菌没有染色体和基因，那么它们应该只能适应和进行拉马克式的演化。

简单来说，卢瑞亚要问的是：细菌是在繁殖过程中随机发生抵抗 T1 的突变，还是碰到了 T1 才发生适应的反应呢？这个问题要如何通过实验回答呢？卢瑞亚思考了好几个月，终于在一个偶然的机缘下获得了意外的启发。

吃角子老虎机的启示

灵感出现在 1943 年年初的一场教员舞会中。卢瑞亚在自传中如此描述："我站在一部吃角子老虎机旁，看一位同事把一毛一毛的铜板丢进去。他大部分时间都输，可是偶尔也赢。我不赌，我笑他终究会输的。突然他中了大奖，赢了大约 3 元钱的铜板，瞪了我一眼，走掉了。此刻我开始思考吃角子老虎机的数秘学（numerology）。在这个过程中，我发现吃角子老虎机和细菌遗传之间，有互相学习之处……第二天我一早就到实验室……设计实验测试我的想法……"

吃角子老虎机的博弈怎么会提供细菌遗传学的线索呢？

吃角子老虎机（或称角子机）是赌场常见的赌博机器，玩法是把一枚硬币投入，扳下一支操纵杆，驱动三条卷轴，卷轴转动停止后显示的三个图案决定输赢。三个图案都不一样就算输；三个图案都相同就中奖，其中有一组特殊图案是大奖。大部分的时候，下的赌注都会被白白吃掉，偶尔才会中奖，大奖则非常罕见。

这些机器都由赌场设定了一定的报酬率。假定一部机器的报酬率设定为 70%，那么你如果 1 元 1 元地赌，长久下来，你的报酬率大概就是70%，也就是说你玩了1万元之后，大概只能收回7000元。这样的结果和你每次投1元进去，机器就找你七角没有两样。但是如果有一部机器，你投入1元它就找你7角，这样的机器你会玩吗？当然不会。那么你为什么会赌吃角子老虎机呢？因为它不是投1元就找7角，它的报酬会波动。大部分的时间你投进去的铜板会不见了（报酬率为0），不过偶尔它会让你中奖（报酬率大于100%），你运气特别好的话，还会中大奖（几十倍甚至几百倍的报酬率）。正是因为有这样的波动，才会让赌徒心存侥幸，期待走运，抱走大奖。

这样的波动游戏怎么和细菌遗传学扯上关系呢？卢瑞亚的想法大致是这样：如果细菌的变异是一种适应，细菌族群是接触到T1才产生变异，那么不同样本发生变异的频率应该没有太大的差异，好像每投1元到角子机，就找回7角一样，没有什么波动。反过来，如果细菌的变异是事前就发生的基因突变，突变是罕见的事件，大部分时候都不发生突变，就像玩吃角子老虎机一样，投入的铜板大部分都不中奖，中奖只偶尔发生。不同的人、不同的时间或不同的机器，运气差别会很大。同样的道理，不同的细菌族群中变异出现的频率差异很大，发生的时间先后不同也会造成很大的差异。简言之，变异如果是先天的基因突变造成的，不同族群出现突变株的数目波动会很大；变异如果是后天的适应产生的，变异株的数目波动会很小。

波动测试

第二天（星期日）卢瑞亚就跑到实验室，马上设计两组互相对照的实验。第一组的细菌分开在各个试管中培养，一直到每一个试管中的细菌达到一定量（大约数亿），然后分别把它们涂抹在含有T1的培养基上，观察会出现多少抗T1的变异株。第二组的细菌则一起培养在一个大瓶子中，培养的时间和第一组大约一样，接着也取同样数目的细菌，个别涂抹在好几个含有T1的培养基上。也就是说，第一组在各个培养基上的细菌是单独培养的，第二组在各个培养基上的细菌则是混合培养的。这两组培养皿都放到保温箱培养，隔一两天再计数每个培养皿上有多少抗 T1 的变异株存活下来，比较两组变异发生的波动差异。

如果大肠杆菌的抗 T1 的变异是一种适应反应，是细菌接触 T1 之后才发生的，那么两组实验的变异发生的波动应该都很小，这些细菌不管是在不同的试管中分别培养的，还是一起在一个瓶子中培养的，都应该发生类似的适应反应，产生差不多一样数目的变异株。不同样本中变异数的波动只是反映实验操作的误差，以及统计取样无法避免的随机误差。

反言之，如果变异是出于先天的突变，两组的波动应该有显著的差别。第一组里，每一个试管中的细菌在生长过程中会随机发生突变，试管中的细菌有的突变发生得早，有的发生得迟，有的甚至没有发生。突变的细菌会在培养过程中继续分裂繁殖，越早发生突变的细菌就会累积越多子代；越晚发生突变的细菌累积的子代就越少。所以第一组出现抗 T1 的菌落数目波动就很大。第二组测试的样本都来自同一个混匀的瓶子，不管突变发生多少次和发生在什么时候，在各个培养皿上出现的抗 T1 菌落数目的波动都很小，只会呈现实验和统计学的误差。

卢瑞亚的结果是两组的波动差异非常大（图 4–3）。譬如，第一组“单独培养”有些试管完全没有变异株，有的变异株的数目却高达 100 多；第二组“一起培养”发生的变异数目波动就很小，基本上只代表一般的统计误差而已。这项结果显示，大肠杆菌对 T1 产生抗性是出于先天的突变，不是后天的适应。这个结论的引申意义表示细菌有基因，也就暗示细菌有染色体。科学家用显微镜看不到细菌有染色体，可能只是细菌的染色体无法像真核生物的染色体那样可以染色。

1943 年 1 月 20 日，卢瑞亚写信把“波动测试”的实验结果告诉戴尔布鲁克，说它是个“干净利落的实验”。1 月 24 日，戴尔布鲁克回信说：“波动的差异，你对了……我想这个问题需要一整套写下来

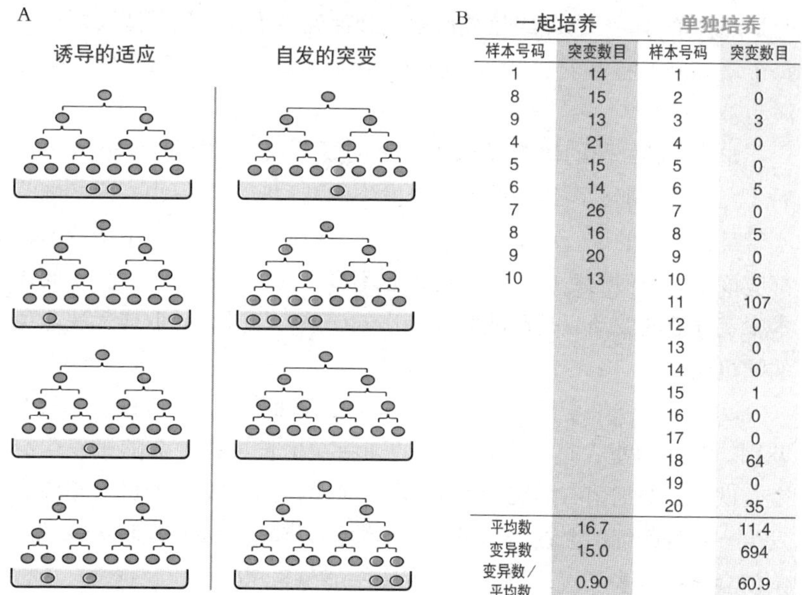

一起培养		单独培养	
样本号码	突变数目	样本号码	突变数目
1	14	1	1
8	15	2	0
9	13	3	3
4	21	4	0
5	15	5	0
6	14	6	5
7	26	7	0
8	16	8	5
9	20	9	0
10	13	10	6
		11	107
		12	0
		13	0
		14	0
		15	1
		16	0
		17	0
		18	64
		19	0
		20	35
平均数	16.7		11.4
变异数	15.0		694
变异数/平均数	0.90		60.9

图 4-3 卢瑞亚 1943 年的波动实验。(A) 实验构想：如果细菌的抗性是噬菌体诱导的，不同族群产生抗性的频率应该差不多（大约 2 个）；如果抗性是对数生长过程中发生的突变，频率会因为突变发生的时间而差别很大（从 0 到 4）。(B) 实验结果：左栏是一起培养的样本，每个样本的突变株数目平均是 16.7，和统计学的变异数（variance）相近；右栏是单独培养的样本，变异数（694）远大于平均数（11.4）。实验结果支持突变是自发的，是接触噬菌体之前就存在的。

的理论，我已经开始着手了。”和“三人论文”的情况一样，他也是没有做实验，只是进行数学的分析以及理论的探讨。2 月 3 日，戴尔布鲁克的手稿寄达。他用严谨的统计学分析这些波动测试的数据，提供完整的理论基础。另外，身为物理学家的他从波动实验的数据中计算出大肠杆菌发生突变的速度，那是卢瑞亚原本没有看出来的。

卢瑞亚和戴尔布鲁克共同发表了这篇“波动测试”的论文。这又是一项依赖数学的遗传研究，和孟德尔的杂交实验一样。卢瑞亚原本不相信欣谢尔伍德爵士的数学推论，结果他自己也是用数学来支持自己的结论。

最难得的是，卢瑞亚把两件对常人而言毫不相关的事物（吃角子老虎机和细菌遗传）联结在一起，并得到启发。我们可以想见，细菌变异的课题一定一直在他的脑海里盘旋，日思夜想，在适当的机缘下遇到适当的刺激，灵感一触即发。巴斯德（Louis Pasteur）的名言“机会眷顾有准备的心灵”，在此得到印证。

“波动测试”用来解决细菌变异的课题，既简单又有创意，很快就流传开来，成为传统遗传学核心的一部分，被很多实验室延伸引用，直到近代。

噬菌体集团与噬菌体条约

戴尔布鲁克和卢瑞亚两人积极鼓励其他的科学家也来做噬菌体的研究。在他们的号召下，加入的人渐渐增多，慢慢形成一个非正式的团体，大家称之为“噬菌体集团”。

1944 年这个集团制定了一个“噬菌体条约”，目的是协调大家的研究，集中研究少数几种噬菌体，不要把力气分散在太多种不同的噬菌体上。这样便于大家交换材料，比较并讨论研究的结果。最后入围的噬菌体有 T1~T7 7 种。后来大部分的研究都集中在 T2、T4 和 T7，最多的还是 T2 和 T4。这两种噬菌体非常接近，属于同一个亲族，所有关于 T4 的描述基本上都可以用在 T2 身上，反之亦然。另外，这个条约还选定 B 品系的大肠杆菌，当作这些噬菌体的宿主。这个选择未来会发生戏剧性的转折（见下文）。

隔年夏天，戴尔布鲁克等人在冷泉港实验室开了一门“噬菌体课程”，传授研究大肠杆菌和噬菌体的基本技术。这个课程一直持续了 28 年，教育了无数的学生，日后其中不少学生利用所学，对分子生物学做出很大的贡献。

戴尔布鲁克是“噬菌体集团”和“噬菌体课程”的领军人物兼灵

魂人物。他虽然是个严谨的科学家，但私底下却是个玩世不恭的大男孩，喜欢自由和创意的气氛。他把这样的气氛带入他领导的团体。

细菌的“性生活”

卢瑞亚的波动测验实验显示细菌有基因和染色体，可是显微镜下的细菌看不出有染色体，更遑论有丝分裂或减数分裂。所以，细菌有没有“性”是个谜。前面（见第 2 章）叙述红面包霉的生化遗传学的时候，提过霉菌可以进行有性生殖。很多霉菌有不同的“交配型”（不只是雄雌二性），不同交配型的霉菌菌株之间可以交配，形成双倍体，双倍体有两套染色体；双倍体也可以进行减数分裂，形成单倍体。细菌看不出任何类似的现象，但也不表示它们一定没有“性生活”。第二次世界大战之后，就有人开始探索这个问题。

赖德堡（Joshua Lederberg）是纽约市哥伦比亚大学的医学生。他起初在莱恩（Francis Ryan）的实验室打工洗瓶子，而莱恩曾经到比德尔与塔特姆的实验室（见第 2 章）进修，学习使用红面包霉做研究的技术。

开始的时候，赖德堡在莱恩的实验室也是研究红面包霉。他读了艾佛瑞等人的转形实验（见第 5 章），就尝试进行红面包霉的转形实验，但是没有成功。1945 年，他开始尝试做大肠杆菌的交配实验，看细菌是否和红面包霉一样能进行有性生殖，也没有成功。

这时候的塔特姆刚好从斯坦福大学搬到耶鲁大学，他的研究也从红面包霉改成比较简单的大肠杆菌。不过，他使用的大肠杆菌品系 K12，是斯坦福大学微生物系收藏的品系，而不是“噬菌体条约”规范使用的大肠杆菌品系 B。他从 K12 分离了很多株营养需求突变株，就像当年他们做的红面包霉研究一样。

莱恩建议赖德堡和塔特姆联络，或许可以得到帮助。赖德堡写信给塔特姆，塔特姆就让赖德堡到耶鲁大学做大肠杆菌的交配研究。赖德堡本来打算到耶鲁大学做 3 ～ 6 个月研究，结果实验很顺利，几个星期就有了成果。他停不下手，于是请了一年的假，继续留在耶鲁大学研究。这段时间他的新婚太太伊丝特（Esther）也和他一起研究。伊丝特也是一个非常有才气的科学家。

赖德堡用塔特姆的 K12 突变株进行交配。细菌太小，无法像动物或者植物那样在实验室中操纵个体，做一对一的交配，只能把两种不同的菌株混在试管中。要如何知道细菌有交配呢？赖德堡依据的是遗传重组，也就是基因的交换。生物个体发生基因的交换就表示发生过交配，这是两性生殖的特点。

赖德堡将两株带有不同突变的 K12 菌株一起培养，看会不会产生基因重组的后代。赖德堡使用的就是塔特姆分离的营养需求突变株。野生的大肠杆菌不需要特别提供氨基酸或维生素就可以在基本培养基中生长。赖德堡开始用两株突变株，A株和B株。A株有三个突变，需要苏氨酸（threonine）、白氨酸（leucine）和硫胺素（thiamine）才能生长；B株也有三个突变，需要生物素、苯丙氨酸（phenylalanine）和胱氨酸（cystine）才能生长。他将这两种突变株混合在一起培养之后，真的在后代的细菌中发现不需要依赖任何养分的野生型菌株。这些野生型菌株出现的频率很低，大约百万分之一，但是相对之下，A株或B株单独培养的话，子代中完全没看到野生型菌株的出现。这个结果显示 A株和B株之间有基因的交换发生，如果不是A株将制造生物素、苯丙氨酸和胱氨酸的基因传递给B株，就是B株将制造苏氨酸、白氨酸和硫胺素的基因传递给A株。1946 年赖德堡和塔特姆发表了这些结果。

就这样，赖德堡发现了细菌的交配行为，他称之为“接合”（conjugation）。这个名词，中文常翻译成“接合生殖”，这是错误的，因为细菌的交配和动植物的交配不一样。动植物的交配是繁殖子代必需的行为；细菌的交配却只有交换基因，没有繁殖子代。

质体与染色体的传递

赖德堡后来用他的研究成果在耶鲁大学取得博士学位，之后申请到威斯康星大学担任教职，放弃了在哥伦比亚大学的医学学业。

这期间，赖德堡继续做了更多的接合实验，观察到很多不同基因之间的重组。这些基因之间的重组频率高低不等，重组频率低于 50% 的，表示两者之间有联锁关系（见第 2 章）。赖德堡拿这些有联锁的重组频率建构大肠杆菌的遗传地图。他在 1951 年发表了第一个大肠杆菌的遗传地图。这个遗传地图和其他生物的遗传地图不一样，有分叉，而且不止一个分叉。赖德堡没有好的解释，只说它不一定是代表大肠杆菌的染色体在细胞中所处的情况。

这是怎么回事呢？如果遗传地图反映染色体的结构，难道大肠杆菌的染色体是分叉的？后来才知道，问题出在赖德堡把大肠杆菌的接合当作动植物的有性生殖看待。在动植物的有性生殖中，父系和母系的染色体贡献一样多，各出一套，结合成双倍体（有两套染色体）。但赖德堡不知道大肠杆菌的接合和动植物的有性生殖很不一样。

第一条线索来自英国剑桥大学的细菌学家海斯（William Hayes）。海斯间接从意大利遗传学家卡瓦利–斯福札（Luca Cavalli-Sforza）手中得到一些接合实验所需要的菌种，开始做这方面的实验。他发现如果在两株菌种进行接合的时候，用抗生素杀死其中一株，重组株就不会出现；但是如果用抗生素杀死另一株，重组株还是会出现。海斯推论进行交配的两株细菌是不对等的，其中一株不必是活的，另外一株则必须存活。重组应该是发生在必须存活的那株细菌中，可以被杀死的那株细菌只是提供染色体给没杀死的细菌，在里面发生重组。海斯称那株提供染色体的菌株为“雄性”，接受染色体的菌株为“雌性”。

海斯还观察到，除了参与交换的那几个突变基因之外，重组株的染色体所携带的其他突变基因大都来自“雌性”，很少来自“雄性”。他认为这是因为“雄性”的染色体没有全部传递到“雌性”细胞中，只有一小部分传递过去。这个想法，赖德堡本来不接受，但是后来的研究发现海斯的推论是正确的。“雄性”的细菌在接合过程中确实只传递一小部分的染色体到“雌性”的细菌中，和完整的“雌性”染色体发生交换。这种不对等的交换，不同于真核生物的有性生殖，也当然不能用染色体对等交换的模型来制作遗传地图，难怪赖德堡建构的遗传地图有分叉。

海斯还发现“雄性”菌株有时候会失去传递染色体的能力，变成“雌性”；这些“雌性”在接触“雄性”之后，又会恢复成“雄性”。于是，他推论“雄性”细菌有一个决定“雄性”的“性因子”（sex factor），失去了它，“雄性”就会变成“雌性”；“雌性”接触“雄性”时，又会从“雄性”接受新的性因子，变成“雄性”。同时间，赖德堡的实验室也有类似的发现，他称这个性因子为“F 因子”（F factor），携带它的“雄性”菌株称为 F^+，没有 F 因子的“雌性”菌株称为 F^-。

后来的研究发现很多细菌都有类似的“性因子”，它们是一种染色体外的 DNA 分子，称为“质体”（plasmid）。质体不像染色体，通常比染色体短很多，携带的基因大多对细胞有助益，但不是生存所必需（携带细胞生存必需的基因的 DNA，根据现在的定义，就是染色体）。性因子可以促进接合，后来就改称为“接合性质体”。还有很多种质体，提供不同的功能。其中很重要的是“抗性质体”，这些“抗性质体”常常带有各种抗药性基因，可提高细菌本身的存活率。有的“抗性质体”也是“接合性质体”，能够让抗药性在不同的菌种之间传递，在医疗上造成很大的困扰。

赖德堡运气好，他最初使用大肠杆菌 B 做实验，都没有成功，后来改用 K12，结果实验成功了。这是因为 K12 有 F 质体，而 B 没有任何质体。“噬菌体集团”的卢瑞亚听了赖德堡的演讲之后，也在自己的实验室里的用大肠杆菌 B 进行接合，结果当然没有成功。

后来科学家们进行大肠杆菌的遗传研究都改用 K12，只有进行生理研究时仍然用 B 做实验，这个传统一直持续到今天。日后，质体将成为基础研究以及遗传工程不可或缺的利器，扮演载具的角色，携带特殊的基因进入细胞中，改变细胞的遗传。

1958 年，赖德堡与他的老师塔特姆，还有老师的伙伴比德尔一起获得诺贝尔奖。他被表扬的事迹是“有关细菌的遗传重组以及遗传物质结构的发现”。这一年赖德堡 33 岁。

巴黎的意大利面模型

1950 年，卡瓦利–斯福札从 F^+菌株中，发现一株在接合的时候会产生超高重组频率（1000 ～ 10000 倍）的菌株，他称之为 Hfr（high frequency recombination）。三年后，海斯发现另一株 Hfr。这两株 Hfr 菌株就依照两位发现者的姓氏，分别命名为 HfrC 和 HfrH。接下来，其他实验室也陆续发现了更多的 Hfr 菌株。

后来的研究显示，Hfr 菌株之所以会有超高的重组频率，是因为细胞中本来独立存在的 F 质体已经嵌入染色体中，进行接合的过程中，F 质体被传递给接受者，连带把染色体也传递过去。不同的 Hfr 菌株中，F 质体嵌入的地方不同，方向也可能不同，传递的染色体序列也不同。

1952 年，法国巴斯德研究所的渥曼（Elie Wollman）来拜访海斯，带回他的 HfrH。后来渥曼和他的同事贾可布（François Jacob）用卢瑞亚发明的“波动测试”，显示了 Hfr 是从 F^+菌株随机发生的，也就是说在 F^+菌株生长和繁殖过程中，有些细胞中的 F 质体随机插入染色体，形成 Hfr。F^+菌株本身不会传递染色体 DNA 给接受者，它只会传递 F 质体。科学家所观察的染色体传递，其实是 F^+族群中存在的少数 Hfr 细胞造成的。

此后，HfrH 菌株继续在巴黎大放光彩，帮助巴斯德研究所的科学家解决了两项非常重要的分子生物课题。其中一项是有关基因调控方面的课题，帮助 3 位法国科学家获得诺贝尔奖（见第 9 章）。另一项就是帮助渥曼和贾可布厘清 F 质体驱动染色体传递的机制，并且建立正确的大肠杆菌遗传地图。

渥曼的双亲尤金（Eugène）与伊莉莎白（Elisabeth）20世纪30年代就在巴斯德研究所做研究，他们研究的是一种噬菌体的“潜溶”（lysogeny）现象。所谓潜溶是指噬菌体无声无息地潜伏在细菌中，和细菌和平相处，相安无事，但是在某种情况下，这些潜伏的噬菌体（称为“原噬菌体”，prophage）会突然发作，开始复制，破坏细菌，释放出来。这个现象很奇怪，搞不清楚缘由，而且在实验中很难把握它什么时候发作。再现性很难把握，因此很多人不相信它是真的，包括加州理工学院的戴尔布鲁克。

渥曼加入巴斯德研究所劳夫（André Lwoff，见第9章）的实验室进行研究。3年后他到加州理工学院戴尔布鲁克的实验室做了两年的研究。有一次，他在那里的图书室翻阅索引卡查询论文。在那个时代，图书馆的藏书都有人工制作的索引卡，提供查询。他找到他父母所写的有关潜溶论文的索引卡，上面赫然有一道笔迹写着“胡说”。

渥曼造访美国海斯的实验室之后回到法国，除了带回HfrH菌株，还带回一台当时非常时尚的果汁机送给太太。他太太觉得法国厨艺不需要这种美国机器，于是他就把果汁机带到了实验室。

渥曼和贾可布想到一个主意，利用这台果汁机做实验，研究当HfrH和F⁻菌株交配时如何传递染色体。他们先让提供者与接受者开始进行接合，然后在不同的时间把交配中的细菌放进果汁机强力搅拌，中断它们的交配，再把细菌拿出来看有哪些提供者的基因出现在接受者里面、这些基因的传递速度如何，以及传递是否有特定顺序。

他们挑选的HfrH和F⁻菌株各携带着好几个不同的突变，实验目的就是观察HfrH的突变如何传递到F⁻菌株。后者携带一个抗链霉素的突变，交配后的混合菌体可以用链霉素把HfrH杀死，只留下有抗性的F⁻来进行分析。

渥曼和贾可布发现交配打断得越早，提供者传递到接受者的基因就越少；反之，打断得越迟，传递的就越多。这是可以预期的。有趣的是，他们发现HfrH的基因（突变）传递到F⁻细胞有固定的顺序，每一个基因在一定的时间进入。

图 4–4A 就是其中的一项实验结果。在这个交配实验中，HfrH 携带 4 个可以辨识的基因，进入 F⁻的时序分别为：抗叠氮化钠的基因（a）9 分钟进入，抗 T1 噬菌体的基因（b）10 分钟进入，乳糖代谢基因（c）17 分钟进入，半乳糖代谢基因（d）25 分钟进入。图 4–4B 是实验结果的诠释图，亦即渥曼和贾可布提出的模型，一个被他们称为“意大利面”的模型。根据这个模型，提供者的基因排列在同一条染色体上，在接合过程中，染色体从固定的起点开始传递，越接近起点的基因（如 a）就越早进入接受者细胞，离起点越远的基因（依序为 b、c 和 d）则越晚进入接受者细胞。果汁机的搅拌打断了交配，也中断了染色体的传递。越早打断，传递的染色体越短；越晚打断，传递的染色体越长。被打断之前就进入 F⁻中的基因，才得以出现在最终的重组菌株中。

通过分析数据，渥曼和贾可布想到，这些基因的传递顺序和进入

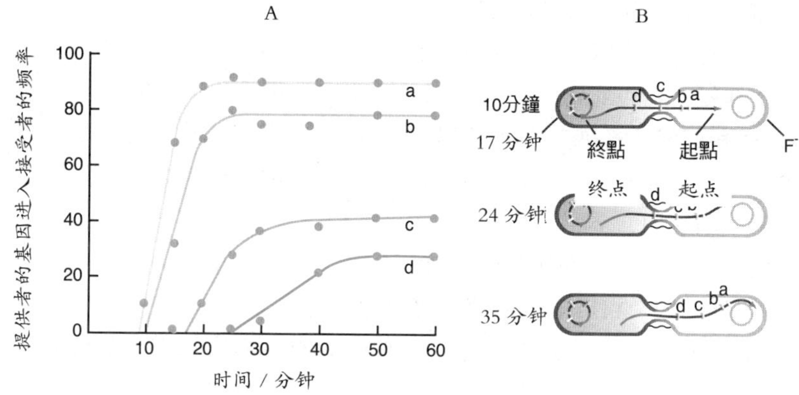

图 4–4 渥曼和贾可布的“交配打断”实验。(A) 实验结果：在不同时间打断 Hfr 和 F⁻细菌之间的交配，可以看见不同的基因（a、b、c、d）先后在不同时间出现在 F⁻细菌中。(B) 实验结果的诠释：Hfr 细菌染色体上的 a、b、c、d 基因依序进入 F⁻细菌。17 分钟的时候，a 和 b 已进入，c 刚要进入；24 分钟的时候，c 也进入，d 快要进入；35 分钟的时候，a、b、c、d 都已进入。

时间，不就反映了这些基因在染色体的相对位置吗？这些数据不就可以用来建立一张遗传地图吗？

上述的实验例子提供了 4 个基因的定位，这应该只代表大肠杆菌染色体的一部分。他们陆续用其他的 Hfr 菌株进行同样的交配打断实验，发现用不同的 Hfr 提供者传递的基因不一样，反映它们插入染色体的地方不一样（有些方向也相反）。根据这些实验结果制作出来的遗传地图，代表染色体的不同部位。有些部位的地图有重叠，这些重叠可以把不同部分的地图连接起来，最后全部连接起来居然是一个环状的地图。

环状遗传地图完全出乎贾可布和渥曼的意料，暗示大肠杆菌的染色体是环状的。在那个时代这是很惊人的一件事，因为环状染色体前所未闻。到目前为止，科学家看到的都是线状染色体。当然，这是因为他们看到的都是真核生物的染色体，还没有人见过细菌的染色体。

电子显微镜下的细菌染色体 DNA

真核生物染色体的基本结构是 DNA 和组织蛋白（histone）结合形成的染色质；染色质能够进一步高度压缩形成粗条状的染色体，在光学显微镜下可以观察得到。细菌的染色体没有如此高层次的结构，用光学显微镜看不见。后来科学家知道遗传物质（基因、染色体）是 DNA（见第 5 章），不是蛋白质之后，就有实验室尝试用电子显微镜来观察细菌的染色体 DNA。

1961 年，德国的克林施密特及蓝恩用他们发展出来的 DNA 显影技术，在电子显微镜下观察完整的细菌染色体 DNA。这个实验的困难度很高，因为从细胞中萃取出巨大的 DNA 分子，很难在溶液中维持完整性。在水溶液中，DNA 分子超过 15 微米（1 微米 =10^{-6} 米）就容易被流动的水“剪断”。细菌的染色体动辄数百或数千微米，例如大肠杆菌的染色体就有 1600 微米长。大肠杆菌菌体长度也才大约 2 微米，染色体的长度约是细菌长度的 800 倍，可见细菌染色体是很紧密地塞在细菌里面的。当我们把细菌打破，让纤细的染色体在水溶液中展开，如果没有特别保护，染色体绝对会被水流剪得稀碎。

克林施密特和蓝恩发明出一种技术，在一层蛋白质膜上温和地打破大肠杆菌细胞，再进行显影处理。用这样的技术，他们可以看到一坨像毛线球的 DNA，上头有无数的圈套（图 4–5）。

如果染色体是环状的，DNA 应该不会出现末端，除非处理过程中发生断裂。克林施密特和蓝恩的样本有些是很完整的，看不到任何 DNA 末端，但是也不能排除末端是埋在整坨 DNA 里面的；有些可以看到末端，可是它又可能是在处理过程中断裂的。这样很难判定大肠杆菌的染色体 DNA 是不是环状的。

1963 年，凯恩兹（John Cairns）使用一种称为自动放射照相术（autoradiography）的技术，提供了另类的影像。所谓“自动放射照相术”是以放射性同位素标记细胞中的某种化合物，然后在黑暗中把样

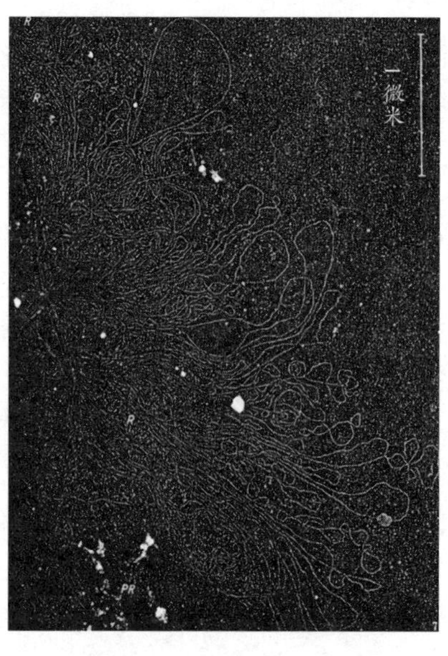

图 4–5 克林施密特和蓝恩 1961 年在电子显微镜下拍摄的细菌染色体 DNA。照片显示大约一半的染色体，右上角的白线代表 1 微米。

品放入感光乳剂里让它凝固成薄膜（相当于传统的照相底片），再放置一段时间，让化合物所含的放射线使乳剂中的银离子感光而形成颗粒，最后再把“底片”冲洗出来。这样观察到的影像不是分子本身，而是它的放射性造成的痕迹。

他是用放射性的胸腺嘧啶（^{3}H–T）标定大肠杆菌的染色体，然后小心包埋在感光乳剂中（降低DNA断裂发生的可能性），让它曝光长达两个多月。底片洗出来之后，他看到很多颗粒分布成线状，但是也有环状的DNA影像。图4–6是他最有名的照片，显示复制中的大肠杆菌染色体。用这样的技术估计出来的大肠杆菌染色体，长度大约是1.100微米，是他先前观察的T2噬菌体DNA的21倍。

遗传地图的陷阱

但是这些实验结果能够证明大肠杆菌的染色体是环状的吗？不，这些实验结果严格来说，都只是所谓“周边证据”或“间接证据”。

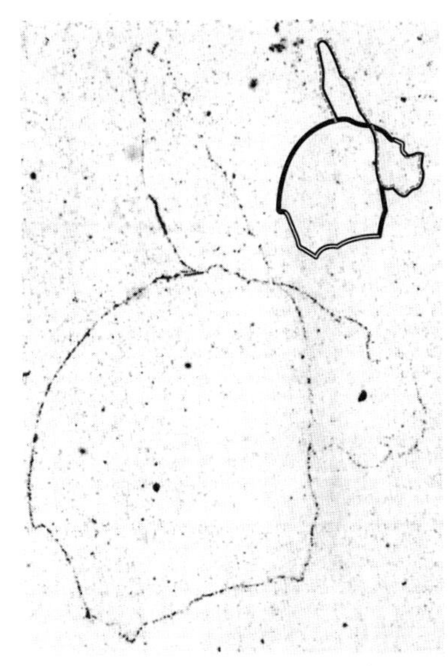

图4–6 凯恩兹在1963年用自动放射照相术拍下复制中的大肠杆菌染色体。右上角的线条重绘自凯恩兹的诠释，绿色虚线代表新复制的部分；实线是还没有复制的部分。

凯恩兹的自动放射照片显示的是DNA分子上放射线的感光分布，并不清楚DNA本身是否为连续的。他本人也说："在证明DNA上存在着非核酸的连结之前，把这些线看作分子，大概是合理的吧。"

渥曼和贾可布的遗传地图则是先根据数字（基因传递的时间）定出染色体的部分地图，再把所有的部分地图一起拼组起来。它不是直接观察的结果，这样拼凑起来的大肠杆菌遗传地图是环状的。或许有人会说：环状的遗传地图不就代表环状的染色体吗？那可不一定。我们至少可以从两个例子中得到答案。

第一个例子是T4。历史上的这段时间，研究T2和T4噬菌体（二者是亲属）的人就碰到一个谜题。T4用重组频率建构遗传地图，得到的地图是环状的；可是后来凯恩兹的自动放射照片和克林施密特及蓝恩的电子显微镜照片，都显示T2和T4的DNA是线状的。线状的DNA会产生环状的遗传地图？

这个谜题后来获得解答。原来每个T2或T4噬菌体所携带的DNA都是线状的，没错。但是它们的序列很奇特，除了各个以"环状排列"的变化之外，两端还有些重复序列，意思是说T2和T4噬菌体的DNA序列，有的是$\underline{1}2345789\underline{1}$，有的是$\underline{2}345678912$，有的是$\underline{3}456789123$……（画底线的部分是重复序列）。也就是说，每一条噬菌体DNA都有完整的序列（1~9），但是排列得不一样。这奇怪的结构，是因为噬菌体DNA进入细菌，经过反复复制之后会连结起来，形成一长串的重复序列123456789123456789123456789……最后要装进噬菌体的时候，被切割为比基本序列（9个数字）稍微长（10个数字）的DNA，所以每一条DNA的排序都不一样，也都有末端的重复。这种奇怪的结构会使得每一段序列都呈现联锁关系，1~2、2~3、3~4、4~5、5~6、6~7、7~8、8~9、9~1之间都有联锁。如此组合起来的地图当然是环状的，没有断点（末端）。

T2和T4的例子指出遗传地图的拓扑学（环状与线状）不可靠。这个例子是噬菌体，下一个例子是细菌染色体。

环状染色体成为细菌的典范

继大肠杆菌的染色体之后，其他实验室也陆续发现其他细菌的环状遗传地图，都没有例外。于是环状的细菌染色体就成为典范，被写入教科书，当作细菌与真核生物的基本差异，也常常出现在考试的题目中。这个典范，到 1989 年才发生改变。

1989 年，美国的法勒斯（Mehdi Ferrous）和巴伯（Alan Barbour）意外发现一种叫作疏螺旋体（borrelia）的细菌，其染色体是线状的。疏螺旋体是莱姆病（Lyme disease）的病原菌，五年前才被分离出来。它的染色体特别小，大约只有大肠杆菌的 1/5，但法勒斯和巴伯使用一种新的脉冲电泳技术很容易就看到了它。

1993 年有实验室发现另一种线状的细菌染色体。这群细菌是土壤中的链霉菌（streptomyces）。它们的染色体很长，接近大肠杆菌染色体的 2 倍。它的末端有一个蛋白质以共价键的方式接在 DNA 的末端。这个发现引起很大的轰动。首先，链霉菌是普遍存在的细菌，不像疏螺旋体那样罕见；其次，所有链霉菌的遗传地图都是环状的（疏螺旋体的遗传地图一直没有被定出来）。链霉菌染色体序列没有像 T4 那样的“环状排列”，所以不能用 T4 的模型解释。

最近这个谜题终于获得解答。原来是它的染色体的两个末端附着的蛋白质，会把末端连结起来，在细胞中形成环状。DNA 仍然是线状的；蛋白质之间的连结是非共价键的连结，用清洁剂处理就可以打开。凯恩兹前面说过：“在证明 DNA 上存在着非核酸的连结之前，把这些线看作分子，大概是合理的吧。”他是在说大肠杆菌的染色体。大肠杆菌染色体确实没有“非核酸的连结”，是连续的环状 DNA。他疑虑的事情却出现在链霉菌染色体上，因为链霉菌的染色体确实有“非核酸的连结”。

链霉菌染色体的遗传地图是环状的。如果运用自动放射照相术的话，相信也会和大肠杆菌的染色体一样，看到环状的排列，因为两端被末端蛋白质抓在一起。所以，这些证据都会误导我们，让我们以为链霉菌染色体是环状的。

这些例子提醒我们，要注意科学研究中充斥着这样的“周边证据”陷阱。对于“周边证据”，福尔摩斯在《博斯科姆比溪谷秘案》中如此说：“周边证据是个很诡异的家伙。它好像笔直地指向一样东西，但是如果你稍微偏移一下你的观点，你会发现它同样毫无妥协地指向一样完全不同的东西。”

第 5 章 灰姑娘与果汁机

1935—1956

大胆假设，小心求证。

——胡适

灰姑娘核酸饱受歧视

上一章，我们超前讨论了细菌的染色体，也说到染色体就是DNA分子，但是我们还没有谈科学家如何知道基因是DNA而不是蛋白质。灰姑娘的翻身是一段曲折而漫长的故事。

进入20世纪之后，基因位于染色体上渐渐成为公认的事实。染色体的成分主要是蛋白质和DNA，所以基因大概不是蛋白质就是DNA。当时大部分的科学家都看好蛋白质，因为蛋白质多姿多彩，有20种“首饰”（氨基酸）；DNA非常单调，只有4种“首饰”（核苷酸），更何况权威人士李文还说DNA只是四核苷酸的重复（见第3章），非常单调，怎么储藏大量的遗传信息呢？所以，一直到20世纪40年代中期，几乎都没有人看好DNA。

细胞的染色体又大又复杂，有些科学家就把脑筋动到病毒上。“噬菌体集团”集中火力钻研噬菌体，另外还有一些生物学家在研究真核生物的病毒，其中研究得最透彻的是“烟草镶嵌病毒”（tobacco mosaic virus，TMV，图5-1A）。TMV是历史上最早被发现的病毒。它感染植物的叶子，让叶子产生黄绿相间的斑纹，造成农产损失。

1935年，洛克菲勒研究所的史坦利纯化出TMV颗粒，发现纯化的TMV可以结晶。这些结晶的病毒仍然具有活性，即使反复结晶都还可以感染植物。史坦利实验室分析它的化学成分，只发现蛋白质。他在论文中说，TMV“可以看成一种自我催化的蛋白质”。

隔年，剑桥的皮瑞（Norman Pirie）和包登（Frederick Bawden）发现，TMV中除有蛋白质之外还有一点碳水化合物（2.5%）和磷（0.5%）。今天我们知道TMV的蛋白质是外壳，里头包着一条RNA（图5-1B），这个RNA大约占整个病毒重量的6%。皮瑞和包登侦测到的磷应该是来自这个RNA；显然史坦利实验室的鉴定技术不够灵敏，没有测量到这个RNA的存在。

无论如何，史坦利对区区0.5%的磷并不在意，认为即使它代表核酸，也应该没什么意义。核酸只不过是单纯无趣的“四核苷酸”而

A

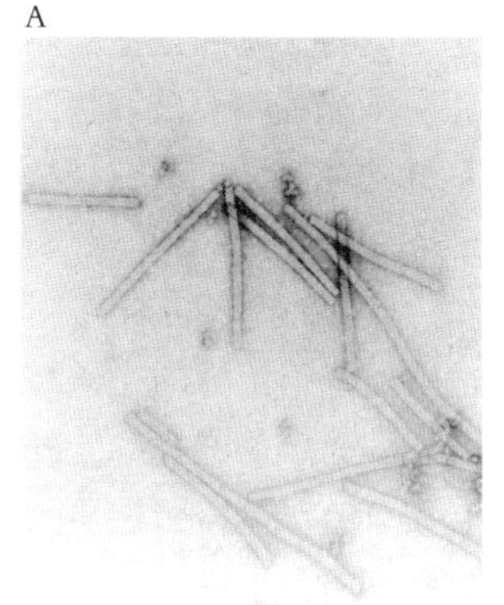

B

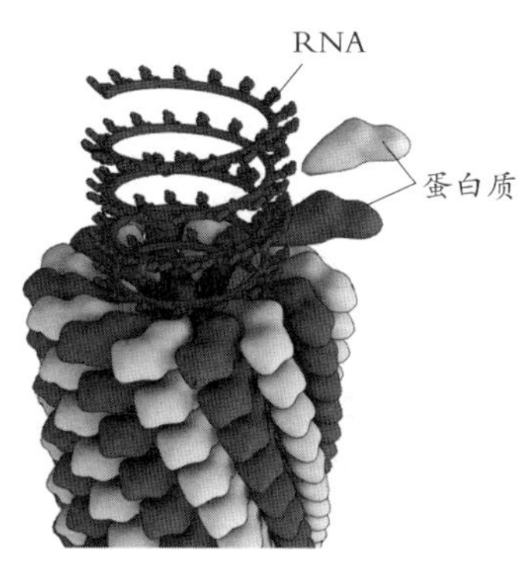

图 5-1 烟草镶嵌病毒（TMV）。(A)在电子显微镜下放大 16 万倍的影像。(B)立体模型。病毒外壳是 2130 个蛋白质排列成的管子，中间藏着一条 6400 个碱基长的单股 RNA 分子。早期的研究人员没有侦测到 RNA 的存在。

已，不是吗？何况提出“四核苷酸”学说的李文，还是他在洛克菲勒研究所的同事。

一直到 1937 年，史坦利都还认为是蛋白质携带 TMV 的遗传信息。这期间，他的实验室还做出马铃薯镶嵌病毒（aucuba mosaic virus）的结晶，并发现这一病毒的蛋白质和 TMV 的蛋白质不一样。这更加强了他的想法，因为如果病毒的遗传信息是存在于蛋白质中的话，不同的病毒就应该有不同的蛋白质。现在他们证实了这一点。

这些观念很有影响力，让一些有影响力的人物（包括缪勒和戴尔布鲁克等人）都支持蛋白质扮演的遗传角色。卢瑞亚也曾经站在蛋白质这边。他回忆说：“1949 年至 1951 年的成果指往另一方向……如果你很早就把噬菌体感染的细菌打破……在细菌中最早发现有噬菌体征兆的是一些蛋白质壳。所以我提出建议，说这些蛋白质可能是噬菌体的遗传物质。”

史坦利实验室使用不同的酶处理 TMV，发现分解蛋白质的“蛋白质水解酶”会使病毒丧失感染能力，这更支持了基因是蛋白质的想法。可是，他们发现亚硝酸也会杀死病毒。亚硝酸不会破坏蛋白质，这项结果不支持蛋白质是基因。今日我们知道亚硝酸会改变核酸，所以亚硝酸的实验结果是支持核酸的。

另外一项支持核酸的证据，来自紫外线杀菌力的研究。早在1928 年，盖兹（Frederick Gates）就知道紫外线杀菌力的光谱与核酸的吸收光谱类似，而不像蛋白质的吸收光谱。杀菌力最强的紫外线，波长与核酸吸收最强紫外线的波长一样，是 260 纳米；蛋白质吸收最强的波长则是 280 纳米。此外，诱导细菌和病毒突变的光谱也和核酸的吸收光谱一样。不过这些都是间接证据，无法撼动蛋白质在大部分人心目中的地位。

转形的本质

对蛋白质的地位有直接威胁的研究出现在“二战”末期，地点是美国洛克菲勒研究所艾佛瑞（图 5-2A）医生的实验室。艾佛瑞本来只是研究肺炎双球菌，他会介入 DNA 和蛋白质的争论课题，源自他的学生们在他请病假的时候，重复做了一家英国实验室在 10 多年前做过的一项实验。

这项实验是英国卫生部的医官弗瑞德 · 葛瑞菲斯（Fred Griffith）做的。葛瑞菲斯研究肺炎双球菌的目的是要发展疫苗。1923 年他研究的肺炎双球菌中，存在着两种形态不同的品系（图 5-2B），其中一种品系形成的菌落是光滑的（smooth form，S 形），另一种品系形成的菌落是粗糙的（rough form，R 形）。

S 形的肺炎双球菌会致病，它的外层有多糖类的保护囊，可以抵抗来自宿主免疫系统的攻击，所以注射到小鼠腹腔后会让小鼠感染肺炎死去。R 形的肺炎双球菌没有这个保护囊，注射到小鼠腹腔后小鼠不会死亡。

这两种品系之间偶尔会发生转换，从 S 形转变成 R 形，或者从 R

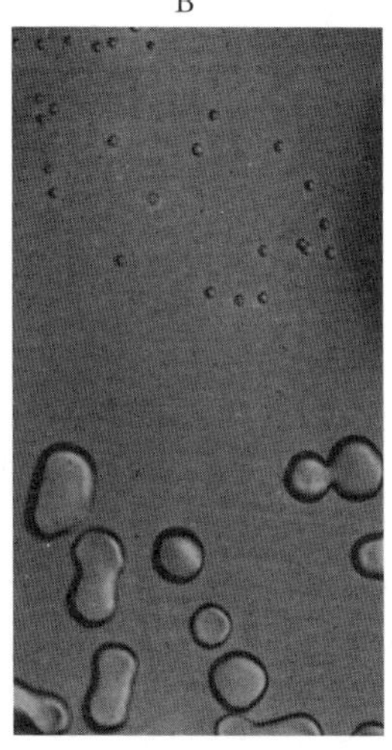

图 5-2 艾佛瑞研究肺炎双球菌的“转形本质”。(A) 艾佛瑞，这时候的他和实验室同人正在研究转形本质，摄于 1937 年。(B) 转形前（上）和转形后（下）的肺炎双球菌菌落，前者菌落表面粗糙，后者光滑。论文照片发表于 1943 年。

形转变成 S 形。葛瑞菲斯对这种转换很有兴趣，做了很多实验，其中最有趣的是所谓“转形”实验。他拿一株 S 形和一株 R 形做实验：他把加热杀死的 S 形注射到小鼠体内，小鼠不会死亡；但是当他把活的 R 形和加热杀死的 S 形混合，一起注射到小鼠体内，小鼠竟然会死亡。这很奇怪，单独注入活的 R 形和加热杀死的 S 形都不会杀死小鼠，混合在一起就会致命。

葛瑞菲斯从这些小鼠尸体中分离到活的细菌，它们都是 S 形，具有致病力。一个简单的解释是加热杀死的 S 形复活了。不过从免疫标志来看，分离出来的 S 形的免疫型是属于 R 形的。所以，他从尸体取出来的细菌不是 S 形复活，而应该是 R 形转变成 S 形。

葛瑞菲斯称这种转变为“转形”（transformation）。他推断，R 形的转形是死去的S形中有某种特殊的物质，进入R形造成它的改变，他称这个物质为“转形本质”。转形本质最可能就是遗传物质。如果是这样的话，转形不就是基因从一个细胞的染色体进入另外一个细胞的染色体，造成后者的改变吗？这是很重要的发现。可是葛瑞菲斯是个很害羞和谦虚的英国绅士，不喜欢做演讲。他迟疑了一阵子才将结果发表在不受重视的《卫生期刊》上。文章里面一点都没有提到可能的重大遗传意义。

艾佛瑞和葛瑞菲斯都是肺炎双球菌研究领域的专家，但是两人从未见过面。艾佛瑞本来就知道葛瑞菲斯的转形实验，但是一直不相信。1934年他因病休养半年，他的手下在实验室中成功重复了葛瑞菲斯的转形实验，而且改良了转形技术，不必使用小鼠，直接在试管中就能转形。这让转形实验的步骤简化了，效率也提高了。艾佛瑞实验室就决定开始用新步骤研究“转形本质”，希望纯化它，了解它是何种物质，因为“转形本质”应该就是基因。

1944年（第二次世界大战结束前一年）2月，艾佛瑞和实验室的麦劳德（Colin MacLeod）和麦卡蒂（Maclyn McCarty）一起发表了一篇历史性的论文，综合他们这方面的研究结果。此时艾佛瑞已经65岁，处于半退休状态；而葛瑞菲斯已经去世4年，他在实验室中死于德国空军的轰炸。

保守谨慎

艾佛瑞等人的论文副标题就明白点出论文的结论：“用分离自第三型肺炎菌的脱氧核糖核酸部分引发转形。”注意，他们说引发转形的是“脱氧核糖核酸部分（fraction）”，而不说是“脱氧核糖核酸”。这是微妙但重要的细节。“部分”是化学家纯化某种物质常用的术语。“脱氧核糖核酸部分”是指纯化过程中获得含有很纯或最纯的DNA的“部分”，但是不排除其中还有其他物质。

实验科学家知道，要纯化一种物质到百分之百的纯度是不可能的。纯度的标准永远受限于侦测仪器的灵敏度。科学实验仪器测量的灵敏度都有极限，没有一个仪器可以测量到“零”，也就是无法说任何物质不存在，最多只能说它无法被侦测到（低于侦测的灵敏度）。譬如，你测量蛋白质的仪器或技术最低只能侦测到每毫升1纳克（10^{-9}克），那么你只能说你纯化的DNA部分中，蛋白质低于每毫升1纳克。

艾佛瑞实验室用了各种技术，包括电泳、超高速离心、紫外线光谱仪、酶处理等，分析肺炎双球菌的“转形本质”，最后下结论说：“在技术的限制内，具有（转形）活性的部分不含有侦测得到的蛋白质……大部分或许全部都是……脱氧核糖核酸。”这里说的“大部分或许全部”再度呼应论文副标题中的保守语气，也就是说他们没有绝对的把握说转形本质就是DNA。

1943年，艾佛瑞在给他弟弟洛伊（Roy）的信上如此说：“我一直尝试在细胞萃取液中寻找诱导这特殊变化的物质的化学性质……这是个挑战，让人头疼和心碎……不过我们总算有了结果……但是，当今要别人相信没有携带蛋白质的DNA会具有这种生物活性和特质，必须要有很多完备的证据。我们就是要取得这些证据。吹嘘虽然很好玩，但是在别人吹毛求疵之前，自己先检讨才是明智之举。当然我们所描述这物质的生物活性，有可能不是核酸的本质，而是出自极少量的某种其他物质。”

提出“四核苷酸”结构的核酸权威李文是艾佛瑞在洛克菲勒研究所的同事兼朋友。麦卡蒂说，麦劳德曾经和艾佛瑞去找李文，谈起DNA可能携带遗传信息，被李文泼了冷水，他说结构简单的DNA不可能是遗传物质。

洛克菲勒研究所的另一位同事，生化学家米尔斯基（Alfred Mirsky）也批评说：“可能只是DNA，不需要他物，就有转形的活性，但是这一点仍未完全证实……很难排除可能有极少量的蛋白质无法检测出来，附着在DNA上，才是活性所必需的……肺炎菌的转形是自我复制的现象……所以只要几颗有活性的本质就够了。”我们别忘了，

TMV 含的 RNA 约占病毒重量的 6%。史坦利刚开始做实验的时候，也一直没侦测到它的存在。

1947 年，艾佛瑞从洛克菲勒研究所正式退休。

两极反应

戴尔布鲁克也持保留态度。他回忆说："当然有了这发现，争战才刚开始，因为科学界立即分成两边：有人相信 DNA 是储藏资讯的分子，有些人则相信 DNA 样品被少量的蛋白质所污染，而蛋白质才是重要的分子。"这些保留或反对的态度反映出当时大家对接受 DNA 是遗传物质的迟疑。最大的障碍是，DNA 怎么看都不像能够携带遗传资讯的物质，特别是从"四核苷酸"模型的角度来看。

艾佛瑞等人的研究成果，尽管是严谨客观的优异论文，却缺乏让人兴奋的含义，无法激励科学家信服 DNA 就是基因。日后华生（卢瑞亚的学生）与克里克发表 DNA 双螺旋结构模型的时候，情况刚好相反。这两人研究 DNA 结构不是为了证明 DNA 是遗传物质，但是他们解析出来的结构却显示了基因的性质和功能，让更多人相信 DNA 就是基因。

卢瑞亚就这样说："像戴尔布鲁克和我本人这样的人，不但不用生物化学的方式思考，我们还对生物化学有负面的反应（可能部分是下意识）……我想我们并不觉得基因是蛋白质或核酸很重要。对我们来说，重要的是基因必须具有它该有的特质。这说明了为什么华生与克里克的 DNA 双螺旋结构模型对研究遗传学的人来说，有如此重大的意义。因为该结构就包含着（一眼就可以看出来）基因的性质。"曾经嘲笑 DNA 是"愚蠢的分子"的戴尔布鲁克也说："即使它真的具有专一性，但是在华生和克里克提出 DNA 双螺旋结构之前，没有人，绝对没有人，能够想到专一性可以用这么超级简单的方式，由一个序列、一个密码携带着。"

尽管如此，艾佛瑞清楚这个课题的重要性。他给弟弟的信中继续说："如果我们是对的，当然这还没证实，那就是说核酸不但在结构上重要，同时具有决定细胞生化活性及特征的功能，而且借由一个已知的物质，可以对细胞造成可预期的遗传变化。这是长久以来遗传学家的梦想。"

是的，他已经想到"遗传工程"。是的，如果转形是DNA造成的，这个转形技术就提供一个改变细菌遗传的方法。不是吗？他们不是已经纯化出一个生物的DNA，送入另一个生物体中，改变后者的遗传吗？这就是遗传工程啊。日后发展出来的"重组DNA"就是利用这样的转形技术，把基因（DNA）送入细胞中。

从20世纪30年代初，艾佛瑞几乎每年都被提名诺贝尔奖，但是提名的原因都不是他对转形本质的研究，而是他与海德柏格（Michael Heidelberger）在肺炎双球菌表面抗原方面的研究。他们发现肺炎双球菌表面抗原的专一性是源自多糖体，这是崭新的发现，在此之前大家以为抗原都是蛋白质。1946年之后，他才因为转形本质的研究被提名诺贝尔奖，但是也没有成功获得。艾佛瑞于1955年过世。

来自巴黎的回响

受到艾佛瑞等人论文的启发，很多实验室也开始尝试用不同的微生物进行类似的转形研究，最早的成功报告来自法国巴斯德研究所副所长波伊文（André Boivin）的实验室。1945年11月他报告，说他也可以用DNA成功转形大肠杆菌。可是他们的结果受到质疑，因为别的研究室都无法再现他们这个实验，包括赖德堡与塔特姆。一直到1972年，科学家发现大肠杆菌经过特别处理（例如氯化钙）可以转形。理由是大肠杆菌不像肺炎双球菌那样天生就有转形能力，它的外壳必须经过人为改变，才能够接受外来的DNA。现代遗传工程用大肠杆菌作为基因的工厂，以转形方式把基因送入菌体之前，都要经过前处理。

艾佛瑞实验室的霍奇基斯（Rollin Hotchkiss）在艾佛瑞退休后继

续研究，希望确定转形物质确实是DNA。1951年，他完成另一个性状（青霉素抗性）的转形；1954年学生马莫（Julius Marmur）在他的指导下，又完成另外两个性状（甘露醇代谢及链霉素抗性）的转形，而且发现这两个性状的转形有联锁现象，也就是说两个性状常常同时转形。这个结果更支持它们是基因。在这期间，1953年美国的微生物学家亚历山大（Hattie Alexander）与莱迪（Grace Leidy）也成功用DNA转形流感嗜血杆菌（Haemophilus influenzae）。

波伊文的转形实验虽然受到质疑，他和同僚罗杰·凡缀里（Roger Vendrely）及柯莱特·凡缀里（Colette Vendrely）陆续找到三项支持DNA为遗传物质的实验证据：第一，哺乳类动物中每个细胞的DNA含量大致相同，但是蛋白质和RNA的含量变化很大；第二，细胞中的DNA相当稳定；第三，体细胞中的DNA含量是精子（单倍体）中的两倍。

这三点都是遗传物质应该具有的特性，其中第三点最具说服力：体细胞的染色体（基因）是双套（双倍体），是精子（单倍体）的两倍。如果DNA是遗传物质的话，它在体细胞中所占的分量应该也是精子的两倍。这个"波伊文-凡缀里规律"，后来很多实验室用不同的动植物也加以证实，除了一些少数的例外（例如多倍体细胞）。

著名的果汁机实验

灰姑娘还蹲在黑暗角落。艾佛瑞等人的论文发表8年后（1952年），又出现另一个"精灵教母"。这一次，欢迎它的人就更多了，因为这项研究出自"噬菌体集团"的"自己人"。

冷泉港实验室的赫胥和他的助理蔡斯研究的材料是大肠杆菌和噬菌体T2。他们与巴斯德研究所的渥曼和贾可布一样，使用果汁机做实验。渥曼和贾可布用果汁机打散交配中的细菌，赫胥和蔡斯则是用果汁机把附着在细菌上的噬菌体打掉。这个技术是电子显微镜专家安德森（Thomas Anderson）发明的。安德森早在10年前就和卢瑞亚用电子显微镜观察噬菌体（图 5–3）。噬菌体和很多其他的病毒一样，有蛋白质做的外壳，里面包着核酸。他发现噬菌体可以用渗透压冲击的方式炸破外壳，释出核酸。他还发明用果汁机处理被噬菌体感染的细菌，把附着在细菌表面的噬菌体打掉。

安德森使用果汁机做实验的时候，果汁机已经在美国问世 20 年，成为很受欢迎的厨房用具。此外，果汁机也用于在医院制备特殊病患的饮食，更出现在科学家的实验室里面。日后，沙克（Jonas Salk）还用它研究小儿麻痹症疫苗。

赫胥和蔡斯（图 5–4A）发现，用果汁机把细菌表面的 T2 移除之后，大部分的细菌仍然具有产生噬菌体的能力，也就是说培养一段时间之后，它们仍然会爆破细胞，释出子代 T2。这表示噬菌体被移除之前，已经把必要的遗传物质送入细菌体内，使得新的病毒得以合成，留在细菌外头的噬菌体躯壳已经不重要了。

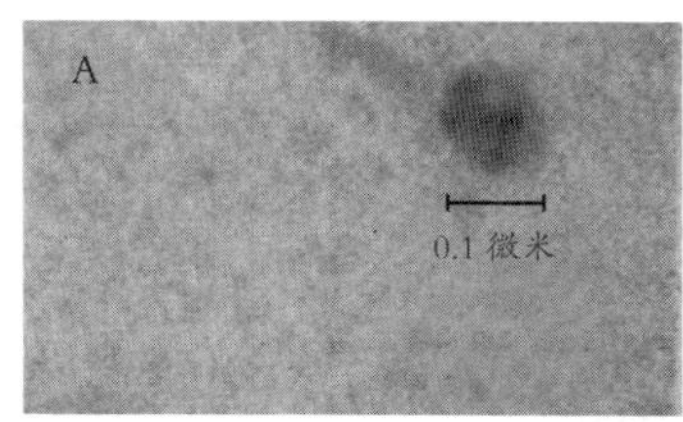

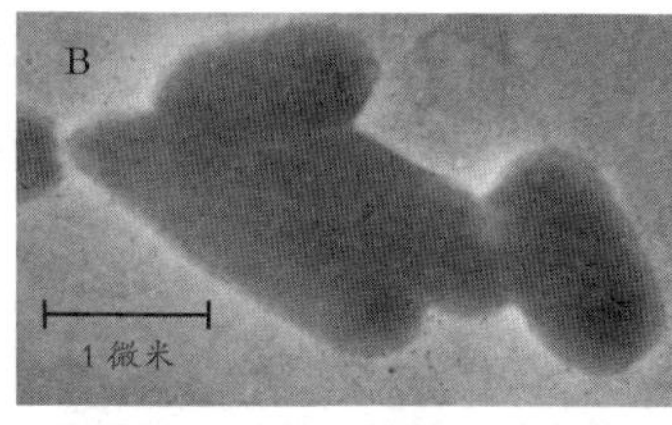

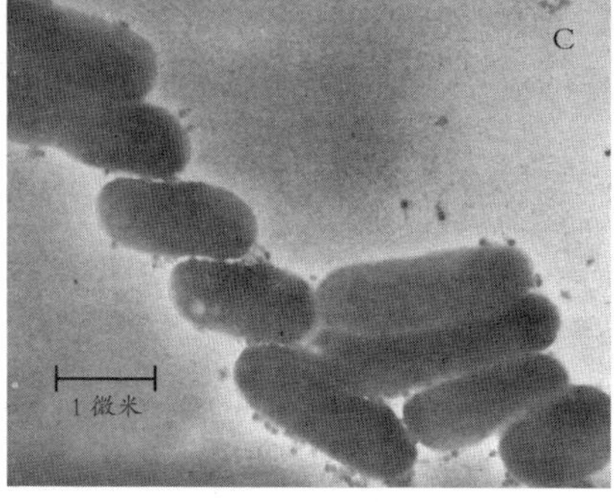

图 5–3 1942 年卢瑞亚与安德森用电子显微镜拍下的噬菌体。（A）放大 84000 倍。（B）未受感染的大肠杆菌，放大 17000 倍。（C）被感染的大肠杆菌，很多噬菌体附着在菌体表面，放大 17500 倍。

现在的问题就是：T2 噬菌体送进去的东西是什么？是 DNA，还是蛋白质？这是个重要的问题，因为送进去的东西应该就是遗传物质，也就是基因。到底是 DNA，还是蛋白质？

赫胥和蔡斯采取放射性标记的方法来回答这个问题。DNA 含有磷酸，蛋白质没有，所以他们在培养 T2 的时候添加磷的放射性同位素 ^{32}P，得到的 T2 的 DNA 就会带有 ^{32}P，放出 ^{32}P 的放射线。反过来，蛋白质含有硫，DNA 没有，所以在培养 T2 的时候添加 ^{35}S，T2 噬菌体的蛋白质就会含有 ^{35}S。

接下来，他们把这两种具有不同放射性的 T2 噬菌体，分别拿来感染大肠杆菌，让它们在缓冲液中附着在细菌上，再用果汁机打掉 T2。然后他们用离心机把细菌连同附着的噬菌体一起沉淀下来；单独的 T2 重量太轻，不会离心下来，仍旧悬浮在上层液中。沉淀物和上层液两部分就可以分别测量放射性（^{32}P 或 ^{35}S），看哪种放射性被离心下来，哪种放射性在上层液中。

结果他们发现在果汁机中打的时间越久，从细菌上脱离下来的 ^{32}P 和 ^{35}S 就越多。最后有一小部分（35%）的 ^{32}P（DNA）脱离，出现在上层液中，大部分（65%）留在感染的细胞中。^{35}S（蛋白质）则大部分（80%）脱离，不过还是有小部分（20%）和被感染的细胞一起离心下来（图 5-4B）。

赫胥和蔡斯进一步追踪这些放射性物质的去向，发现被感染的细菌中的 ^{32}P 大约有 30% 会出现在子代的噬菌体中；^{35}S 出现在子代噬菌体中的概率不到 1%。所以他们认为这些含硫的蛋白质应该绝大部分都只是附着在表面的壳上，没有进入细胞中。

这些结果支持 DNA 是遗传物质，蛋白质不是。但是，他们在 1952 年发表的论文中，很谨慎地提出三个有待澄清的问题。第一，有没有不含硫的噬菌体物质进入细胞中？第二，有的话，它是否也传递到子代噬菌体？这两个问题的答案如果为“是”，这种物质可能是遗传物质或者它的一部分。第三，磷是否以噬菌体物质的形式直接传

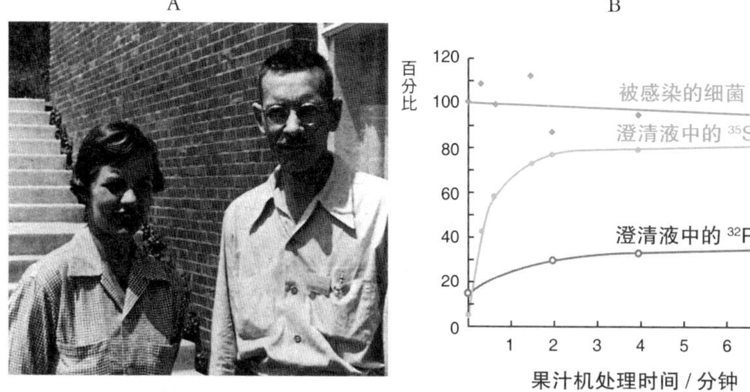

图 5-4 赫胥(右)、蔡斯(左)和他们的果汁机实验。(A)两人合影于 1953 年。(B)果汁机实验结果：横轴是用果汁机处理的时间，纵轴是被感染的细菌数，以及澄清液中 ^{35}S 和 ^{32}P 的百分比。

递给子代？如果磷是间接传递到子代噬菌体，它可能就不是遗传物质。

赫胥和蔡斯的结论是："感染的时候，大部分噬菌体的硫留在细胞表面，大部分噬菌体的磷进入细胞……我们的实验很清楚地显示 T2 噬菌体可以用物理方法分成遗传与非遗传部分……不过，遗传部分的化学辨认必须等上面一些问题得到解答。"

不过，今日教科书描述这项实验的时候，常常说细胞里侦测不到 ^{35}S，上层液中侦测不到 ^{32}P，显示遗传物质就是 DNA。这不但误导论文的实验结果，还过度诠释它的结论，失去科学严谨治学的精神。

大部分的教科书都没有提到，赫胥和蔡斯进一步追踪放射性物质传递到子代噬菌体的实验。有这部分的结果，蛋白质的排除才比较容易被接受。即使如此，赫胥对 DNA 是遗传物质的想法仍然是保留的。这也几乎被大多数教科书所忽视。

一人得道，鸡犬升天

现在的教科书陈述这段历史的时候，总是把艾佛瑞等人和赫胥与蔡斯的两篇论文拿出来，证明 DNA 是基因。殊不知，这两人都是严谨的科学家，知道自己的实验结果没有完全排除其他物质才是遗传物质或是遗传物质一部分的可能性。

1953 年 11 月，华生和克里克的双螺旋论文已经问世半年，赫胥在冷泉港实验室的演讲中说："有三种证据支持 DNA 的遗传角色。第一，波伊文–凡缀里规律：DNA 含量和物种与倍体（染色体的套数）的相关性，与组织种类无关；第二，艾佛瑞等人做的转形实验的结果；第三，DNA 在 T2 噬菌体感染中扮演某种未知的显性角色。这三项，单独或一起，都无法提供充分的科学基础支持 DNA 的遗传功能。"最后他说："我个人的猜测是，DNA 不会被证实是遗传专一性的独特决定者。"

有人说，生物学家没把艾佛瑞等人的论文当真，或者甚至没听过。赫胥与蔡斯的论文就没有提到它，不知道为什么。赫胥与蔡斯的论文发表之后，大家才开始认真看待 DNA。

有人认为或许因为赫胥和蔡斯用了另一种实验材料和另一种技术，得到相似的结论，让大家对它比较有信心。不过，真正的原因应该是赫胥是当时强势团体（噬菌体集团）的创始者之一，有很多同僚互相扶持。这篇论文的结果在出版之前就已经在各处流传，特别是戴尔布鲁克个人的大力加持。艾佛瑞等人则不在这个势力圈子里。

尽管我们可以挑剔他们论文的缺陷，但赫胥与蔡斯的果汁机实验俨然成为分子生物学发展史上的重要枢纽。他们是首先以生化方法分析噬菌体遗传的人。生物化学开始进入分子生物学，未来将扮演枢纽的角色。1969 年，赫胥、卢瑞亚和戴尔布鲁克三人一起获得诺贝尔奖。

如果艾佛瑞等人以及赫胥与蔡斯的论文都不算证明 DNA 是遗传物质，那么历史上有哪一篇论文或哪一个实验证明了呢？我想不出来。我想不出有谁毫无疑问地证明了DNA是遗传物质。这个结论是经过无数实验研究的考验得来的。特别是DNA双螺旋结构模型的出炉，它显示的遗传意义让更多人相信基因就是DNA（见第6章）。

DNA最后被发现真的是遗传物质，以前支持它的研究和论文，不管有何不足之处，都升值了，都变成大功臣。让人不禁揣想，假若后来发现蛋白质才是真正的遗传物质，那么那些支持蛋白质的论文也都会升值吗？史坦利支持TMV的遗传物质是蛋白质的研究，不是也会风光地出现在教科书上吗？

当然基因不一定都是DNA。有些病毒的基因是RNA，例如TMV。1956年史坦利团队的佛兰克尔-康拉特（Heinz Fraenkel-Conrat）把纯化的TMV蛋白质与TMV RNA混在一起，发现它们会自我组合起来，形成具有活性的病毒。有趣的是，他们把不同品系病毒的蛋白质和RNA混在一起，也会得到有活性的杂种病毒品系，譬如A品系蛋白质包着B品系RNA，或者B品系蛋白质包着A品系RNA。把这些杂种品系的病毒拿去感染植物，得到的子代病毒都和RNA的品系一样。譬如RNA是A品系，得到的子代病毒就是A品系。也就是说，病毒的遗传取决于RNA，不是蛋白质。同年，施拉姆（Gerhard Schramm）用纯化出来的TMV RNA感染植物得到子代病毒。这更证实了RNA的遗传角色。

这时候，DNA双螺旋结构模型已经出炉3年了。

第 6 章 铁丝与纸板

1937—1953

礼貌是所有良好科学合作的毒药。合作的灵魂是绝对的坦诚，必要时的失礼……科学家珍惜批评几乎甚于友谊；不对，批评在科学中是友谊的标杆。

——克里克

风云剑桥起

20世纪50年代，英国剑桥大学的卡文迪什实验室还在一排低调不起眼的传统建筑物里，游客经过很难想象它拥有的辉煌历史。到1951年为止，它已经出了21位诺贝尔奖得主，包括汤普森（Joseph Thompson，发现电子）、阿斯顿（Francis Aston，发明质谱学技术）、拉塞福（Ernest Rutherford，发现原子核）、柯克劳夫特（John Cockcroft，发现原子分裂）、华尔顿（Ernest Walton，发现原子分裂）、查兑克（James Chadwick，发现中子）、威廉·亨利·布拉格（William Henry Bragg）和威廉·劳伦斯·布拉格（William Lawrence Bragg）父子（发展X射线衍射晶体图学）等。

威廉·劳伦斯·布拉格爵士是当时卡文迪什实验室的所长。他和父亲来自澳大利亚，两人合作发展出X射线衍射晶体图学，作为分子结构分析的工具。X射线衍射现象是德国物理学家冯劳厄发现的，它的原理沿自一个世纪前就知道的光学干涉现象，也就是当光线穿过宽度接近波长的细缝时，会在后面的屏幕上形成明暗相间的条纹，这是抵达屏幕的不同光波之间互相加强（明）或减弱（暗）而造成的。冯劳厄认为X射线的波长（0.01~10纳米）接近原子之间的距离，应该可以在晶体中规律排列的原子之间产生衍射干扰现象。他果然成功了。布拉格父子追随冯劳厄的脚步，发展出X射线光谱仪和计算晶体结构的数学方法。父子两人于1915年获得诺贝尔奖。冯劳厄在前一年获得诺贝尔物理学奖。

X射线衍射晶体图学成为研究晶体的利器。它本来只是被用于研究盐类、金属、矿物和可以结晶的简单化合物，后来发现蛋白质也可以结晶，于是X射线衍射也开始被用于研究蛋白质结构。蛋白质的结构比起先前的研究对象复杂多了，对于研究者来说是很大的挑战。

卡文迪什实验室本身就有数位优秀的物理学家，进行蛋白质结构的研究。但是他们在第一回合就输给了一位强劲的对手——美国加州理工学院的鲍林。1951年，鲍林和他的同事科瑞（Robert Corey）用X

射线衍射技术以及分子模型的建构，解出蛋白质的二级结构，α 螺旋和 β 平板（图 6–1）。第一轮的挫败，让来自卡文迪什实验室的竞赛者很沮丧。

图 6–1 鲍林（左）和同事科瑞（右）把他们解出的蛋白质螺旋结构做成模型。摄于 1951 年。

至于 DNA，从生物体萃取出来的 DNA 都是不能结晶的纤维，但是布拉格之前的学生阿斯特伯里（William Astbury）于 1937 年发现，在适当的处理下，DNA 纤维的 X 射线衍射图也会显示某种周期性的规律结构。DNA 的碱基叠在一起，像一根柱子（或一摞铜币）。至于和碱基连结的脱氧核糖，阿斯特伯里认为它和碱基平行。

1949 年，来自挪威的佛伯格（Sven Furberg）在伦敦用 X 射线衍射定出单一核苷（nucleoside）的立体结构。核苷是一个碱基连着一个脱氧核糖（DNA）或核糖（RNA），不包含磷酸。佛伯格发现碱基和脱氧核糖之间的角度几乎垂直，阿斯特伯里错了。这一发现对后来华生和克里克的 DNA 双螺旋结构模型很有帮助，克里克也承认。

佛伯格曾经根据这个结构提出两个 DNA 模型（图 6–2），二者都是单股的螺旋结构。这两个结构发表于 1952 年，华生和克里克的 DNA 双螺旋结构模型出炉前一年。华生和克里克的论文有引用这篇论文。

1947 年，英国的古兰德（John Gulland）和乔登（Dennis Jordan）用滴定方法研究 DNA 的黏稠性和光学性质，结论表明 DNA 是线状聚合物，没有分叉，而且碱基之间的特定位置具有氢键。强酸和强碱会降低 DNA 的黏稠性和改变光学性质，是因为氢键被打断，显然 DNA 结构有赖于氢键。这些观念对后来的 DNA 双螺旋结构模型也很有帮助。

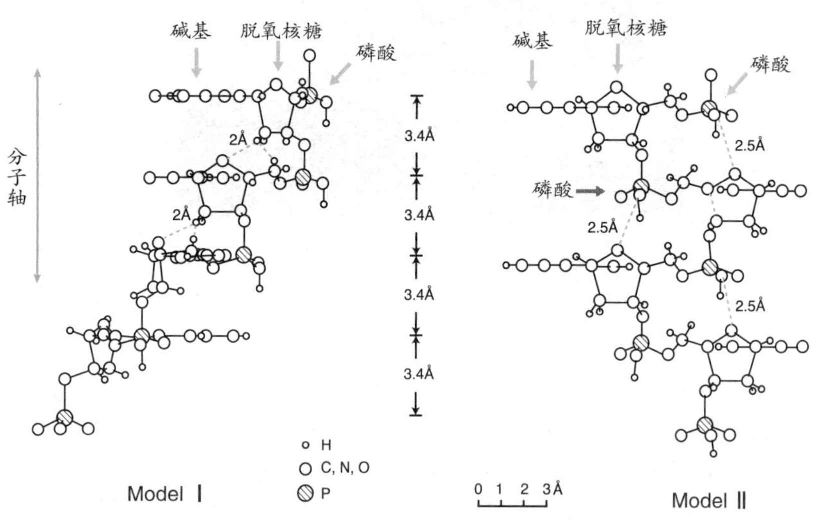

图 6–2 佛伯格提出的两个 DNA 模型（Model Ⅰ与 Model Ⅱ），都是单股螺旋。脱氧核糖和螺旋的轴差不多是平行的，碱基则以垂直角度与脱氧核糖连接。碱基之间的距离是 3.4 埃（Å）。这些都是正确的。（改绘自佛伯格 1952 年的论文。）

结构在国王学院

20世纪50年代初期，真正认真用X射线衍射研究DNA的是伦敦国王学院的威尔金斯和研究生葛斯林（Raymond Gosling）。1950年葛斯林就开始用X射线研究精子头的DNA结构，此外他们从瑞士的席格纳（Rudolf Signer）那里得到高品质的小牛胸腺DNA进行研究。

溶解在水中的DNA，加入一些酒精就可以把聚合在一起的DNA捞起来，拉成细丝。威尔金斯的手很巧，可以拉出很细（5~10微米）的丝。这样的细丝可以聚成一束，虽然不是真正的晶体，但在X射线衍射下也可以看到一些规律的黑点，显然DNA分子在拉长的细丝中形成某种“类结晶”（paracrystal）的规律结构。

1951年1月，威尔金斯到那不勒斯开会，以他的DNA研究为题，做了一场演讲。听众中有一位来自美国的年轻生物学家华生，演讲后很兴奋地去找威尔金斯，表示希望到他的实验室做DNA研究，威尔金斯婉拒了。

这段时间，伦敦国王学院新来了一位科学家罗萨琳·富兰克林（图6–3A）。年仅30岁的富兰克林已经是世界闻名的X射线晶体

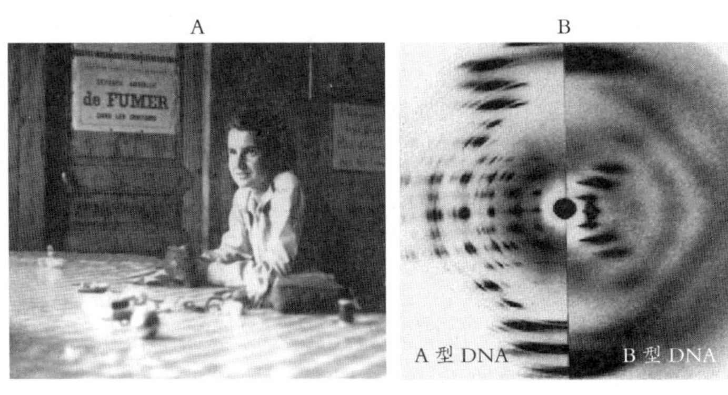

图6–3 富兰克林用X射线衍射技术发现了DNA的两种结构。（A）巴黎时期的富兰克林，摄于1949年。（B）A型DNA与B型DNA的X射线照片。A型DNA照片提供的资讯比较多，因此富兰克林先分析它。

图学权威，院长蓝道尔（John Randall）聘请她来和葛斯林一起研究DNA结构，为期3年。蓝道尔在聘请她的信中还说："X射线实验工作方面，目前就只由你和葛斯林做。"等于把威尔金斯摆在一旁。

威尔金斯没看到此信，富兰克林抵达的时候，他又不在。富兰克林被安排在威尔金斯的实验室中工作，蓝道尔要求他把DNA的工作交给富兰克林，连他的博士学生葛斯林也交给富兰克林指导，让他感觉被排挤。资深的威尔金斯认为富兰克林是他的助手，但是富兰克林自认为在学院中是独立的研究员，觉得威尔金斯不该来管她、烦她。这个紧绷又伤感的误会，一直都没有厘清。

富兰克林到伦敦国王学院才几个月，就做出了好成绩。她和葛斯林用威尔金斯给他们的高品质DNA分出两种形态的DNA结构："A型"和"B型"（图6–3B）。在低湿度的环境下，DNA丝变得比较粗，产生的X射线衍射影像中有很多清楚的黑点。湿度提高，DNA丝会变长，X射线衍射影像中的黑点就会变得很少，出现一个X形的分布。葛斯林和威尔金斯先前得到的影像有一些模糊不清的黑点，推测应该是因为他们的DNA样品同时存在着A型和B型的DNA。

提高空气中的湿度就可以让DNA从A型变成B型，显然DNA很容易吸收水分，所以富兰克林认为DNA分子中亲水性的磷酸应该露在外头，让水分子很容易附着上去，疏水性的碱基在里头，避免和水分子接触。这是建构DNA立体结构很重要的一条线索。

11月，她在伦敦国王学院演讲，报告这些进度。年初在那不勒斯聆听威尔金斯演讲的华生也出现在听众中。

相遇的机缘

华生是卢瑞亚的第一位研究生。他本来的兴趣是鸟类学，但是18岁的时候读了薛定谔的《生命是什么？》，就决定改攻遗传学。19岁从芝加哥大学毕业后，他进入印第安纳大学，在卢瑞亚的实验室进行噬菌体的研究。3年后，取得博士学位后，他去了哥本哈根，先后在卡尔卡（Herman Kalckar）和马洛伊（Ole Maaløe）的实验室做研究，但是这两个实验室的研究课题都不是他真正感兴趣的。他真正想要研究的是 DNA 结构，因为通过艾佛瑞等人以及赫胥和蔡斯的研究，他相信 DNA 是遗传物质，因此解出它的结构极为重要。

1951 年年初，他随卡尔卡到意大利的那不勒斯开会，在那里听到威尔金斯的演讲。威尔金斯展示的 X 射线衍射图显示 DNA 的结构是规则的，所以用这个技术得到解答应该很有希望。他向威尔金斯表示希望到他的实验室工作，但是威尔金斯拒绝了。他不死心，费了很大的功夫，通过卢瑞亚的关系，终于争取到去卡文迪什实验室里肯德鲁（John Kendrew）的实验室学习蛋白质的 X 射线衍射晶体图学。1951 年 10 月，他抵达卡文迪什实验室，被安排和克里克共用一个办公室。克里克是比鲁兹（Max Perutz）的学生，也是威尔金斯的老朋友。

华生和克里克一见如故（图 6–4）。克里克回忆他们相遇的情景说："当我遇见吉姆（华生）时，真有意思，因为我们看法相同……不过他对噬菌体一清二楚，我则只在书上念过……我对 X 射线晶体衍射了如指掌，他则只有二手的知识……从外边世界过来的人里面，他是第一位和我一样清楚什么才是重要的（指 DNA）。"当时卡文迪什实验室的科学家大多在研究蛋白质。克里克说他知道艾佛瑞的论文，但是他也认为这篇论文对 DNA 的角色并没有盖棺论定。他知道他的老友威尔金斯在研究 DNA，他本人对 DNA 只是想想而已，没有做实验。

华生的基本研究对象是细菌和噬菌体。当时基因是大家追逐的圣杯，他知道艾佛瑞的研究并不能断定 DNA 就是遗传物质，但是他觉得 DNA 是很合乎逻辑的选择，值得一赌。赌对的话，奖赏很大。虽然他来卡文迪什实验室的计划书上定的目标是做蛋白质的研究，但是他已经决意要研究 DNA 的分子结构。他想，卡文迪什实验室是世界上研究 DNA 结构的好地方。

来到卡文迪什实验室之前，华生的DNA知识少得可怜。他说：

图 6-4 克里克（左）和华生（右）于剑桥河畔散步。摄于 1953 年。

“DNA只是一个词。对我而言，它从来都不算是分子。我知道它是由核苷酸构成的，此外，除了为了准备考试，我从来都不去学习它的结构式。”

当时同在剑桥大学（化学系）的陶德（Alexander Todd）是核酸化学方面的权威。两年前他才成功合成三磷酸腺苷（ATP）。他的研究显示，李文提出的核苷酸“碱基－糖－磷酸”的连结方式是正确的（见第 3 章），也发展出合成双核苷酸的技术，可以用在合成核酸片段，对将来遗传密码解码的研究帮助很大。他在 1957 年获诺贝尔化学奖。

陶德推论 DNA 和 RNA 就是长串的核苷酸（称为“多核苷酸”），没有分叉。这样单纯的核苷酸串联顺序，称为“一级结构”。蛋白质的一级结构就是指氨基酸以肽键连结的顺序。氨基酸形成的多肽也没有分叉，但是有更上一层的结构（称为“二级结构”），就是多肽中的氨基酸相互作用形成的特殊立体结构。前述鲍林和科瑞用 X 射线衍射解出来的“α 螺旋”和“β 平板”，就是多肽中某段氨基酸通过氢键的连结形成的。蛋白质的一级结构用定序技术就可以解出来，二级结构则需要 X 射线衍射技术才可以观察得到。

DNA 有没有二级结构，或更高级的结构呢？有的话，是什么样子？对于相信 DNA 是遗传物质的人来说，这是非常重要的课题。

一知半解的危险

华生与克里克相遇的时候，华生才 23 岁，克里克 35 岁。华生是以博士后研究员的身份进入卡文迪什实验室，这时候的克里克还是一位研究生。克里克的求学过程很长，他本来是在伦敦大学学院攻读物理博士学位，第二次世界大战爆发，他被征召入伍。战后他转到剑桥大学继续攻读博士学位，又到别处做细胞研究两年之后，再进入卡文迪什实验室做物理化学的研究。相比之下，华生年纪轻，没有入伍参战。

克里克和华生两人相遇没有多久，就开始盘算如何进行 DNA 结构的研究。华生的访问奖学金是为了让他做蛋白质结构的研究，克里克的博士论文题目也是有关蛋白质的结构，两个人都不应该做 DNA 的实验，所以他们只能利用闲暇时间思索讨论。他们想像鲍林研究 α 螺旋的时候一样，利用建构分子模型获得答案。所谓分子模型就是根据实验得到的数据以及理论的推算，用球（代表原子）和木棒或铁丝（代表化学键）来构筑放大的分子模型，再让分子模型接受进一步的实验和理论推演的考验，反复修正，达到正确或者最佳的结构。

日后华生在自传中描述克里克如何教育他："我很快就被教导说鲍林的成就是常识的产物，不是复杂数学推理的结果。公式有时候会爬进他的论述中，但是大部分情形下，语言就足够。莱纳斯（鲍林）成功的关键在于他对简单结构化学定律的依赖。α 螺旋的发现并不是光靠瞪着 X 射线照片看，主要的秘诀其实是分析哪些原子喜欢靠着坐在一起；主要的工具不是笔和纸，而是一组看起来好像幼儿园儿童玩具的分子模型。"

鲍林解出 α 螺旋和 β 平板的时候，是用分子模型搭配 X 射线衍射的实验结果而成功的。可是，华生和克里克除了拥有以前阿斯特伯里和佛伯格的少许数据之外，一无所有。他们自己也不可能做实验。所以，1951 年 11 月，当克里克获知伦敦国王学院的富兰克林和威尔金斯要报告他们近期的研究成果后，他就叫华生去听，因为当天他有事不能抽身。华生搭了火车，去伦敦参加研讨会。

新来的华生掌握的 X 射线衍射晶体图学的知识非常少，他懂的那些知识都是来卡文迪什实验室之后才学习到的。富兰克林和威尔金斯的报告，他都听不太懂，而且他又没记笔记（这是他的习惯）。第二天，克里克和他见面，追问富兰克林演讲的内容，华生无法给他准确的答案。尽管如此，两人还是很积极地根据华生记住的数据，开始建构 DNA 模型。一个星期后，一个模型出炉了。这个模型中的 DNA 是以三股多核苷酸长链卷成一个螺旋，三股核苷酸的糖和磷酸都在中间，碱基朝外。

他们很兴奋地邀请研究所的同人来观看。肯德鲁提醒克里克说，礼貌上应该知会他的老友威尔金斯，因为他们已经明显侵入了威尔金斯的研究领域。克里克就打电话给威尔金斯。翌日，威尔金斯、富兰克林和葛斯林三人一起来到卡文迪什实验室。

根据华生的描述，富兰克林的反应很直接："她看了它一眼，就说它一无是处。"葛斯林的印象也是一样："……罗萨琳觉得实在太好笑了。她对这模型毫不留情地批评，仔细说明它为什么不对，第一点、第二点、第三点。然后我们就走人。"

富兰克林告诉他们，磷酸不可能在里面，碱基应该在里面。道理很简单，碱基是疏水性的（打断很多周遭水分子之间的氢键），会和水互相排斥，所以不可能在外头。磷酸是亲水性的，才应该在外头。何况，磷酸应该带着负电，如果三股的磷酸都挤在里头，一定会互相强烈排斥。听了这席难堪的批评，身为卡文迪什实验室负责人的布拉格觉得很丢脸，侵犯了别人的研究领域，还出了这样的丑，于是他禁止华生与克里克继续进行 DNA 结构的研究。

华生和克里克为什么提出这样的模型呢？他们做三股的结构，是因为他们听威尔金斯说DNA应该是三股。他们把碱基放在外头，是因为现有的DNA的X射线衍射图显示DNA结构相当规则，而碱基的形状和大小差别相当大，如果放在中间，结构就很难有规律性，所以把它们放在外头。

华生记错了DNA的含水量。富兰克林在演讲中提到，A型和B型的DNA围绕着不同数量的水分子，富兰克林提到的水含量至少比华生和克里克的模型所容许的多10倍。此外，这个模型中，位于中间带负电的磷酸会互相排斥，虽然华生和克里克放了带正电的镁离子当媒介，减小互斥的力，但是水分多的时候，镁离子会水解，DNA螺旋也就会垮掉。所以这个模型不符合X射线衍射的实验数据，是错误的。

其实这段时期，富兰克林也已经在考虑DNA结构的模型。她心中有一个模型，DNA是双股的螺旋，碱基在里头，糖和磷酸构成的链子在外面，相邻的两股以带电的磷酸和金属离子拉在一起。

讨厌的人的话也要听听

虽然被禁止建构DNA模型，但华生和克里克还是不停地思考这个问题。6月的时候，克里克开始思考DNA分子中同样的碱基会不会互相吸引，于是就请教研究所里的化学家约翰·葛瑞菲斯（John Griffith），约翰是发现转形的弗瑞德·葛瑞菲斯（见第5章）的侄子。他用化学和量子力学计算，发现同样的碱基之间不会互相吸引，倒是A和T会互相吸引，G和C会互相吸引，不过他计算的是碱基上下相叠的吸引力。克里克听了葛瑞菲斯的结论之后，马上告诉他，这样的交互作用提供一种互补的复制方式。他相信葛瑞菲斯大概也想到了。

A与T和G与C相吸的观念，到了7月又再度浮现。一位生化学家查加夫（Erwin Chargaff）（图6-5A）从美国来剑桥大学访问，他告诉华生与克里克，他发现DNA里面的碱基含量，A和T的数目差不多，G和C的数目也差不多，都是1 ∶ 1的比例。克里克听了之后大为振奋，因为上个月葛瑞菲斯才告诉他，A 与 T 会相吸、G 与 C 会相吸，那不正好和查加夫的碱基比例不谋而合吗？两件东西出现 1 ∶ 1 的比例，不就暗示它们是连结在一起的吗？

华生对这次见面的印象倒是比较负面。他说："法兰西斯（克里克）对它兴奋不已。我并不喜欢，因为查加夫可以说是我所见过的人之中最讨人嫌的。我尽量不去理会这讨厌家伙说的话。"反过来，查加夫对他们两人的印象也不佳，对两人的评语是："他们给我的印象是极端的无知……我从未遇见过如此无知又如此野心勃勃的人。"

其实，早在 1947 年查加夫就曾经在横渡大西洋到英国的邮轮上，把他知道的碱基比例告诉同船的鲍林。鲍林也觉得他讨人厌，没把它当回事。这次访欧结束后，查加夫在回美的邮轮上又和鲍林同船，鲍林还是没有理他。

查加夫是哥伦比亚大学的教授。他很崇拜艾佛瑞，深受他的影响，全力研究核酸。他和学生菲雪（Ernst Vischer）发明出碱基的微定量技术，用来测量不同生物中四种碱基的含量。他们本来的目的主要是看 DNA 的成分与演化亲缘性之间的关系，想知道亲缘接近的生物

A

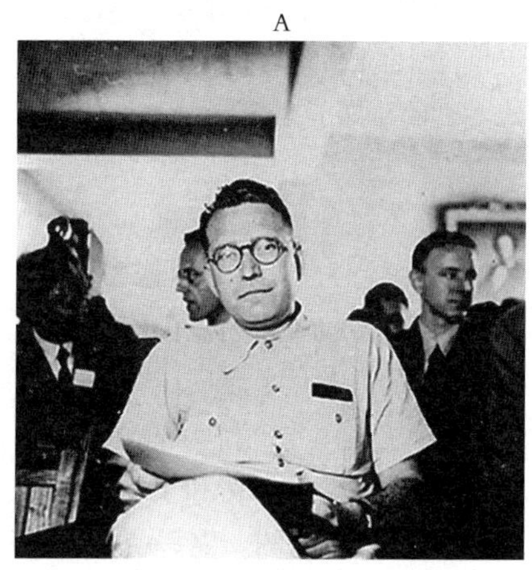

B

DNA 来源	A	T	G	C
小牛胸腺	1.7	1.6	1.2	1.0
牛脾脏	1.6	1.5	1.3	1.0
酵母菌	1.8	1.5	1.0	1.0
肺结核杆菌	1.1	1.0	2.6	2.4

图 6-5 查加夫提出了 DNA 中碱基的比例。（A）1947 年聆听演讲中的查加夫。（B）他于 1949 年发表四种生物（小牛胸腺、牛脾脏、酵母菌、肺结核杆菌）DNA 碱基含量的测定结果，含量最低的碱基定为 1.0。不同生物的碱基比例都不同，但同一个生物中，A 和 T 的含量接近，G 和 C 的含量也接近。

中 DNA 碱基成分是否相近，亲缘遥远的生物中 DNA 碱基成分是否差异很大。他们比较酵母菌、肺结核杆菌、小牛胸腺和牛脾脏的 DNA 碱基含量，发现这些物种的碱基成分确实差异很大。为什么有这样的差异，他们也不知道（图 6–5B）。

刚开始的时候，他们也没有注意到这些碱基之间有什么特别的比例，直到 1948 年某个夏天的晚上，查加夫坐在办公桌前看这些数据，把菲雪叫过去，告诉他这些物种的 DNA 里，A 和 T 的数目看起来都好像差不多，G 和 C 的数目也好像差不多。有名的“查加夫比例”就此诞生。

查加夫和菲雪的研究也无意中推翻了李文的“四核苷酸”假说（见第 3 章），因为根据“四核苷酸”假说，DNA 的次单位是四种核苷酸组合起来的“四核苷酸”，所以四种碱基的数目应该一样，但是查加夫发现各种生物的 DNA 中四种碱基的比例差异很大。

查加夫发表了这些发现。在论文中，他们还把 DNA 和薛定谔在《生命是什么？》中讨论的遗传密码相提并论，并猜测细胞中可能存在着无数结构不同的核酸，“100 个鸟嘌呤（G）如果掉了一个，可能对结合核蛋白的几何结构产生深远的影响”。所以，他也不是不知道他的研究结果的含义，只是他一直没能把这碱基的神奇比例和 DNA 结构联想在一起。

快中有错的对手

在这段时间，加州理工学院的鲍林也开始尝试解析 DNA 的结构。1952 年年初，鲍林就写过信给威尔金斯，希望威尔金斯能把 DNA 的 X 射线照片寄给他看，被威尔金斯拒绝了。到了 11 月，加利福尼亚大学伯克利分校的威廉斯（Robley Williams）来加州理工学院演讲，展示了 DNA 的电子显微照片：DNA 看起来像长长的棍子，直径大约 15 埃（1 埃 = 10^{-10} 米）。根据威廉斯的数据，鲍林猜测 DNA 是螺旋体。第二天他马上拿着笔纸动工，但是和华生与克里克一样，没有好的 X

射线数据提供化学键的角度及长度，他也只有阿斯特伯里的旧照片。

鲍林根据他先前的研究，相信碱基在外头，磷酸在里头。而且和华生与克里克一样，他也以为 DNA 是三股的。他根据这些想法建构了一个模型，写成一篇论文。1952 年年底，他写信告诉在剑桥的儿子彼得（Peter），彼得在前一年秋季就和他父亲从前的学生唐纳修（Jerry Donohue，和华生、克里克共用一间办公室）一起进入卡文迪什实验室。彼得在肯德鲁的实验室当研究生，性格活泼开朗，很快就和华生、克里克与唐纳修玩在一起。彼得把鲍林的信给华生和克里克看，信中没有模型的细节，华生和克里克既紧张又沮丧，生怕鲍林已经解出正确的结构。

1953 年 1 月，鲍林把准备出版的手稿寄给彼得，彼得收到手稿后，把它交给华生和克里克看。华生回忆当时的情况说："我马上觉得不对劲，可是说不出哪里不对，一直到我看了这张图片几分钟后。"华生发现鲍林提出的模型中，碱基朝外，三股的磷酸–脱氧核糖骨架缠绕在中间，依赖磷酸之间的氢键结合起来（图 6–6）。这些磷酸都

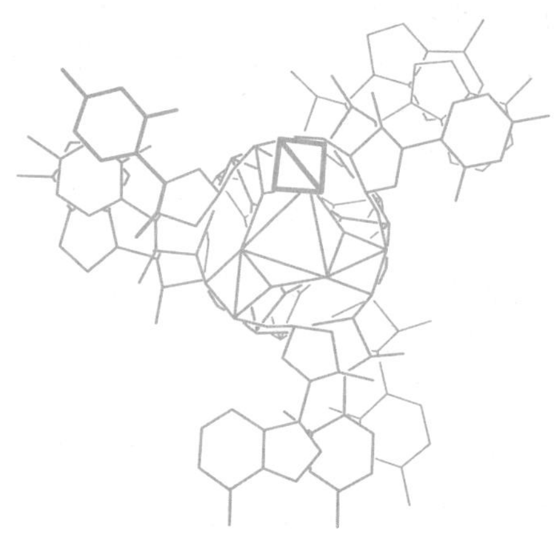

图 6–6 鲍林提出的三螺旋 DNA 模型，磷酸 – 脱氧核糖骨架缠绕在中间，碱基则朝外伸出。（重绘自鲍林 1952 年发表的论文。）

不带电，这是不对的，因为“酸”的基本定义，就是它在水溶液中会释出带正电的氢离子（H^+），本身变成带负电。DNA 中的磷酸在水溶液中应该会失去氢离子，于是带负电。带负电的磷酸一起挤在中间，会强烈地相互排斥。

这个教训，华生和克里克完成第一个模型的时候已经受过了。不过这次，他们还是查阅教科书确定一下。他们查的是鲍林所撰写的教科书《普通化学》。鲍林果然错了，栽在一项很基本的概念上。华生后来在自传里这么说：“如果一个学生犯了同样的错误，会被认为不配在加州理工学院受教。”

发现鲍林的失误之后，华生与克里克当晚跑到“老鹰酒馆”喝酒庆祝。但是他们也认为鲍林很快就会发现他自己的错误。2 月，论文一经发表，一定马上会有人指出他的错误。他会立即卷土重来，所以他们剩下的时间不多了。

鲍林的这篇论文发表得太草率了。鲍林知道 DNA 很重要，也知道 DNA 的结构应该比蛋白质简单许多。他知道威尔金斯和富兰克林在竞争，华生和克里克也尝试过一次，但他认为不管谁先解出大致结构都可以发表，站在领先的地位，即使小地方不太正确也没关系。抢先发表是他的目的，他要发表一篇后人非引用不可的论文，相比之下，绝对的准确性不太重要。

和他从前花在蛋白质二级结构研究上的精力与时间相比，他的这篇论文发表得极度草率。他们研究 α 螺旋经历了十几年，包括几千小时的晶体衍射分析。1951 年，他们公开发表 α 螺旋论文之前，就已经把结构解到 0.01 埃的解析度，而且用很多蛋白质的结晶图进行验证并修正。他的三股 DNA 模型研究，却只花了几个星期进行思考而已。

鲍林贸然提出这个模型，自己也觉得不太对劲。他在学院里做了一个关于这个 DNA 模型的演讲，听众反应很冷淡。戴尔布鲁克说他不相信，还告诉鲍林，华生有一个新的漂亮模型。鲍林就写信给华生说："科瑞教授和我并不觉得我们提出的结构已经被证实是正确的，虽然我们相信它是对的。"

克里克写了一封信给鲍林，讽刺地说："这结构的精巧令我们印象深刻……我唯一的疑惑是，我看不出它靠什么东西支撑住。"富兰克林也写信给鲍林，指出他的错误。对于英国方面对鲍林模型的这些批评，彼得也去信告诉父亲。这些批评让鲍林重新思考，并且开始自己做 X 射线衍射分析。他的好友陶德寄来合成的核苷酸让他们测试，但是，一切都太晚了。

解读 51 号照片

1953 年 1 月 30 日，华生到伦敦国王学院拜访。他把鲍林的论文稿件拿给富兰克林看，两人却不欢而散。华生再去找威尔金斯，威尔金斯拿出一张漂亮的 B 型 DNA 的 X 射线照片给华生看。这张照片是前一年 5 月富兰克林与葛斯林一起拍的，富兰克林把它编号为 51（后来的人称之为"51 号照片"，图 6–7）。

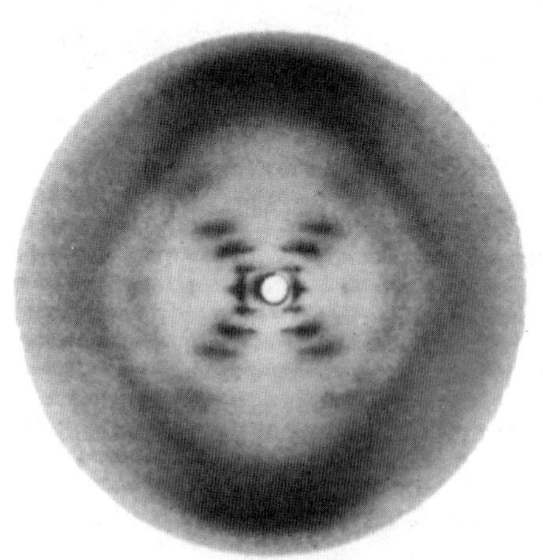

图 6–7 著名的"51 号照片"：1952 年 5 月，富兰克林与葛斯林拍摄的B型DNA的 X 射线照片。

富兰克林用 X 光束以直角照射 DNA 纤维束。纤维束中含有数百万个平行排列的 DNA 分子。X 光照射到纤维束的时候，会往纤维束的垂直方向衍射，衍射的光波彼此之间产生干扰现象，投影在感光底片上就出现干扰影像。在富兰克林与葛斯林拍过的所有 B 型 DNA 的 X 射线照片中，这张 51 号照片最清晰，包含的资讯最丰富。这张照片半年前就拍好了，但是富兰克林忙着分析 A 型 DNA 的结构，还没有时间处理它。

51 号照片上的黑点以 X 状分布，显示 DNA 分子是螺旋结构。黑点的规律分布暗示螺旋有等距离的重复单位。根据这一张照片，专家用解析几何学可以算出 DNA 分子的一些重要尺寸，例如分子的直径（大约 20 埃）、重复单位的间距（大约 3.4 埃）和周期（大约 34 埃）等。华生后来在自传中如此说："我嘴巴合不拢，我的脉搏加速……照片中突出的十字黑色影像只可能来自螺旋的结构。"

重返竞技场

华生看到这张照片，富兰克林并不晓得。事实上伦敦国王学院里除了威尔金斯以外，没有人知道这件事。在回剑桥大学的火车上，华生赶紧把记忆中的 51 号照片描绘在报纸的边缘，带回去给克里克看。1 月 31 日，两人一起去见布拉格，请他允许他们重新开始建构 DNA 模型，布拉格答应了。

扭转布拉格心意的另外一个原因，就是鲍林最近这一回合的失败。先前鲍林用 α 螺旋打败了卡文迪什实验室，这次布拉格不想再输。于是，停工了 13 个月的华生和克里克终于又重返竞技场。2 月 4 日，他们就开工，并请机械工厂帮他们制作金属的模型零件。

2 月 8 日，星期日，克里克夫妇邀请威尔金斯来剑桥大学共进午餐，华生和彼得也应邀参加。克里克、华生和彼得都劝威尔金斯抓紧时间建构模型，才能赶上鲍林。威尔金斯答应等富兰克林离开后就开始。那时候富兰克林即将离开伦敦国王学院。

接着，华生和克里克请威尔金斯答应让他们也开始建构模型。他们没告诉他，他们已经复工 4 天了。威尔金斯听了之后，突然发现他的处境非常尴尬，于是提早返回伦敦。当初他把富兰克林的 51 号照片给华生看的时候，以为华生与克里克已经不再建构模型（因为布拉格的禁令），不再和他竞争，所以他才不在意透露资讯给他们。没想到他们还没有放弃，还在跟他们竞争。他是否透露太多了？

这顿气氛诡异的午餐之后，又发生了一件关键事件。克里克看到富兰克林提交给“医学研究委员会”（Medical Research Council, MRC）的研究报告。MRC 是英国提供生物学和医学研究计划的国家级单位，全英国很多这些方面的研究计划都是向他们申请。计划执行者要定期上交进度报告。这些是内部报告，只是当作记录并提供给审查者阅读，不对外发表。

1952 年 11 月底，伦敦国王学院的头头蓝道尔向学院里的同人收集年度研究报告，造册交给 MRC。12 月 15 日，卡文迪什实验室的比鲁兹以 MRC 参访委员会委员的身份来访，拷贝了一份伦敦国王学院的报告，带回卡文迪什实验室。比鲁兹是克里克的论文指导教授。2 月，克里克知道了这件事，请求比鲁兹让他看看富兰克林的报告，比鲁兹就把报告交给了他。

克里克曾经在不同的场合承认，富兰克林这篇提交给 MRC 的研究报告中的数据及结论，对他们的模型建构有绝对的帮助。这篇报告有富兰克林测定出来的 B 型 DNA 含水量、磷酸的间距、重复单位的距离和角度等数据。根据这些数据，克里克立刻看出 DNA 结构的“双向对称”。所谓“双向对称”也称“点对称”，意思是说一样东西翻转了 180° 之后，结构还是一样。扑克牌的人头牌图案就是双向对称。这表示 DNA 分子翻转 180° 来看，基本的构造还是一样。

克里克的博士论文所研究的血红素的结晶，也有这种双向对称，所以他一眼就看出来了。克里克说，这表示 DNA 的两股是平行的，但方向相反，亦即所谓的“反平行”。华生起初也不懂，他那时候建

构的模型中，DNA 的双股是同一个走向（图 6–8）。

MRC 报告虽然不是机密文件，但是正如科学史家艾尔金（Lynne Elkin）所言："私下把未发表的成果给竞争对手看，是引人质疑的行为，怪不得蓝道尔会发那么大的火。" 1969 年比鲁兹在《科学》期刊上的一篇论文中对他自己的行为辩解说："我在行政事务上经验不足、不拘小节，因为那份报告并非机密，我没有理由扣住它。" 他提出 MRC 的宗旨是 "建立这个领域中替委员会工作的不同团体的人之间的联系"，以此为自己辩护。

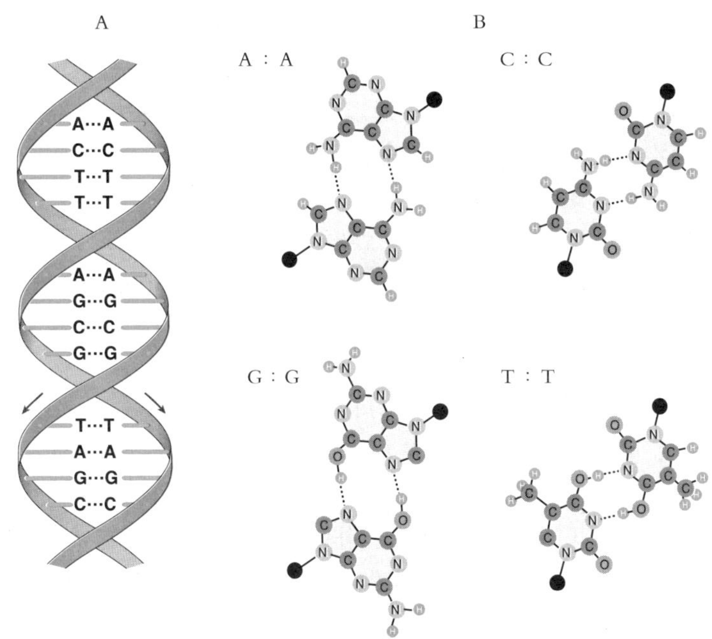

图 6–8 华生提出的相同碱基配对的 DNA 模型。(A) 模型的两股在外，以右旋方式同向（箭头）互绕，碱基在内，相同的碱基互相配对；(B) A 与 A、C 与 C、G 与 G、T 与 T 之间的配对，氢键以虚线表示，黑点是与碱基连结的脱氧核糖的碳原子的位置。（改绘自华生的《双螺旋：发现 DNA 结构的自述》）

碱基的舞蹈

这时候的华生和克里克，又再度修正他们的想法。

他们一开始排除 DNA 的二级结构有氢键参与，现在改变想法了，认为碱基和碱基之间的连结应该牵涉到氢键，就像鲍林的蛋白质 α 螺旋一样。华生读到前述的古兰德和乔登 DNA 滴定的研究论文，认为 DNA 有氢键支撑着立体结构，而且在 DNA 浓度很低的时候，这些氢键仍然存在。浓度低的时候分子之间的距离大，不相互接触，如果这种情形下氢键仍然存在，表示这些氢键是存在于 DNA 分子内部，不是 DNA 的分子与分子之间。DNA 分子内能形成氢键的地方，大概就是碱基与碱基之间。

仔细观察碱基的化学结构，可以看见每一个碱基都至少有三个地方可以和别的碱基形成氢键，所以任意两个碱基之间能够产生氢键的组合不胜枚举。任何一个碱基都可以和另一种碱基（包括相同的碱基）形成某种形式的氢键结合。

华生又读到一篇两年前布兰黑德（June Broomhead）在卡文迪什实验室发表的论文，是关于碱基之间的氢键。她的研究显示，A 和 A 之间以及 G 和 G 之间都可以形成氢键。华生用模型尝试，发现 T 与 T 之间以及 C 与 C 之间好像也可以用氢键连结（图 6–8B）。他开始着迷于同类配对的模型，因为这样可以解释复制的问题。如果 DNA 是双股的，两股之间相同的碱基互相以氢键连结配对，也就是一股的 A 配另一股的 A，T 配 T、C 配 C、G 配 G。这样的 DNA 在复制的时候先是两股分开，然后每一股都当作范本制作出一个复制品，还是 A 和 A 配对、T 和 T 配对。这样做出来的新 DNA 分子就和旧的一模一样。这个念头令华生非常兴奋，他在自传中说，当天（2 月 19 日）晚上他上床睡觉的时候，配对碱基的影像一直在他的脑袋里跳舞。

于是，华生建构了第二个分子模型（图 6–8A）。这是一个双股的 DNA，碱基在里头，相同的碱基互相用氢键配对着。这样的模型存在一个问题，就是 DNA 分子的形状很不规则。嘧啶（C 和 T）比较小，嘌呤（A 和 G）比较大，所以前者配对的地方会比较瘦，后者配对的地方则比较胖，整个结构会别扭不均匀。此外，这个模型中的两股是同方向的，不符合克里克的反平行推测。还有，这个模型也无法解释查加夫的碱基比例。克里克不喜欢，但是华生很兴奋。2 月 20 日，华生写了一封信给戴尔布鲁克，信中说："我有一个很漂亮的模型，真漂亮，我很奇怪居然没有人想到过。"

华生的高兴没有持续多久，第二天，当他向同办公室里的唐纳介绍他的新模型的时候，唐纳修告诉华生说，他用错了G和T的化学结构。G 和 T 的结构有两种不同的可以互换的"互变异构体"（tautomeric forms），差别在于其中一个氢原子有时会黏在氧原子上，有时候又会跑到氮原子上。华生用的结构是当时教科书给的烯醇（enol）形式（图 6-9）。唐纳修告诉他，教科书错了，根据新的量子力学计算，正确

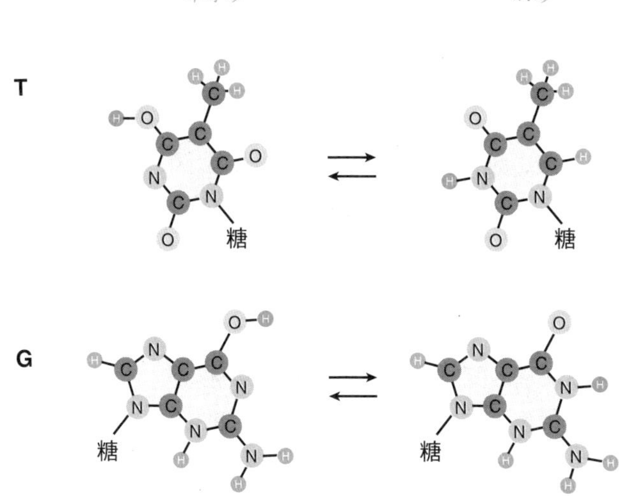

图 6-9 T 和 G 的两种互变异构体：图中深绿色标示的氢原子可以接在氧原子（O）上（烯醇形），或者移动到氮原子（N）上（酮形）。T 和 G 通常以酮形存在。华生和克里克建构 DNA 模型的时候，起初都误用烯醇形。（改绘自华生的《双螺旋：发现 DNA 结构的自述》）

的是另一种叫作酮（ketone）的结构。华生改用唐纳修说的酮形结构之后，发现他的 DNA 模型更不规则，碱基对的大小差异更大。他不喜欢，克里克更不喜欢。

2 月 27 日，经过一个星期的辩论，华生终于接受唐纳修的正确结构，放弃他的美梦。他再次从歧途被拉回来。当天下午，他开始用厚纸板重新切割正确的碱基结构，但是他没有开始建构模型，因为那天晚上他要和朋友们一起去剧院。

华生、克里克和唐纳修这样的相互批评检讨，是科学合作的最佳模式。日后，克里克谈到两人的合作时如此说："合作的时候，如果我们其中一位走入歧途，另一个人可以把他拉回正途。如果在某个阶段，我认为是三股，但你确定是两股。如果你认为磷酸应该在中间，那么我可以故意唱反调说：把它们放到外边吧。我想，对于解出这样的结构，这是很重要的……我们的合作还有一件好事，就是我们绝对不怕坦诚相见，甚至坦诚到失礼的地步。"

这也是富兰克林的致命伤。没有人和她相互批评、相互检验和进行脑力激荡。这时候的她在伦敦国王学院，已经完成 A 型 DNA 的分析，也写完论文了。2 月 23 日，她再次拿出 51 号照片，开始仔细分析 B 型 DNA。第二天，她得到一个结论：B 型和 A 型一样都是双股的。再过几天，华生和克里克的双螺旋结构模型就将出炉，而她毫不知情。

一个春天的早晨

2 月 28 日早晨，华生比克里克早进到实验室，开始玩弄纸板模型，尝试各种碱基的配对。碱基的配对要依赖氢键，而氢键是在一个"氢接受者"和一个"氢提供者"之间形成的。每一个碱基都有 3~5 个"氢接受者"或"氢提供者"，所以两个碱基之间以氢键形成配对的方式形形色色，有 30 多种，包括华生考虑过的同类配对。这些配对不只是理论上可能存在，在实验室也可以观察到。

这天早晨，华生拿着四种碱基玩弄的时候面临一个问题：这么多

可能的配对中，哪些是出现在 DNA 分子中的呢？

对接下来发生的事情，华生如此说："在那个阶段，他们还没有完成我们要的金属碱基模型，所以我就自己剪一些碱基纸模型，不是很精确，但是足够让我把氢原子放在可以形成氢键的不同地方。法兰西斯说我一定要考虑查加夫提出的规则，A 等于 T、G 等于 C。第二天早晨，我不知道为什么我没有马上做，一个美丽的春天……我开始玩弄模型，我发现可以把 A 与 T 组合起来，和把 G 与 C 组合起来一模一样。这就是所谓的碱基对。我兴奋极了。"

华生所谓的"一模一样"是说他找到一种 A–T 配对和一种 G–C 配对，这两组配对的大小和形状几乎完全相同（图 6–10）。用这两种碱基配对建构起来的 DNA 模型分子，身材就均匀规则，符合 X 射线衍射的实验结果。同样重要的是，这样的配对解释了查加夫的碱基比例。此外，这样的配对也可以解释 DNA 复制的机制，比他原来相同碱基配对的模式更棒（图 6–11）。

图 6–10 A–T 及 G–C 的配对。黑点是与碱基连结的脱氧核糖的碳原子的位置，以绿线标示它们之间的距离以及与碱基形成的角度。比较两图可以看出，两种配对的整体形状和大小都非常接近。G 和 C 之间最下面的氢键，是鲍林提出的。

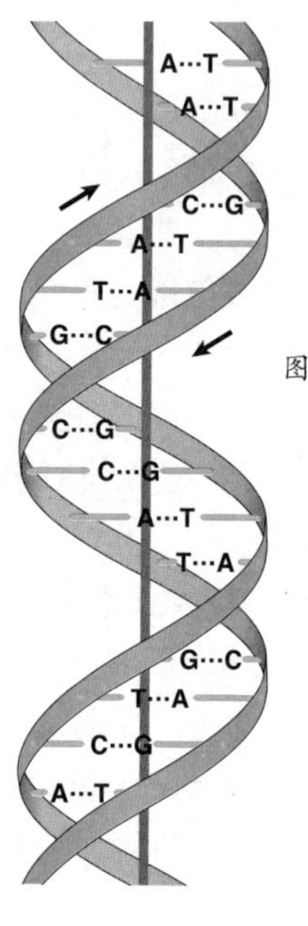

图 6-11 华生与克里克的双螺旋结构模型。中间的垂直线是双螺旋的轴，双股以相反方向（箭头）围着轴缠绕，碱基在两股之间配对。（改绘自华生的《双螺旋：发现 DNA 结构的自述》）

唐纳修进入实验室后，华生叫他看看化学方面有没有问题。唐纳修说没有，华生更加兴奋。如果唐纳修没有告诉他用“互变异构体”中正确的酮形，他就不会找到这样的 A–T 和 G–C 配对。譬如如果 A 是用烯醇形的话，它就不会和 T 配对，反而会和 C 配对。

最后克里克也进来了，他仔细观察这个模型。日后他回忆说：“我想从那时候开始，我就知道我们找到了。”

克里克告诉华生，这样的碱基对可以左右翻转过来，仍然维持基本形状，以及它们和脱氧核糖之间的键结。这表示从整体来看，这些碱基对是“双向对称”的，正好符合克里克所主张的双股反平行结构。

就这样，纸板模型拼起来的这两个碱基对，成为他们揭开双螺旋秘密的关键。

那天中午，两人走进剑桥大学的“老鹰酒馆”，向在场的朋友宣称：“我们发现了生命的秘密。”这天是 1953 年 2 月 28 日，星期六。克里克 36 岁，华生再过两个月满 25 岁。

第 7 章 毛毛虫与蝴蝶

1953—1983

整个东西好像在杂货铺买到的小孩子玩具，那么美妙的结构，你可以放到《生活》杂志，解释给 5 岁的小孩听，他都听得懂是怎么回事……这是最令人惊讶的地方。

——戴尔布鲁克

你们是一对老无赖

接下来的一个星期，华生和克里克很紧张地用工厂制作的金属模型和铁条构筑 DNA 模型。

用这些较准确且较牢固的零件来建构，他们的模型能够过关吗？会不会有问题呢？过程中，克里克一面调整一面测量，结果发现这个新模型没有问题，大致上符合 X 射线衍射图的数据。

3 月 7 日，威尔金斯寄了一封信给克里克，上面说："我想你会有兴趣知道，我们的黑暗女士（指富兰克林）下星期就要离开我们，而三维空间的数据大都已经在我们手中。我现在基本上没什么其他义务，已经开始向大自然的秘密大本营发起总攻击了。"

3 月 8 日，华生和克里克完成 DNA 双螺旋结构的金属模型制作（图 7–1）。一切都符合预期，碱基一对一对排列在中间，两股脱氧

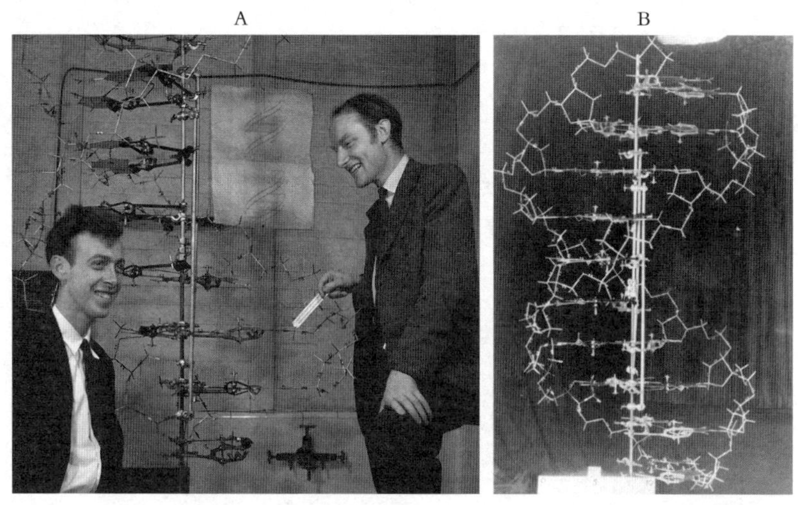

图 7–1 华生、克里克与 DNA 双螺旋结构模型。(A) 两人正在检视 DNA 双螺旋结构模型，1953 年摄于剑桥大学的卡文迪什实验室。(B) 近观 DNA 双螺旋结构模型，中间的支架相当于双螺旋的轴，五角形的结构代表脱氧核糖，脱氧核糖与脱氧核糖之间的是磷酸，碱基对水平叠在中央。

核糖与磷酸构成的骨架以右旋的方式缠绕在外面，方向相反。

3月9日，克里克收到威尔金斯寄来的信，他看了之后哭笑不得，因为DNA双螺旋结构模型已经摆在眼前，克里克和华生却不知道如何告诉威尔金斯。威尔金斯后来从肯德鲁的电话中，才得知华生和克里克的模型。

3月12日，威尔金斯来剑桥大学看他们的模型。根据华生的说法，威尔金斯丝毫没有不满之意。日后威尔金斯在自传中，如此描述他对DNA双螺旋结构模型的第一印象："它好像无生命的原子和化学键结合起来形成生命本身，给我很大的震撼。"

3月13日，威尔金斯打电话给克里克，没找到他，后来写信给他说："我想你们是一对老无赖，不过你们可能有搞头……我有点儿气恼……如果给我一点时间，我可能也会想到。不过发牢骚没用，这是个非常令人兴奋的主意，管它是谁想到的，都没有关系。"华生和克里克有意让威尔金斯成为他们论文的共同作者，但是威尔金斯拒绝了。他只要求他写的相关论文能和他们的论文一同发表。

这时候富兰克林的想法似乎也接近了。从她的笔记本可以看出，富兰克林也认为B型DNA是双股螺旋。她也知道查加夫的比例，而她用的DNA碱基结构是正确的互变异构体，同时，她已经确定A型DNA的两股是反平行的。

富兰克林和葛斯林3月的时候已经写好A型DNA的论文，投稿出去。一直到3月17日威尔金斯收到华生与克里克的手稿之前，富兰克林和葛斯林都不晓得华生与克里克的模型。他们自己也已经写了一篇B型DNA的X射线衍射分析的论文，不过还没有送出去。

4月初，富兰克林受邀到卡文迪什实验室访问，才看到DNA双螺旋结构模型。这次她相信华生和克里克对了。回去之后，富兰克林和葛斯林稍微修改了他们的B型DNA论文，加了这样一句话："所以我们大致的想法与克里克和华生提出的模型吻合。"那还用说？克里克和华生的模型本来就是根据他们的数据建构的。

第一篇论文

3月30日，唐纳修写信给在加州的前老板鲍林，说华生和克里克建构了一个“很单纯的核酸结构”，而且已经写好论文要寄给《自然》期刊。其实鲍林早就知道了。3月12日华生就写信给戴尔布鲁克，揭露他们的新模型，信中最后还说：别告诉鲍林。可是戴尔布鲁克认为这样瞒来瞒去不是正派的科学家行为，就把华生的信给鲍林看。3月21日华生与克里克把论文稿寄给了鲍林。

华生与克里克希望抢在鲍林之前尽快发表。但是他们很尴尬，因为支持新模型的实验证据绝大部分都是富兰克林所做的，而且都还没有发表。没有这些数据的支持，他们的模型就显得单薄。于是，卡文迪什实验室的布拉格和伦敦国王学院的蓝道尔这两位大人物，一起和《自然》的编辑商量，让华生和克里克、威尔金斯等人，还有富兰克林和葛斯林的三篇论文一起发表。论文4月2日送出，25日就刊登出来了。华生和克里克的论文放在第一篇，威尔金斯等人的论文放在第二篇，最后一篇是富兰克林与葛斯林的论文。论文顺序让人觉得富兰克林与葛斯林只是肯定华生与克里克的提出模型，而不是提供建构该模型的基本数据。

这三篇论文都没有经过同僚的审查就刊登出来了，违反了科学论文发表的常规，当然也凸显出布拉格和蓝道尔的影响力，以及《自然》总编辑的配合。《自然》是英国的期刊。

华生和克里克在论文上的排名顺序是由掷铜板决定的。论文非常简约，只有一页，简洁描述了他们的模型，图解也非常简单，碱基的配对都没有画出来，氢键连结细节也没有显示，只是用文字描述。

最有趣的是文章的结语：“我们不是没有注意到，我们提出的特定配对立刻可以表明遗传物质可能的复制机制。”他们的意思是说，这个模型的碱基配对模式可以解释DNA如何复制。这是非常重要的信息，但是不知道为什么，他们却不明说，而只是用低调的英国作风说“我们不是没有注意到”，让读者自己推敲。怪不得历史学家说这是“生物学最有名的轻描淡写”。

除了这句轻描淡写的话之外，这篇论文基本上没有说明DNA的生物学意义，只是介绍了结构，不是圈内的读者很难领略这篇短文的重要性。DNA的生物学意义，要等到华生和克里克之后发表的第二篇论文才能彰显。

没抱怨，没抗议

华生和克里克的论文中还有一处轻描淡写。

他们提到威尔金斯和富兰克林的两篇论文：“我们建构结构模型时，并不知道那里显示的结果细节；我们的结构主要是但不完全是仰赖已经发表的实验数据和立体化学的推论。”在致谢部分，他们说:“我们受到威尔金斯与富兰克林博士及他们同事未发表的实验结果及想法的一般激发。”对富兰克林的贡献如此轻描淡写，让他们饱受批评和诟病。富兰克林的数据为他们提出DNA双螺旋结构模型提供了主要支持，不只是“一般激发”。DNA双螺旋结构模型很多重要的细节都依赖富兰克林和葛斯林的“特定”实验结果。后来有人发现在他们的初稿中，富兰克林的名字甚至都没出现在致谢部分中。这些是日后很多人对华生和克里克两人不谅解的地方。

富兰克林的个性和作风与华生和克里克几乎完全相反。华生和克里克大胆猜测，到处与人讨论，随时抛出点子，不怕出丑（克里克就很让布拉格受不了）。在亟须脑力激荡的情况下，这样的作风常常是制胜之道。而富兰克林是保守谨慎的人，孤独内敛，不随意猜测，避免被批评。克里克在自传中如此说：“无论如何，罗萨琳的实验工作是一流的，很难想象它如何可以更好……她所做的所有事都够健全——几乎太健全。”

DNA双螺旋结构模型的论文发表在《自然》上的时候，她已经离开伦敦国王学院，转任伦敦大学伯贝克学院。离开的时候，院长蓝道尔要求她以后“停止研究核酸的问题，专攻其他的东西”。她也就没有再回头，只往前走自己的路。她在伦敦大学伯贝克学院领导一个小团队研究 TMV 的结构。1954 年克鲁格来到她的实验室，成为她的最佳合作伙伴，两人的合作成就斐然。日后克鲁格接手这个病毒结构研究团队，并于 1982 年获得诺贝尔奖，在颁奖的演说中他很感性地推崇富兰克林的贡献。

富兰克林与华生和克里克之间的关系后来逐渐改善。当初布拉格禁止他们继续建构 DNA 模型的时候，华生开始做 TMV 的 X 射线衍射研究。TMV 含有 RNA，至少他也算是在研究核酸结构。1953 年 9 月他回到美国，到加州理工学院和戴尔布鲁克一起工作，也继续研究 TMV。富兰克林和他虽然有竞争，但是两人时常讨论并交换意见。华生也曾在她申请研究经费遭遇困境的时候伸出援手。

富兰克林和克里克的关系更友善。她常到剑桥大学见克里克，非常崇敬他，听取他的建议。1956 年春天，她还和克里克夫妇一同到西班牙旅游。那一年秋天，她旅美回来，发现患上了卵巢癌，进行了两次手术，这期间曾在克里克家里住了一阵子。她从不多谈她的病，克里克只知道她患了一种“女人家的病”。

她继续工作，直到 1958 年 4 月去世。在人生的末期，她必须用爬的方式才能上楼到自己的办公室，她不让人抱。“罗萨琳太忙，没有时间死（Rosalind was too busy to die）。”马杜克斯（Brenda Maddox）在为富兰克林撰写的传记中如此说。

富兰克林知道她的研究在 DNA 双螺旋结构模型中所扮演的角色吗？事后，葛斯林和克里克都认为她知道。她只要比较模型的尺寸和她自己的数据就会明白。不过，她从来都没有抱怨，也没有抗议。日后为富兰克林打抱不平的著作倒是不少，最有名的是两本传记：1975 年赛尔（Anne Sayre）写的《富兰克林与 DNA》（*Rosalind Franklin and DNA*）和 2002 年马杜克斯写的《DNA 光环背后的奇女子》（*Rosalind Franklin: The Dark Lady of DNA*）。另外还有美国公共电视台的科普节目“新星”（NOVA）于2003 年制播的影片《51 号照片的秘密》（*Secret of Photo 51*）。

有些作者和评论家，特别是女性主义者，喜欢把富兰克林当作女性歧视的牺牲者。克里克和克鲁格都不同意，认为富兰克林不会认为自己是女性主义的先锋；她宁愿被认同为严肃的科学家。如果看到把她扯上女性主义的文章或书籍，克鲁格认为“她会讨厌它”。

贾德森在《创世第八天》中也如此说：“……别有用心的人硬要将她塑造成‘女性的科学事业发展不顺，关键在于性别’的典型。这样利用她是错误的，是搞错了时代，也是不负责任的。”

第二篇论文

DNA 双螺旋结构模型论文发表后没多久，或许是害怕他们在结语中所暗示（“我们不是没有注意到”）但是没有明说的重大意义（“遗传物质可能的复制机制”）被别人抢先说出来，一个月后，华生和克里克紧接着发表了第二篇论文。这一次，他们很清楚地提出 DNA 双螺旋结构的遗传学意义。克里克认为这篇论文比第一篇更重要，尽管被引用次数较多的是第一篇。

第二篇论文指出 DNA 双螺旋结构的两个重要意义。第一个意义是，因为 A–T 对和 G–C 对的大小和形状几乎相同，所以任何碱基对的排列序列都容许存在于 DNA 双螺旋结构中。这有很重要的延伸意义，因为如果任何序列都可以存在于 DNA 分子里，那么 DNA 的碱基就可以有无穷无尽的排列组合，可以储藏无穷的资讯，没有任何限制。如果是这样，DNA 就不再是简单无聊的分子了。它的碱基序列将储藏着遗传资讯。于是“序列”“资讯”“密码”这些资讯学的名词开始出现，渐渐成为现代生物学的一部分。

第二个意义是，复制的机制。如果 DNA 是遗传物质，细胞分裂的时候它必须相当精确地复制，然后分配到子细胞中。A–T 和 G–C 的配对提供一个互补式的复制方式（图 7–2），就是让 DNA 两股分开，然后每一股都当作“模板”，依据 A–T 和 G–C 互补的规则，合成新的

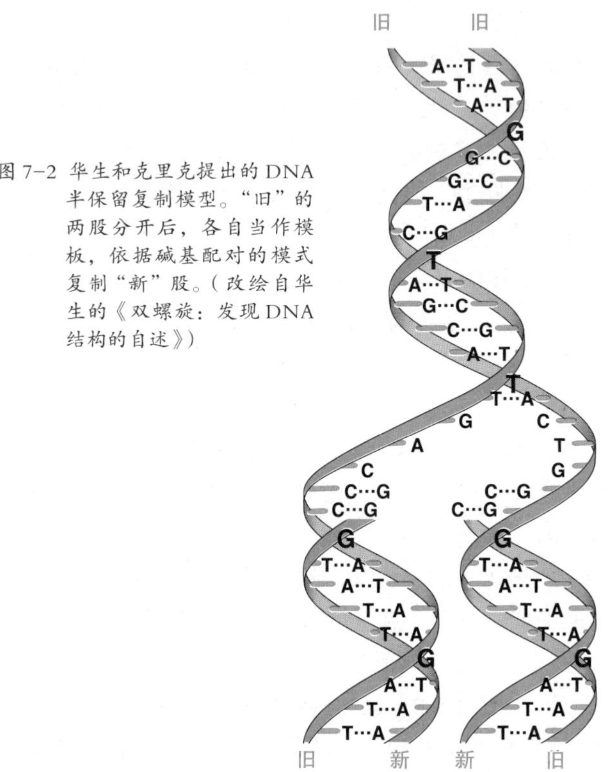

图 7–2 华生和克里克提出的 DNA 半保留复制模型。“旧”的两股分开后，各自当作模板，依据碱基配对的模式复制“新”股。（改绘自华生的《双螺旋：发现 DNA 结构的自述》）

一股。这样就完成两个新的双螺旋分子，和原来的分子一模一样。子代的新 DNA 有一股来自亲代，有一股是新合成的，所以这样的复制就被称为“半保留复制”（semi-conservative replication）。

他们在结论中说，还有很多重要的细节仍待厘清，譬如 DNA 复制的前驱物是什么？复制的时候 DNA 双螺旋中互相缠绕的两股如何解开？蛋白质有没有扮演什么角色？染色体是否就是一长串的 DNA，或者是用蛋白质连结一段一段的 DNA 片段？最后这一点保留最有趣，显然蛋白质参与基因结构的观念已经根深蒂固，一时很难完全去除。

复制的时候如何解开两股是一个棘手的问题，常常遭到反对者批评。问题是这样的：根据 DNA 双螺旋结构模型，DNA 两股互相缠绕，每 10 个碱基对就以右旋方向互绕一圈。复制进行的时候，两股必须像拉链那样分开，但是因为缠绕的关系，每 10 个碱基对就要往左旋方向反绕一圈来解开；每 100 个碱基对就要反绕 10 次。对于很长的 DNA 分子，复制时要反绕的次数就多得不得了。染色体的长度动不动就是几百万个碱基对，反绕的次数就高达几十万次。很难想象几百万个碱基对长的 DNA 分子，在细胞中不停进行几十万次的互绕。细胞怎么能做这样的事？如果 DNA 双螺旋结构模型是正确的，细胞如何解决这个难题呢？对于这个问题，华生和克里克毫无头绪。这个议题在日后 DNA 复制的研究中，又会再浮现（见第 10 章）。

第三个氢键

至于华生和克里克的美国竞争者鲍林，他于 1953 年 3 月收到华生的手稿之后，写信给儿子彼得说："我想，现在有两个核酸模型提出来也很好，我等着揭晓看哪一个才是正确的。伦敦国王学院的数据无疑会排除其中之一。"这年 4 月他正好要到比利时的布鲁塞尔开会，可以顺道去英国。

4 月初，鲍林抵达剑桥大学，遇见华生和克里克，看见他们的模型和富兰克林的 X 射线衍射照片，接着鲍林就与布拉格共进午餐。自 20 世纪 20 年代起，布拉格与鲍林就一直在巨分子的结构研究方面激烈竞争，虽然是君子之争，但也相当尖锐。两年前，鲍林打败他们，先解出 α 螺旋，令布拉格的团队非常丧气。这一天的午饭时间，布拉格无法掩饰他的扬扬得意。这次他们总算打败鲍林了。

离开剑桥大学之后，鲍林继续他的行程到布鲁塞尔开会。他写给太太的明信片上提到英国之旅说："我看到 DNA 国王学院的核酸结构，也与华生和克里克谈过。我想我们提出的结构大概是错的，他们的才是对的。”有趣的是他第二天又寄了一张明信片说：“我再进一步思考华生和克里克的核酸结构，我想它大概是对的。”

几天后，布拉格在布鲁塞尔的化学研讨会上公开宣布 DNA 双螺旋结构。鲍林也很有风度地支持它说：“虽然两个月前科瑞教授与我才发表我们提出的核酸结构，我想我们必须承认它大概是错的。我觉得华生-克里克结构基本上是对的，虽然必须做一点改进……我想华生和克里克提出的结构，可能会是分子遗传领域近年来最伟大的发展。”

鲍林真的对 DNA 双螺旋“做了一点改进”。在华生和克里克原先提出的碱基配对中，G 和 C 之间以及 A 和 T 之间都是由两个氢键结合起来。现在我们教科书上则显示 G 和 C 之间有三个氢键，那第三个氢键就是鲍林做的修正。本来华生、克里克还有唐纳修，都以为那个氢键不可能存在，因为角度不对。鲍林仔细计算之后，发现了他们的错误，把第三个氢键放进去。从他这趟欧洲之旅的笔记本中，就可以看见他对第三个氢键的思考。

鲍林当初发现的蛋白质 α 螺旋结构，也是借由氨基酸之间密集的氢键形成的。据他自己的说法，他的灵感来自他感冒在床休养的时候，在纸上随意画的多胜肽链。他发现当他把多胜肽链卷成螺旋的时候，有些氨基酸之间可以形成氢键。这样的结构后来就称为 α 螺旋。α 螺旋结构经过他和同事科瑞教授一再用 X 射线衍射实验检视调整，终于成功。

有趣的是，现在华生也一样用纸板模型得到碱基间氢键的灵感。只是华生和克里克不需要做 X 射线衍射实验。伦敦国王学院那边做的数据已经能够支持他们的基本结构，A-T 和 G-C 的配对只是临门一脚，关键的临门一脚。

互补式复制

A-T 和 G-C 的互补配对是 DNA 复制机制的关键。后人注意到，其实鲍林也曾经正确地提出基因复制的可能模式，只是很可惜，他没有把这个模式套用在他的 DNA 模型中。

在日常生活中，我们复制东西常常都是用模板。例如，石膏像的传统制作方法，就是先做一个模子，然后把石膏液倒入模子中凝固；反过来，石膏像本身也可以拿来当作模子。石膏像和模子两者是互补的，可以互相当对方的模板。

DNA 的复制就是采用这种互补的方式。有趣的是，鲍林曾经思考过这种互补式的基因复制方式。1948 年 5 月，鲍林在英国诺丁汉大学演讲，题目是《分子结构与生命过程》，其中有一段提到这样的复制机制："基因或病毒分子自我复制的详细机制还不清楚。一般而言，如果基因或病毒是用模板复制的话，会产生不同但是互补的结构。当然一个分子也可能凑巧与铸造它的模板同时相同又互补。不过依我看来，这种情形一般来说不太可能发生，除非出现下面的情况。如果当作模板的结构（基因或病毒）有两个部分，两者的结构互补，那么各个部分就可以互为模板，制造出另一部分的复制品。"这不就是在叙述 DNA 的复制吗？

鲍林匆促地发表他的 DNA 模型，想击败英国的两个团队。可是他没有做好功课，心存侥幸地冒险出击。他对自己的能力太过于自信。他想赢，但是赌输了。这场 DNA 竞赛成为科学史的传奇故事。鲍林一再被人问，他到底做错了什么。这话题相当伤感情，相当尴尬，但鲍林的反应都非常有风度。有一次他太太爱娃（Ava）终于忍不住，打断他们的对话，问鲍林："如果这个问题那么重要，你为什么不多用功一点？"

1953 年 9 月，鲍林邀请华生与克里克到加州帕萨迪纳参加一个国际蛋白质研讨会，讨论他们才发现不久的 DNA 双螺旋结构模型。隔年，鲍林因为在蛋白质结构方面的贡献，获得诺贝尔化学奖。1963 年他又出乎意料地获得诺贝尔和平奖，因为他长年为反核武器测试与扩散，以及反对武力解决国际冲突做出了努力。他和太太都是左倾的和平主义者，他的激进言行使他成为当时右倾的美国政府的眼中钉，导致他申请出国护照屡受阻挠。

他人的贡献

有关 DNA 双螺旋结构的两篇论文发表后没有多久，华生就离开剑桥大学回到美国，克里克则在卡文迪什实验室完成他的博士论文。富兰克林早已经转到伦敦大学伯贝克学院研究病毒，留下威尔金斯在伦敦国王学院继续奋斗 8 年，修正 DNA 双螺旋结构模型，支持它的正确性。因为在他这方面的贡献，日后让克里克认为他有资格获得诺贝尔奖。

1962 年，华生、克里克和威尔金斯三人共同获得诺贝尔奖。那时候富兰克林已经过世 4 年了。诺贝尔奖不颁给已过世的人，也不颁给超过 3 人。如果那时候富兰克林仍在世的话，该怎么办？克里克认为不可能不颁奖给她，因为“关键的实验是她做的”，威尔金斯就不能获奖。

1993年，DNA双螺旋结构发现40周年，克里克在一篇文章《DNA：一项合作的发现》中说：“我应该提醒你们，罗萨琳·富兰克林的贡献没有受到足够的肯定……（她）清楚显示两型（A 和 B）的 DNA ……辛苦定出 A 型的密度……和对称性，提供强烈的证据支持相反走向的双股结构。我们也要向威尔金斯致敬，他不但开始做 DNA 的实验，而且在罗萨琳离开后……证明 DNA 纤维的 X 射线晶体衍射图，确实与双螺旋结构模型吻合。”此外，他还推崇陶德、查加夫、艾佛瑞、古兰德等人的贡献。

他还说他和华生采取的策略是受到鲍林的启示。鲍林的 α 螺旋模型为他们树立了贴切的榜样。他和华生“只是在一堆迷乱的事实和推论上面点燃思想的火花”。

至于他们自己有什么功劳呢？克里克在自传中说：“考虑当时我们的研究生涯才刚刚起步，我想我和吉姆（华生）主要的功劳，是选择了正确的问题，坚持下去。没错，我们是跌跌撞撞地捡到金子，但是事实摆在眼前，我们本来就是在寻找金子。”这一点他们确实超越富兰克林，富兰克林并没有表现出如此的壮志和远见。她的专长是X射线晶体图学，蓝道尔雇用她时，本来要她研究蛋白质，后来又改变主意叫她研究DNA。对此她都接受。

寻找毛毛虫却发现蝴蝶

华生与克里克在追求DNA结构的过程中，心中最畏惧的事情是他们发现的结构会非常无聊。没想到他们在彩虹尽头发现的是一个美丽高雅的模型，隐藏着美妙的结构和重要的意义。本来只是探索它的结构，结果竟然看到这个结构隐藏着达尔文、孟德尔和摩根都在追寻的秘密。

这就好像你本来在寻找毛毛虫，却发现了蝴蝶。这出乎意料的收获，真是两位年轻人所没有预料到的。克里克说：“与其相信华生和克里克造就了DNA结构，我宁愿强调这个结构造就了华生和克里克。”

DNA双螺旋结构模型为未来的研究指出三个重要的新方向。第一，核酸结构问题：双螺旋是DNA正确的结构吗？细胞中的DNA结构也是如此吗？还有其他的DNA结构形式吗？RNA呢？第二，遗传密码问题：DNA上的碱基序列如何转换成蛋白质上的氨基酸序列？第三，DNA复制问题：DNA如何忠实复制？有哪些酶参与？双螺旋如何解开？

这些基本课题成为未来数十年科学家努力的目标。

我们现在都说DNA双螺旋结构是划时代的革命性发现，但是在当时是否造成惊天动地的效应？没有。虽然双螺旋所显示的遗传意义，让遗传学家比较容易接受它，但有些生化学家仍然死抓着蛋白质不放，不太相信DNA就是遗传物质。华生自己也如此说：“生化学家正在研究蛋白质。他们不高兴他们正在研究的分子突然变得不重要了！桑格（Frederick Sanger）不喜欢它……剑桥的生化学家称它为‘WC

结构'［WC 是 water closet（厕所）的缩写］……他们不喜欢它。"

华生和克里克在卡文迪什实验室构筑的原始模型，现在可以在伦敦的科学博物馆看到，不过那只能说是"最接近原始模型"的模型。华生最早用纸板剪裁的模型已经不见了，用金属建构的展示模型，过了一段时间之后也被拆解送人。再过了好几年之后，才有人无意中发现几片金属的碱基，这些碱基被拿来复制，然后重建出原始模型的复制品。这些事端可以显示，起初大家对 DNA 双螺旋结构模型如何"重视"。

DNA 双螺旋结构模型也没有引起媒体的特别注意，英国只有一家全国性报纸报道这项消息。消息见报的时候，论文在《自然》上发表已经两周了。报道中连华生与克里克的名字都没提到，所以，有人说 DNA 双螺旋结构模型一出炉立刻受到全世界科学家的热烈接受，这是错的。

DNA 双螺旋结构的终极证据

尽管如此，华生和克里克提出的 DNA 双螺旋结构模型，经历 20 多年的考验，基本上已经被大众所接受，没有什么挑战的声音。美中不足的是，它一直缺少完整的实验证据支持。X 射线衍射的技术虽然不停改进，解析度越来越好，计算分析的技术也更精进，但是观察的样本都是 DNA 纤维，得到的结果只是一个平均值，无法真正看到原子结构的细节，连双螺旋是左旋还是右旋都不能肯定。后来甚至有人提出 DNA 可能是一种左右反复旋转的双股结构，先五个右旋的核苷酸对，再接着五个左旋的核苷酸对，这样一右一左重复下去。这是很古怪的模型，不过基本上也符合现有的 X 射线衍射的数据。X 射线衍射照片上出现的螺旋影像是左右对称的，所以无法区分左旋和右旋。

在 1953 年发表于《自然》期刊上的第一篇简短论文中，华生和克里克直截了当地提出 DNA 双螺旋是右旋的，并没有提供任何理由。翌年在另一篇发表于《英国皇家学会学报》的长篇论文中，他们也只含糊地解释说“只有在违背可容许的范德华力接触下才能建构左旋的螺旋”（Left-handed helices can be constructed only by violating the permissible van der Waals contacts），没有进一步的说明。我推想，以当时的情况而言，他们是在用金属零件架构模型的时候，发现左旋的双螺旋中有些原子之间过分拥挤。我自己曾经使用空间填充（space-filled）的实体分子模型组装 DNA 双螺旋，一开始堆叠起来的双螺旋居然形成左旋，需要调整之后才能转变成右旋。我不是专家，只觉得左旋的双螺旋结构模型也可以建构，但是无法判断它是否比较拥挤。

1979 年克里克还和王倬（James Wang，见第 10 章）以及鲍尔（William Bauer）三人一起在《分子生物学期刊》上发表了一篇论文，题目是《DNA 真的是双螺旋吗？》，文中严谨检讨 20 多年来累积的分子生物学实验证据。从这些间接的证据来看，他们推论 DNA 是双股，可以确定；双股是大约每 10 个核苷酸对互绕一次的双螺旋结构，也没有问题；左右旋重复的双螺旋应该可以排除；两股反平行应该也可从 DNA 聚合酶的研究得到证实。至于双螺旋是左旋还是右旋，却没有可靠的证据。不过，那时候科学家已经知道 tRNA 分子结构中双螺旋的部分都是右旋的，所以他们相信 DNA 双螺旋也是右旋的，但是他们也承认这个课题还很难证明。

这些阴影在隔年见到曙光。1980 年加州理工学院狄克森（Richard Dickerson）的实验室利用新的 DNA 合成技术，合成了一段 12 个核苷酸对的 DNA，序列是 CGCGAATTCGCG。这段序列很特殊，它“自我互补”，意思是说它可以翻转过来和自己完整地配对。狄克森等人就用它们组成双股 DNA，接着又成功让这个 DNA 产生结晶，再用 X 射线衍射技术解出晶体结构（图 7–3）。

这 12 个核苷酸对的 DNA 形成的是真正的晶体，不是从前 DNA 纤维形成的“类晶体”。它所提供的结果不再是代表平均值的模糊图像，而是高解析度的清晰图像。这个结晶中出现的 DNA 原子结构的确是 B 型的，双股的确是以右旋及反平行的方式互绕，正如华生和

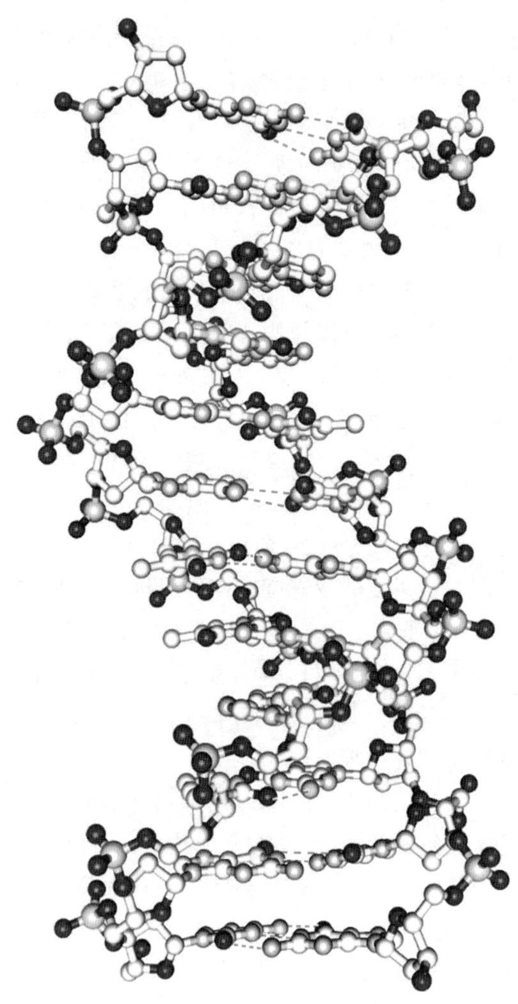

图 7–3 狄克森实验室定出的 B 型 DNA 晶体结构。同样 CGCGAATTCGCG 序列的两股，反向配对。氢键以绿色虚线表示。外围骨架中的五环是脱氧核糖，连接它们的是磷酸（灰色的磷原子和四个黑色的氧原子）。碱基在中间以氢键（虚线）配对。各个碱基对的角度随着序列有明显的变化。（此图根据分子模型资料库的数据，以 iCn3D 软体显示。）

克里克的 DNA 双螺旋结构模型。

有趣的是，这种双螺旋结构并不像预期的那么均匀。堆叠在中间的碱基对之间的互动，迫使双螺旋有局部的变化，包括脱氧核糖的结构、碱基的偏移和倾斜度、螺旋的周期等。也就是说，不同的碱基序列造成不同的结构变化，这些变化为分子的结构提供资讯。蛋白质辨识特定 DNA 序列，就需要这些结构资讯。

历史上 DNA 首次以如此清晰的影像现身。日后类似的研究，包括用核磁共振（nuclear magnetic resonance, NMR）分析液态的 DNA 结构，都印证了双螺旋的基本正确性。除此之外，这些技术也发现 B 型 DNA 结构的局部变化，包括 A 型结构以及一种在特殊序列和环境下会出现的左旋结构（称为 Z 型 DNA）。

后来，1983 年洛克菲勒大学来自中国台湾的徐明达（Ming-ta Hsu）教授和他的学生岩本悟（Satori Iwamoto）进一步在非晶体形式下观察到双螺旋是右旋的证据。他们构筑两个相扣的单股环状 DNA，两者之间有 39 个核苷酸对形成双股配对。他们要看这 39 个核苷酸对的双螺旋是右旋还是左旋。电子显微镜无法直接观察到双螺旋的互绕情形，但是他们用甲酰胺和高温打开这段双股 DNA，原本的双股互绕就被转换成两个单股环的互绕。他们在电子显微镜下检视，发现两个单股环确实是以右旋的形式互绕，也就是说，原来的 39 个核苷酸对的双螺旋也是以右旋的方式互绕。

克里克终于松了一口气，安心了。

第 8 章 罗塞塔石碑与纸牌屋

1953 — 1960

事实是世界的数据。理论是解释和诠释事实的想法结构。当科学家为了解释事实而辩论对立理论的时候，事实并不会跑掉。爱因斯坦的相对论取代了牛顿的万有引力理论，但是那时候苹果并没有悬浮在半空中等着看结果再决定。

——古尔德（Steven Gould）
美国知名演化学家、科普作家

钻石密码

1953 年 7 月初，华生与克里克突然收到著名的天文学家和物理学家伽莫夫（George Gamow）的来信。伽莫夫曾经在哥本哈根大学师承波耳，认识戴尔布鲁克，也曾在卡文迪什实验室做过研究。1933 年，他到了法国，隔年转到美国。他的主要贡献是发展大霹雳的宇宙模型，特别是宇宙初始阶段化学元素的起源。伽莫夫还是一位喜欢搞笑的科普作家。1953 年 6 月，他到冷泉港实验室参加戴尔布鲁克主持的研讨会，听到华生和克里克做有关 DNA 双螺旋结构的演讲。

伽莫夫在信中提出一个“钻石密码”（Diamond Code）的假说。他说，用这个密码，DNA 上的碱基序列可以直接编码蛋白质的氨基酸序列。他提议 DNA 双螺旋上每一个碱基对与上、下各一个碱基，共 4 个碱基一起围成钻石形状的框（“钻石框”），可以塞进一个氨基酸（图 8–1）。下一对碱基对形成钻石框再塞一个氨基酸。这样，一个框塞一个氨基酸，串联起来就可以连结成一条多肽。DNA 的碱基对间距和蛋白质的氨基酸间距差不多，所以空间上的考量应该没有问题。至于钻石框里头塞哪一种氨基酸，就取决于上下左右的 4 个碱基。这 4 个碱基属于连续的 3 个碱基对，所以氨基酸的选择决定于 3 个碱基对。

决定氨基酸的碱基序列称为“密码子”。DNA 的碱基一共有 4 种，如果密码子是 3 个碱基，那么密码子一共有 64（4^3）种。伽莫夫说蛋白质的氨基酸只有 20 种。64 个密码子对应 20 种氨基酸，数目对应不起来。怎么办？

针对这个问题，伽莫夫有一个解决方法。他说：“各种氨基酸分子的骨架都一样，氨基酸的种类取决于侧链（side chain）的不同，而很多侧链的结构都是对称的……”所以他假设钻石框的 4 个碱基左右对调或者上下对调，都还是编码同样的氨基酸。根据这个假设算起来，64 个密码子刚好就可以分成 20 组，每组编码 1 种氨基酸。这样就解决了数目的问题。

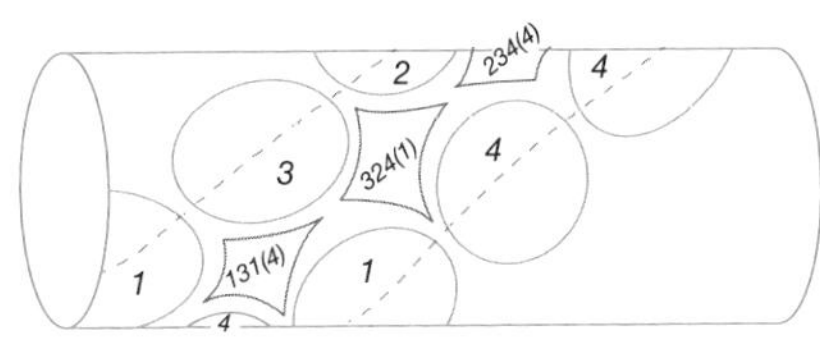

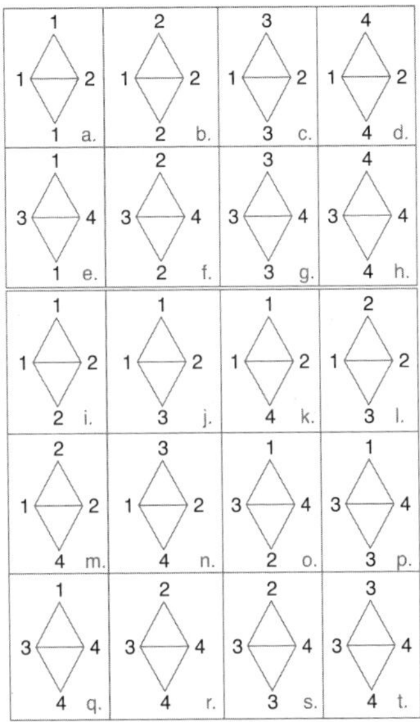

图 8-1 伽莫夫提出的钻石密码。上方的圆柱代表 DNA 双螺旋，右方表格列出 20 种组合可以编码 20 种氨基酸。（重绘自伽莫夫于 1954 年 2 月发表在《自然》上的论文。）

华生和克里克坐在老鹰酒馆中研读伽莫夫的来信，才发现他们连组成蛋白质的氨基酸有多少种都不确定。伽莫夫所列的 20 种，有些是很罕见的，也有些是被遗漏的。华生和克里克就重新整理，得到的数目刚好也是 20。这就是今日我们所熟悉的 20 种氨基酸。

伽莫夫把他的钻石密码模型发表在 1953 年 10 月的《自然》期刊上。

钻石密码其实是一种“重叠密码”，因为每一组密码子中间的那个碱基对，同时担任上一组密码子的“下一个”碱基，也是下一组密码子的“上一个”碱基。以 12345 这 5 个碱基的序列为例，最中间的 3 就同时参与 123、234、345 3 组密码子。这样的重叠密码在空间的应用上效率很高，但这也是它的致命伤。

如果每一个碱基对都参与 3 组密码子的编码，蛋白质的氨基酸序列就会受到很多限制，因为每一组密码子都受到前一组和后一组密码子的牵制，不能是任意的氨基酸。譬如，密码子 123 的前一组密码子必须是 X12，下一组必须是 23X（X 是变数），都不能是任意的密码子。

我们用数学算一算，就可以明白这个问题。我们单单考虑胜肽链上相邻的 2 个氨基酸就好；如果没有顺序限制，理论上它可以有 400（20^2）种不同的序列。但是根据钻石密码，相邻的 2 个氨基酸只由 4 个碱基决定（123 编码第一个，234 编码第二个），所以只会有 256 种（4^4）不同的序列。也就是说，如果钻石密码是对的，很多氨基酸序列是不容许的。这不只是钻石密码的限制，而是所有重叠密码的限制。细胞的蛋白质序列有受到这样的限制吗？

挑战钻石密码这个限制的，是来自南非的布蓝纳（Sydney Brenner）。布蓝纳本来是医学学士，后来在英国欣谢尔伍德的实验室取得博士学位。1953 年，他到剑桥大学看见华生和克里克以及他们的 DNA 双螺旋结构模型，就决心献身分子生物学研究。克里克经过一番努力，把他从南非请到卡文迪什实验实。他们两人共用一间办公室，长达 20 年之久。

1953—1954 年，布蓝纳收集了很多当时已知的氨基酸序列。当时可以知道氨基酸序列的蛋白质很少，有的也只有部分序列。布蓝纳从这些序列中，把相邻两个氨基酸的排列统计出来（共有 400 种可能）。这个 20×20 的表，伽莫夫称之为“南非的表”。布蓝纳发现相邻双氨基酸序列出现的种类远超 256 种，钻石密码和任何其他的重叠密码，就此被推翻了。

百花齐放

1953 年夏天，克里克和华生就在麻州的伍兹赫尔海洋研究所和伽莫夫会面。三人一拍即合，成为好朋友。

钻石密码虽然短命，但是伽莫夫的尝试开创了一条崭新的解码路线，就是从纯理论的角度来解决密码的基本问题，如何让 DNA 上的 4 种碱基编码 20 种氨基酸。这条路线完全不理会生化的细节，把解码纯粹当作抽象的问题，用理论的角度来思考、来解决问题。这和当年孟德尔遗传研究的情况很像，完全忽视中间生理学的黑盒子，只在意资讯理论和数学。

钻石密码给很多人带来振奋的启示和鼓励，这种不必做实验的纯理论路线，正合物理学家和数学家的胃口。伽莫夫开始接触很多对遗传密码有兴趣的人，1954 年 3 月他和华生等人一起成立一个“RNA 领带俱乐部”（RNA Tie Club），里头有 20 个会员，代表 20 种氨基酸。每一个人的领带上都画着一条 RNA 分子的图案，领带夹上有每个人代表的氨基酸名称（图 8–2）。

钻石密码失败之后，伽莫夫不死心。后来因为越来越多的证据显示参与蛋白质合成的是 RNA，不是 DNA，所以他和里奇（Alexander Rich）及叶卡思（Martynas Ycas）提出一个改良的“三角密码”（Triangular Code），编码的是单股的 RNA，每三个碱基对应一种氨基酸，也是重叠密码，但是相邻氨基酸的限制与“钻石密码”不同。

理论物理学家费曼（Richard Feynman）和理论化学家欧吉尔（Leslie Orgel）也提出一个三角密码的变型，称为“主次密码”（Major–Minor Code）。三联体中间的碱基是“主”，两旁的碱基是“次”，两者以不同方式决定氨基酸的顺序。“氢弹之父”泰勒（Edward Teller）也提出一个“顺序密码”（Sequential Code），氨基酸决定于两个碱基以及前一个氨基酸。两个碱基的排列只有 16（4^2）种，所以每一个氨基酸后面能够接的氨基酸就只有 16 种。

这些林林总总空想的理论，有些很快就被现有的蛋白质序列推翻；有些则半死不活地留在那里，后来才被抛进垃圾桶。

接触这些解码工作的人，不免联想到军事通信密码的解码。第二次世界大战时期，英国和美国已经出现第一代的电脑，还破解过德军内部的通信密码。伽莫夫认为，电脑解码系统正好可以拿来帮助遗传密码的解码。1952 年，洛斯阿拉莫斯国家实验室才刚安装使用第一代的数学分析数值积分计算机（Mathematical Analyzer, Numerical

图 8-2 “RNA 领带俱乐部”的 4 位成员：克里克（左后）、欧吉尔（右后）、里奇（左前）、华生（右前）。4 人的领带上都画着 RNA 分子的图案，领带夹上有各自代表的氨基酸名称。1955 年摄于剑桥大学。

Integrator, and Computer, MANIAC），参与氢弹研究的计算。

1954 年夏天，伽莫夫在洛斯阿拉莫斯国家实验室，与理论物理学家兼电算与逻辑设计专家梅楚罗利斯（Nicholas Metrololis）合作，用 MANIAC 进行“蒙地卡罗模拟”，测试重叠密码。电脑根据重叠密码，建构“人为的蛋白质”，然后和已知的天然蛋白质比较。9 月结果出来，结论是负面的。电脑分析的结果显示，氨基酸在人为的蛋白质和天然的蛋白质中的分布情形没有差别，都是纯粹随机的；不过根据重叠密码，氨基酸在蛋白质中的分布应该受到很多限制，不会是随机的。

1956 年布蓝纳邮寄了一篇短文《论所有重叠三联体密码之不可能性》给 RNA 领带俱乐部，用已知的蛋白质氨基酸序列，推翻任何重叠密码的可能性。这篇论文隔年发表在美国《国家科学院学报》上。在那个时代，发表在美国《国家科学院学报》上的论文都来自学院院士，或者来自他们的推荐人。布蓝纳的这篇推翻伽莫夫密码模型的论文，是伽莫夫以院士身份推荐的。

无逗号密码

遗传密码有两个神奇的数字：4 和 20。4 是 DNA 的碱基种类数目，20 是蛋白质的氨基酸种类数目。生物如何用 4 种碱基编码 20 种氨基酸？如果 1 个碱基编码 1 个氨基酸，那就只有 4 组“密码子”，只能编码 4 种氨基酸。如果 2 个碱基（“二联体”）编码 1 个氨基酸，那总共就有 16（4^2）组密码子，能编码 16 种氨基酸，还是不够。如果 3 个碱基（“三联体”）编码 1 个氨基酸，总共有 64（4^3）组密码子，又超过氨基酸总数很多。

虽然大部分的科学家都相信“三联体”，但是 64 组密码子的数目比氨基酸的数目多出 44 个，怎么办？有两个可能性：第一，可能有很多密码子没有用来编码氨基酸（称为“无意义”的密码子）；第二，密码子有重复的，也就是说同一个氨基酸可能由几个不同的密码子编码。这两个可能性并不互相排斥。

另外一个重要的问题是，如果三联体是正确的，在一串漫长的碱基序列中，细胞如何知道从哪一个碱基开始，到哪一个碱基结束呢？每一个碱基序列都有 3 个可能的念法（称为“读框”），譬如 123123123123123……这个序列，可以念成 123，123，123……或 231，231，231……或 312，312，312……这 3 种读框，细胞如何正确地选择呢？以克里克的说法是：“细胞如何知道把逗号放在哪里？”

1957 年，克里克想到一个模式可以解决这个问题，他称之为“无逗号密码”（comma-less code）。他假设用来编码蛋白质的碱基序列中的 3 种读框，只有 1 种是“有意义”的，读框里每一个三联体密码子都编码某一个氨基酸；另外 2 种读框中的密码子通通是“无意义”（nonsense）的，都不编码任何氨基酸。譬如图 8-3A 中的 RNA 序列 AGACGAUUA……，只有 AGA、CGA、UUA……这种读框中的密码子有意义；另外两种读框中的密码子 GAC、GAU、UAU……以及 ACG、AUU、AUC……都无意义。这样的密码模式解决了读框选择的问题，因为只有一种读框有编码氨基酸，没得选择，也不必选择。

他很兴奋地把这点子告诉欧吉尔。欧吉尔思考了一下，就告诉了克里克，根据这个系统，有意义的密码子刚好是 20 种！神奇的 20！克里克更加兴奋。

欧吉尔是如何计算的呢（图 8-3B）？首先，他去除 4 个重复序列的三联体（AAA、CCC、GGG 和 UUU），它们一定是无意义的。为

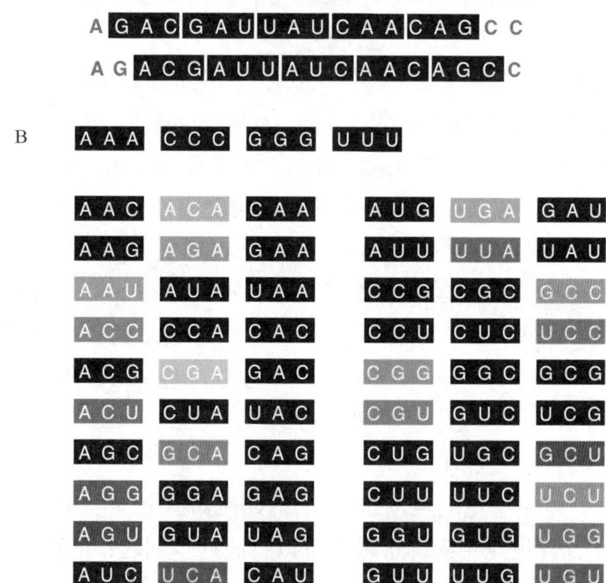

图 8-3　克里克的“无逗号密码”模型。（A）显示 3 种读框，假设最上方的读框是正确的，那个读框中的密码子就都有编码氨基酸，用不同颜色代表；另外 2 种读框中的密码子都没有意义，不编码任何氨基酸，用黑色代表。（B）欧吉尔的推理，显示这个模型刚好可以编码 20 种氨基酸（详见内文）。

什么呢？让我们考虑 AAAAAA……这个连续序列，它 3 种读框的三联体都一样，都是 AAA，不可能同时有意义又无意义。同样道理，CCC、GGG 和 UUU 也一定是无意义的。排除掉这 4 个重复密码子，剩下 60 个三联体。

再来考虑剩下 60 个三联体密码子中的任何一个，譬如 AAC。我们让 AAC 一直重复成为 AACAACAAC……。这个序列 3 种不同的读框有 3 种不同的密码子 AAC、ACA 和 CAA，三者只能有 1 种有意义，其他 2 种必定是无意义的。也就是说，如果 AAC 有意义，那 ACA 和 CAA 应该就是无意义的，以此类推。依据这样循环排列的推理，剩下的 60 个三联体可以分成 20 组循环序列。每组循环序列中只有 1 个三联体是有意义的密码子，所以，最后的结论就是："无逗号密码"系统里只会有 20 个有意义的密码子，另外 44 个是无意义的。

"无逗号密码"不但解决了读框的问题，而且一举解决了 64 个密码子如何编码 20 个氨基酸的问题。此外，它的密码子没有重叠，所以没有氨基酸序列的限制，任何氨基酸序列都是可容许的。也因为如此，"无逗号密码"没办法用已知的蛋白质序列来检验它的正确性。

理论上"无逗号密码"可以用 DNA 序列来检验，因为它对 DNA 的序列有限制。譬如在正确（有意义）的读框序列中，不可以出现无意义的密码子。以上述 AAC 的例子而言，如果 AAC 是有意义的，ACA 和 CAA 就不可以出现在任何有意义的读框中。如果这 3 个密码子中有 2 个同时存在于 1 个基因序列的话，"无逗号密码"就是错误的。不过，这个检验方法只是空谈，因为当时还没有核酸的定序技术。

克里克和欧吉尔刚开始只是把"无逗号密码"写成一篇非正式的论文，在同僚之间里流传。后来，有人希望能引用它，他们就在 1957 年将它正式发表。

对于这个模型，克里克有点保留："它看起来漂亮，甚至高雅。你喂进去神奇的数字 4（四个碱基）和 3（三联体），就跑出神奇的数字 20（氨基酸的数目）。可是，我还是犹疑。我知道，除了 20 这个神奇数字的出现之外，我们没有其他的证据支持这套密码。”

虽然如此，“无逗号密码”还是很快就成为物理学家和生物学家的宠儿，当作讨论的焦点长达 5 年时间。其间有很多新论文提出理论的延伸和修正、讨论生物学的意义，或者做更细节的计算。这些发展非常热烈精彩，一直到 1961 年来自现实生活的一阵微风，吹垮了所有的纸牌屋。

“无逗号密码”终究是错误的。“大自然并没有克里克想象的那么优雅。”贾德森在《创世第八天》一书中说。克里克自己也说：“……‘无逗号密码’……一个优美的解答，依据非常简单的假设，但是完全错误。”不过他说：“有一两个这种例子当作警惕的故事，总是好的。”

罗塞塔石碑策略

在这段时期，除了上述如火如荼的理论路线之外，尝试在实验室中进行遗传密码的研究非常少，因为大部分的人都不知道如何下手。当时唯一有一丝着力点的实验方向，是一种被称为“罗塞塔石碑”（Rosetta Stone）的策略。

罗塞塔石碑（图 8–4）是 1799 年拿破仑大军远征埃及的时候，在罗塞塔附近所发现的一块古埃及石碑，上头刻着公元前 196 年埃及国王托勒密五世的诏书，分别使用 3 种古老的文字：古埃及象形文、古埃及草书和古希腊文。这 3 篇文字显然叙述着同样的事情，所以语言学家就设法利用对这些语言以及历史的破碎知识，希望以比较的方法，解出这些象形文字和字母的意思和用法。这 3 种文字中，古希腊文因为没有完全失传，具有很好的参考价值。学者利用这些资料并且参考其他古籍，首先解读出古埃及草书，最后解读出古埃及象形文字。整个工作花了 20 多年。

解读罗塞塔石碑文字的重大意义在于它提供了一部“字典”，让后来的人可以解读出现在其他古迹上的古埃及文，对于埃及的历史、

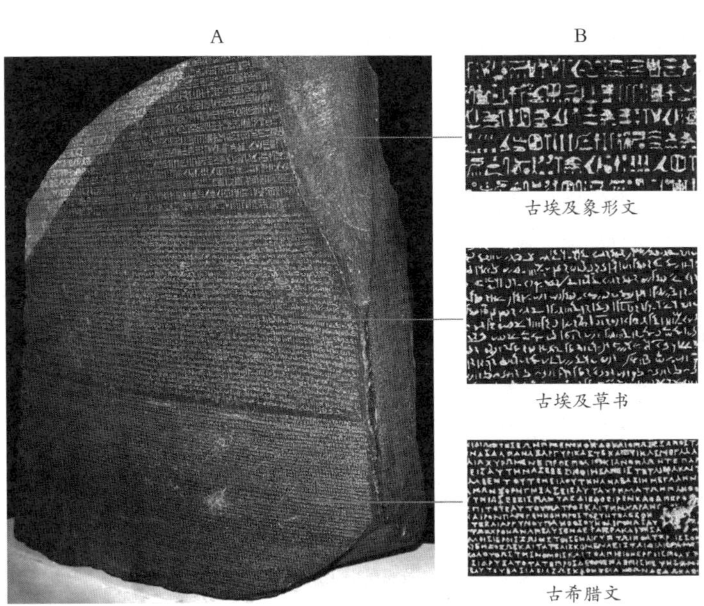

图 8-4 罗塞塔石碑。(A)拿破仑军队在埃及发掘出土，现保存在大英博物馆。(B)石碑上的 3 种文字：古埃及象形文（上）、古埃及草书（中）与古希腊文（下）。古埃及的象形文早已失传，而古希腊文在当时仍可以解读。

文明和文学研究贡献非凡。

DNA 双螺旋结构模型之后的生物学，也面临着像解读罗塞塔石碑那样的情境。细胞的罗塞塔石碑上有两种语言：DNA 和蛋白质的语言。基因决定蛋白质。基因语言是 DNA 的碱基序列，蛋白质语言是氨基酸序列。碱基序列和氨基酸序列之间如何对照？我们可以像解读罗塞塔石碑那样，比较基因和蛋白质序列，就可以知道它们之间如何转译吗？我们是否可以通过这样做得知所谓的“遗传密码”，来翻译所有的 DNA 语言？

这是个很合理的策略，前提是我们必须有足够的 DNA 和蛋白质序列。在那个时代，蛋白质的纯化技术相当成熟，不少种类的蛋白质被纯化出来。蛋白质定序技术也出现了，蛋白质的氨基酸序列开始陆续被定出来。胰岛素是第一个完成定序的蛋白质，1951 年桑格定出它 110 个氨基酸的序列。但是胰岛素的基因序列在哪里？当时的生化技术还不能分离出单独的基因，更别说进一步定序。光有蛋白质的序列，无助于解码。

1960 年，TMV 的外壳蛋白质序列被佛兰克尔-康拉特定出来。这个蛋白质才 158 个氨基酸，却花了他们 5 年的时间完成定序，伽莫夫称赞它是“镶着 158 颗宝石的魅力项链”。为这个蛋白质编码的基因应该是在 TMV 的 RNA 上。TMV 的 RNA（或其他病毒携带的核酸）已经可以纯化，但是核酸定序技术还没有发展出来，RNA 定序技术要再过 8 年才出现。到了那个时候，遗传密码都已经解出来了。

TMV 的突变分析

虽然无法定序 TMV 的 RNA，当时仍旧有两个实验室尝试用突变的方式来探索 TMV 的遗传密码：在德国马克斯·普朗克研究所的魏德曼（Heinz-Günter Wittmann）的实验室和美国加州大学的佛兰克尔-康拉特的实验室。这两个实验室都用亚硝酸处理 TMV 造成突变，然后分离它的外壳蛋白质，看看氨基酸发生了什么样的改变，尝试从这些氨基酸的改变，归纳出这些氨基酸编码的密码子的一些性质。

用亚硝酸做突变有个好处，它导致的突变是可预期的。它会改变 RNA 上的两种碱基，让 A 变成 G，或者 C 变成 U（图 8-5A）。所以，当亚硝酸把某一种氨基酸变成另一种氨基酸时，我们就可以推论编码原来氨基酸的密码子有一个 A 或 C，新氨基酸的密码子有一个 G 或 U。

以图 8-5B 的例子来说，亚硝酸将脯氨酸（Pro）改变成丝氨酸（Ser）或者白氨酸（Leu），然后又可以将两者改变成苯丙氨酸（Phe）。根据这一结果，我们可以下定论：脯氨酸至少有两个 A 或 C，丝氨酸

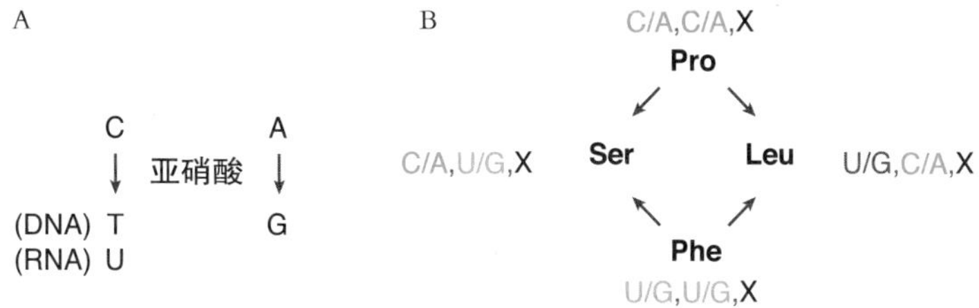

图 8-5 用亚硝酸突变探测密码子。(A) 亚硝酸造成的碱基改变，A 变成 G，或者 C 变成 U。(B) 亚硝酸将脯氨酸 (Pro) 变成丝氨酸 (Ser) 或者白氨酸 (Leu)，然后又可以将二者改变成苯丙氨酸 (Phe)。从这些结果可以推论这四个氨基酸可能的碱基编码。绿色标记的是脯氨酸含有的两个 C 或 A。

和苯丙氨酸至少有一个 G 或 U（从脯氨酸变过来）和一个 A 或 C；苯丙氨酸至少有两个 G 或 U（一个原本就存在于丝氨酸或白氨酸，另一个是亚硝酸造成的）。这样确实可以得到一些资讯，但是这些资讯很少，也不完整，得到的只是某些密码子碱基的一部分，顺序完全不知。用这样的策略来解码是相当悲观的。史坦利和佛兰克尔-康拉特把这样的努力比喻成“开始攀登圣母峰的一小步”。

史坦利和佛兰克尔-康拉特也宣称，除非有什么“意料不到的事情”发生，解码还需要等很久很久。这一年，佛兰克尔-康拉特还写了一本有关病毒研究的书，提到上述利用突变方式解码的工作，只是长远路途中的一小步。隔年（1961 年）这本书刚上市，史坦利和佛兰克尔-康拉特所谓“意料不到的事情”真的发生了（见第 11 章）。

第 9 章
琥珀与乳糖
1953—1959

对大肠杆菌是真的，对大象也是真的。

——莫纳德（Jacques Monod）

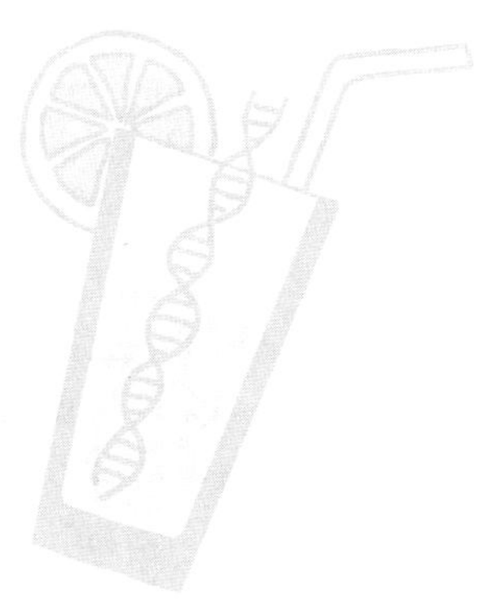

基因的范畴

如果基因是在染色体 DNA 上，每一个基因是一段核苷酸序列，那么，一个基因有多大？它在 DNA 的界限何在？染色体可以发生交换，交换发生在哪里？交换可以发生在基因的核苷酸序列中吗？

针对这个课题，1952 年英国格拉斯哥大学的遗传学家庞帝考夫（Guido Pontecorvo，缪勒的学生）提出他的看法。他说：基因可以从三个角度来界定：第一，基因是突变的单位；第二，基因是可遗传的因子；第三，基因是遗传重组的单位。关于第三点，在传统观念里，基因像念珠般成串地排列在染色体上，遗传学家观察到的重组和交换都是发生在基因和基因之间，没有看到基因中的交换，所以才认为基因是交换的单位。他说，这可能只是因为基因内发生交换的概率很低，没有观察到而已。

突变之间的距离越小，发生交换的概率就越低。因此，如果两个突变位在同一个基因中，它们之间的交换就不容易观察到，因为距离太近了。庞帝考夫认为，要观察如此罕见的交换，必须使用一个能够产生大量子代的交配系统。譬如，如果重组的频率只有 1/1000，那么交配后产生的子代必须要有几千个。当时没有任何一个遗传系统（包括果蝇）能够满足这个条件。

庞帝考夫的论述引起美国普渡大学的班瑟（Seymour Benzer）的强烈兴趣。班瑟在大学时期的专业是物理学，第二次世界大战期间转到普渡大学攻读博士学位。这段时期，他读了薛定谔的《生命是什么？》，这本书让他转向生物学研究。1948 年他参加冷泉港实验室的噬菌体课程，接着先后到加州理工学院戴尔布鲁克的实验室和巴黎巴斯德研究所劳夫（见下文）的实验室做博士后研究，后来再回到普渡大学任教。

班瑟虽然对庞帝考夫提出的问题深感兴趣，但是苦无庞大的遗传分析系统可以用，直到有一天出现了一个来自 T4 噬菌体的玄机。T4 噬菌体是当时大家研究最多的噬菌体，最初它的遗传学研究只依赖两类突变，即宿主范围的突变和溶菌斑形态的突变。大肠杆菌 B 是大家研究 T4 通用的宿主，后来发现 B 出现可抗 T4 感染的突变菌株，命名为 B/4。不过，T4 也会出现可感染 B/4 的突变株，而且同样可感染 B。这种突变称为 h，野生型称为 h^+。至于溶菌斑形态的突变，T4 有一种突变，它的溶菌斑比野生型的大很多，这类突变统称为 r，野生型称为 r^+。

这两类突变可以用来杂交，进行遗传重组分析。做法是让两类 T4 突变株同时感染大肠杆菌，让它们在细胞中发生基因交换，然后观察子代噬菌体的基因重组现象。譬如，拿一株 h^+r 和一株 hr^+突变株一起感染 B，得到的子代除有双亲型之外，还可以看到一些 h^+r^+ 和 hr 重组株。重组株出现的频率（重组频率）可以用来做基因定位。这样定位的实验结果发现 r 突变可以分成三类，三类各分布在 T4 染色体三个不同地方。这三个突变位置称为“基因座”，因为不确定它们究竟是代表单一的基因，还是代表多个基因。这三个 r 基因座分别命名为 rⅠ、rⅡ 和 rⅢ。这些结果是 1946—1947 年在戴尔布鲁克与赫胥的实验室所发现的。

啊哈！

1953 年，班瑟在普渡大学准备实验课，需要培养 T4 噬菌体。他手头有两株大肠杆菌，B 和 K12λ，他都拿来培养 rⅡ 突变株。结果他发现 rⅡ 居然不能感染 K12λ。刚开始他以为是忘了加噬菌体，便重新做了一次实验，结果还是一样。不知道什么原因，rⅡ 突变株不能在 K12λ 中繁殖。他非常兴奋，因为这个系统正好可以进行他梦寐以求的高解析度遗传定位研究。

怎么说呢？他想，如果拿两株不同的 rⅡ 突变株一起感染B，让它们在里头繁殖，并发生重组，产生野生型（r^+）的重组株。这个重组株可以感染 K12λ，形成溶菌斑；亲代 rⅡ 突变株不能，只能感染 B。所以把子代噬菌体涂抹在含 K12λ 的培养基上，出现的溶菌斑就代表

r^+重组株；涂抹在含 B 的培养基上，出现的溶菌斑就代表所有子代。前者除以后者，不就是重组频率吗？

这种基因内或基因座内的重组，发生的频率会很低，所以需要观察很多子代。噬菌体就可以满足这个需求。班瑟估计一盘固态培养基上可以放入 1 亿（10^8）个 T4 噬菌体，低到 10^{-8} 的重组频率都可以观察到。班瑟计算，对长度大约为 1.5×10^5 个碱基对的 T4 染色体，如此高的解析度足以观察到相邻核苷酸的突变，绰绰有余。

于是他“立刻放下一切，开始进行这个计划”，这一做，就做了 10 年。

解析 rII 基因座的遗传地图

首先，班瑟发现 rII 基因座有两个基因。他拿不同的 rII 突变株成对地感染 K12 λ，有些组合不会杀死 K12 λ，有些则会。他归纳这些结果，发现 rII 突变株可以分成两群：rII A 和 rII B。同一群中的突变株一起感染 K12 λ 不能成功，不同群的突变株一起感染 K12 λ 才可以成功。他推论 rII A 和 rII B 代表两个基因，突变在不同基因的 T4 感染 K12 λ 可以成功，因为两者可以“互补”，意思是说 rII A 的突变株会提供好的 rII B，rII B 的突变株会提供好的 rII A，成功感染 K12 λ 。反之，突变同在一个基因（rII A 或 rII B）的 T4 无法互补，它们一起感染 K12 λ 就无法成功 。

“互补”的道理和孟德尔遗传学的显隐性是一样的。基因发生突变，通常都会造成下游产物的损坏或缺陷，所以当突变的基因（例如果蝇的白眼）和野生型的基因（红眼）在一起（雌蝇中）的时候，野生型的基因就可以弥补突变的不足。rII A 与 rII B 突变之间的互补也是同样道理。

班瑟接下来进行了 rII 突变的重组实验。他用两株不同的 rII 突变株感染大肠杆菌 B，的确可以得到野生型（r^+）的重组株。重组频率很低，如他所预期。他开始进行大规模的重组实验，再根据得到的

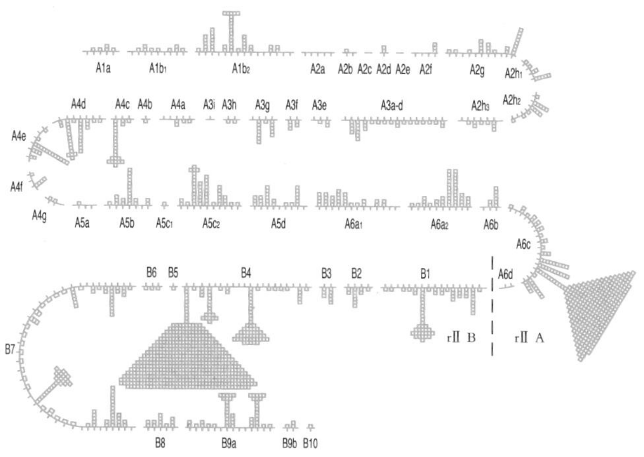

图 9-1 班瑟完成的 T4 rⅡ基因座详细地图，每一个小方块代表一株突变的位置。各处发生突变的频率显然不一致，有些地方（“热点”）特别容易发生突变。rⅡ A 占上面三行，rⅡ B 占下面一行半，两者以虚线隔开。（重绘自班瑟 1961 年的论文。）

重组频率，一点一点地建构起遗传地图。

这样的工作相当琐碎辛苦。在最高峰时期，班瑟有三位助理帮忙。

1955 年，班瑟发表了第一篇论文，1959 年和 1961 年接续发表最终的分析。他们一共处理了大约 2 万株的突变株，把 rⅡ A 和 rⅡ B 剖析至极致，把 rⅡ 的两千 2400 个突变排列在一条线上（图 9-1），rⅡ A 的突变和 rⅡ B 的突变分别位于相邻的两个区域里。如果每个突变代表一个核苷酸，显示基因确实是线状的序列。

他们的系统一次可以观察 100 万个（10^6）噬菌体，也就是说 10^{-6} 的重组频率都可以侦测得到。但是在所有的杂交实验中，他们观察到最低的重组频率是 2×10^{-4}。这似乎表示对 T4 的 DNA 而言，这是最低的交换频率，不可能再低，因为两个突变距离不能再近了。班瑟估

计这 2×10^{-4} 相当于距离两个碱基对之间的交换，也就是说如果突变之间的距离小于两个碱基对，交换不可能发生。

戴尔布鲁克看了班瑟的论文草稿后，在上头写道："你写这之前一定多喝了几杯。这会冒犯很多我喜欢的人。"没错，班瑟的新发现，对当时的遗传学家确实是很大的冲击。在这之前，传统遗传学观念里的"基因"和"突变"都只是位于染色体上的单位，没有大小，也没有结构。但是，班瑟的 rⅡ 分析显示基因不是一个点，而是一条有特定范围的线，突变是排列在这条线上的点。基因没有什么神圣的完整性，它可以分割。

此外，这张遗传地图显示，基因中有些地方似乎特别容易突变。日后才知道，这个有趣和奇怪的现象是因为 T4 DNA 有些地方的碱基经过特殊的修饰，非常容易突变。

班瑟的这个故事包含一个幸运的意外发现。但是意外的发现也必须掌握，不然就没有幸运可言。所以，巴斯德说"机会眷顾有准备的心灵"。班瑟与 rⅡ /K12 λ 的邂逅，以及卢瑞亚和吃角子老虎机的邂逅，都是"啊哈！"时刻。"啊哈！"表示意外的遭遇刚好和心里已经存在的某种念头产生创新的结合，也就是已经有了心理准备，能立刻被这意外碰撞出火花，把两个表面上性质相当不同的事物连接起来。

DNA 与蛋白质的共线性

班瑟的 rⅡ 地图显示基因中的突变以线状排列在 DNA 上，然而，它们是否对应到蛋白质上氨基酸的排列？

当时流行的"序列假说"，就认为蛋白质的氨基酸序列由 DNA 的碱基序列决定。从实验的角度来说，这表示基因中突变的位置会和蛋白质氨基酸改变的位置在同一条线上相对应，这样的关系称为"共线性"。DNA 和蛋白质的共线性可以用实验验证吗？

这时候的生化学家能够做蛋白质的氨基酸定序，所以可以定出氨基酸改变的位置。但是 DNA 仍然无法定序，只能用遗传定位方法定出突变的相对位置。班瑟已经有详细的 r Ⅱ 的遗传地图，但是没有 r Ⅱ A 或 r Ⅱ B 编码的蛋白质。他曾经尝试分离这些蛋白质，但是没有成功。1957 年他到剑桥大学与布蓝纳合作，寻找 T4 蛋白质其他的突变，也没有成功。

第一个成功建立 DNA 与蛋白质共线性的是斯坦福大学的雅诺夫斯基（Charles Yanofsky），他研究的对象是大肠杆菌的色氨酸合成酶。他收集了很多这个酶的突变株，把它们的遗传位置定出来，然后一个个纯化这些突变的酶，定出它们的氨基酸序列，再和野生型的酶进行序列比较，看哪一个氨基酸改变了，就是这个突变造成的。他总共比较了 15 株的突变位置和氨基酸改变的位置，发现两者完全相对应，除了排列次序完全一致，相对的距离也大致符合（图 9-2）。

第二年（1964 年），班瑟的实验室用不同的策略也得到共线性的结果。他分析的是带一类特殊突变的 T4 蛋白质，这种突变叫作“琥珀”突变，它会使蛋白质合成进行到突变的位置时就停止（见下文）。他定出这些突变的位置，排成一条直线。同时，还测出这些蛋白质的

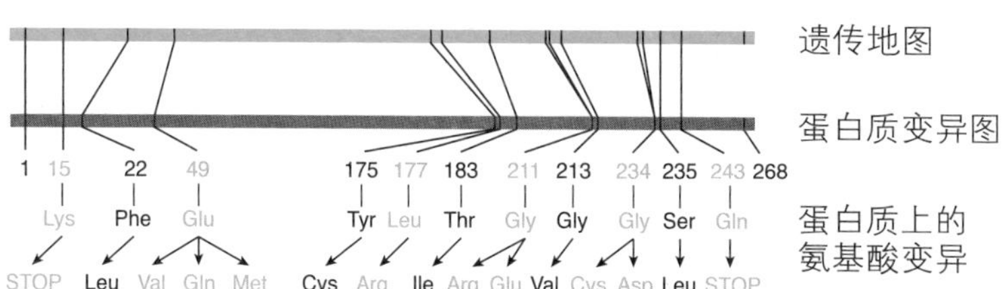

图 9-2 雅诺夫斯基建立的 DNA 与蛋白质共线性。上面绿色线条标示的是色氨酸合成酶 15 个突变所在的遗传地图，下面灰色线条是这些突变所造成的氨基酸变异的位置，数字是氨基酸的位置，数字下标示的是氨基酸的改变。有些氨基酸发生不止一种突变。遗传地图和蛋白质变异图上的突变位置次序一致，相对位置大致符合，但是有些差异。遗传定位依据的原理是假设染色体不同地方的交换频率都相同，这个假设不完美，但还算实用。

大小，发现突变的位置越靠近基因的一边，所合成的蛋白质越小，没有例外。

这些研究支持 DNA 与蛋白质的共线性，促使大家思考碱基序列和氨基酸序列之间的关系，也使得大家更加殷切期待对遗传密码的解码。

巴斯德研究所的三剑客

对特殊基因或基因座进行详细分析和解剖的，当时还有一个重要的研究所。它位于大西洋的另一边。

巴斯德研究所总部位于法国巴黎，是巴斯德于 1887 年建立的，主要致力于生物学、微生物学、疾病和疫苗相关的研究。自 1908 年起，这个机构有不少科学家获得诺贝尔奖。

在分子生物学蓬勃发展的时期，美国科学家偏重于走基因解码的路线，英国科学家偏重于分子结构的研究，巴斯德研究所的科学家则专注于基因的调控。尽管都经历了第二次世界大战，但法国的科学家没有美国和英国的科学家那么幸运，德国的侵略和占领打断甚至摧毁了大多数科学家的研究。这一章出场的法国科学家，都有和德军抗争的经验。

劳夫是巴斯德研究所的老将，19 岁的时候（1921 年）他就以医学系学生的身份进入研究所，1937 年开始担任微生物生理学研究的主管。第二次世界大战期间，他参加法国地下抵抗军，曾经获得国家奖章。战后（1945 年），莫纳德（Jacques Monod）和渥曼一起加入他的实验室。

莫纳德是个生活多姿多彩的人。1936 年，他在加州理工学院摩根的实验室做研究，同时担任当地帕萨迪纳交响乐团和合唱团的指挥工作，差一点就和乐团签约当团长。此外，他也是一位科学哲学作家，出版的书很受欢迎。第二次世界大战时，他是德军占领区地下反抗军行动指挥部的首领。德军登陆前夕，他还安排了武器空投、炸铁路以及拦截邮件等任务。同一时间，他还在研究细菌。

1950 年，实验室又加入一位重要人士，贾可布（见第 4 章），也是一位优秀的科学哲学作家（图 9-3）。他念完医学院二年级的时候，第二次世界大战爆发，便跑到英国加入法国解放军当军医。在北非服役的时候他腹部中弹，打碎了他当外科医生的梦想。战后，他在医学院完成学业。

图 9-3 巴斯德研究院的三剑客（左起）贾可布、莫纳德与劳夫。摄于 1965 年 10 月 16 日，获知获得诺贝尔奖消息两天之后。

贾可布在 1949 年学习了劳夫和莫纳德主讲的微生物学之后，去见莫纳德，希望到他的实验室做研究。莫纳德要他去找大老板劳夫。贾可布找到劳夫时，他正在和实验室的人吃午餐。贾可布后来回忆："我告诉他我的愿望，我的无知，我的诚意。他用他的蓝眼睛瞪着我好一阵子，摇摇头，跟我说：'不可能，我们一点空间都没有。'"贾可布来回找了劳夫七八次，最后一次是第二年的6月。“他没给我时间解释我的愿望，我的无知，我的诚意，就宣告说：‘你知道吗，我们发现了原噬菌体的诱导！’我说：‘喔！’尽我所能表现出崇拜的样子，心想：‘原噬菌体是什么鬼？’……接着他问：‘你有兴趣研究噬菌体吗？’我结结巴巴地说这正合我意。‘好，9月1日来吧！’”贾可布走到街上，马上到书店找字典查，但是都没查到这几个字。原噬菌体（prophage）是潜伏在细菌中没有发作的噬菌体。当时劳夫正在研究这个新奇的现象。普通的字典当然不会有这几个字。

酶适应假说

第二次世界大战期间，莫纳德在培养大肠杆菌的时候观察到一种奇怪的生理现象。他把两种糖类同时加入培养液培养大肠杆菌，发现大肠杆菌会先消耗其中一种糖（葡萄糖是第一优先），消耗完了之后，生长会停滞一下，然后再开始消耗另一种糖，继续生长。

奇怪，为什么要消耗掉一种糖才消耗另一种糖呢？为什么不一起消耗？为什么在转换的过程中生长会停滞一下呢？莫纳德把这些结果给劳夫看，劳夫认为这是一种“酶适应”的现象，也就是原来有个细菌用一种酶消耗第一种糖；当第一种糖消耗完了，这个酶就要花一点时间适应，改变它的专一性，才能消化第二种糖。莫纳德说，这席谈话是他人生的一个转折点。从此，他就开始研究这个“酶适应”的机制。

劳夫认为，酶是由次单元组成的，当它碰到可以催化的“受质”（例如葡萄糖），结构就会被受质改变，获得催化代谢该受质的能力；等到这个酶碰到另一种受质（例如乳糖）的时候，又会被这个受质改变，获得催化代谢后者的能力。当葡萄糖和乳糖同时存在的时候，葡萄糖的竞争力比较强，会优先促成酶的适应来代谢葡萄糖；要等到葡萄糖用完了，乳糖才得以引起酶的适应。

这些可以改变酶的活性的物质（葡萄糖和乳糖）称为“诱导物”。

根据这个“酶适应”的模型，推论受质就是诱导物，诱导物就是受质。这个推论可以用来测试这个假说，也就是说，会不会有的诱导物不是受质，或者有些受质不是诱导物？如果有的话，这个假说就不成立。

他们决定进行这样的测试。他们到英国和德国合成一些乳糖的类似物，拿回巴黎测试。结果发现有些类似物是受质也是诱导物，但是有些是受质却不能诱导，更有些能诱导但不是受质。后者很有用，被称为“免费的诱导物”，因为它们可以诱导酶的活性，却不会被消耗掉。其中最有名的是一个简称为IPTG的化合物。IPTG(异丙基-β-D-硫代半乳糖苷)成为很重要的研究工具，直到今日。

“免费的诱导物”推翻了酶适应模型，但是莫纳德很高兴，因为他从歧路被拉回来了。虽然如此，他们需要一个新的模型，或许也需要新的策略。

对科学家来说，推翻一个假说本身就是很可喜的事情。要证明一个假设正确很困难，但是要推翻它却很容易。这是著名学术理论家和哲学家波柏(Karl Popper)的一项核心思想“真伪不对称性”，意思是说，真很难证明，伪却很容易证明。例如，我们要证明“绵羊都是白色”这个假说是正确的非常困难，即使观察了100万只白绵羊也不能下定论，因为只要接下来发现1只黑绵羊，假说就泡汤了。100万只白绵羊也没有办法证明这个假说的“真”，1只黑绵羊就可以证明这个假说的“伪”。这就是“真伪不对称性”。

“真伪不对称性”反映大部分科学实验的特质：好的科学理论必须能够用实验测试它的“伪”。测试的结果通常只能推翻或者不推翻，无法证明它的正确，很少有模型可以用实验直接证明。反过来，推翻就比较容易，所以如果你发现一个个新模型或新的理论，第一件要尝试的事情就是可否用实验推翻它。费曼也说：“我们要设法证明我们错，越快越好，因为只有这样，我们才有进步。”

遗传学铺路

20 世纪 50 年代，美国的赖德堡夫妇找到三个与乳糖代谢有关的基因：lacZ、lacY、lacA。这三个基因相邻在一起，形成一个基因座，排列的顺序是 lacZ–lacY–lacA。lacZ 编码“β－半乳糖苷酶”（β-galactosidase），lacY 编码“半乳糖苷通透酶”，lacA 编码“转乙酰酶”。其中最重要的是 β－半乳糖苷酶，它负责催化乳糖代谢的第一步，把乳糖（一种双糖）分解成葡萄糖和半乳糖（单糖）。大肠杆菌有这种酶就可以消化乳糖。赖德堡的实验室在研究纯化和测量这个酶的方法。

他们分离出一些无法代谢乳糖的大肠杆菌突变株（lac^-），定出这些突变的遗传位置。之后，他们和巴斯德实验室都分离出不需要诱导物就可以表现上述三个酶的突变株，并将其命名为 $lacI^-$。

野生型（$lacI^+$）的大肠杆菌需要在培养基中添加受质乳糖或诱导物（例如 IPTG），才可以看到 lacZ 和 lacY 编码的酶出现。$lacI^-$突变株却不需要添加受质乳糖或诱导物，就可以看到 lacZ 和 lacY 的产物。$lacI^-$突变的位置接近 lac 基因座（lacZ–lacY–lacA），但不连在一起。

诱导物的本质

lacI 应该是个调节基因，乳糖代谢的一个重要枢纽。它在诱导的机制中扮演怎样的角色呢？

莫纳德起初认为$lacI^-$突变株会在细胞内合成一种“内在诱导物”，这个内在的诱导物可以取代外加的诱导物（如乳糖或 IPTG），所以$lacI^-$突变株不需要外加诱导物就能够激发 lacZ 和 lacY 的活性。这个假说最后被证明是错的，推翻这个假说的是他们自己做的实验，一项昵称为“PaJaMo”的实验。

“PaJaMo”代表三位研究者的姓，念起来像 pajama（睡衣）。Ja 是贾可布（Jacob），Mo 是莫纳德（Monod），Pa 则是一位访问学者巴迪（Arthur Pardee）。巴迪以前是鲍林的学生，1947 年毕业，1950 年到莫纳德的实验室进修。PaJaMo 实验是在 1957 年秋天到冬天完成的，论文发表于 1959 年。

PaJaMo 实验利用了渥曼和贾可布的 Hfr 接合实验策略。当接合发生，Hfr 的染色体进入 F^- 细胞后，接下来的几个小时中，F^- 细胞里除自己的染色体之外，还有一段 Hfr 的染色体片段。Hfr 片段过了一段时间之后才会逐渐消失。在 Hfr 片段消失之前的这段时间，F^- 细胞可以说是处于"部分双倍体"的状态，就是 Hfr 片段携带的基因在细胞中有两套，一套在 Hfr 片段上，一套在染色体上。这个"部分双倍体"阶段给巴迪等人提供了一个机会，观察 $lacI^-$ 的功能角色，也就是说当 $lacI^+$ 和 $lacI^-$ 同时存在于细胞中的时候，会发生什么事。

PaJaMo 实验的设计是这样的（图 9–4）：Hfr 染色体携带野生型的 $lacZ^+$ 和 $lacI^+$，F^- 染色体携带 $lacZ^-$ 和 $lacI^-$ 两个突变株。lac 基因座在接合后 17 分钟左右进入 F^-。巴迪等人要问的就是，这个时候 β–半乳糖苷酶会不会出现？

F^- 本来就是 $lacZ^-$，所以不论有没有诱导物，都不会制造 β–半乳糖苷酶。Hfr 是 $lacZ^+$，但是它也是 $lacI^+$，所以没有诱导物存在的话也不会制造 β–半乳糖苷酶。当 Hfr 的 $lacZ^+$ 进入 F^- 之后，就为后者提供制造 β–半乳糖苷酶的能力，但是它同时面对 Hfr 片段带进来的 $lacI^+$ 以及 F^- 染色体上的 $lacI^-$，前者要抑制它，后者让它不受抑制。到底哪一个会赢？

根据莫纳德的"内在诱导物"模型，$lacI^-$ 会赢，因为它会制造内在诱导物，让 β–半乳糖苷酶开始产生。结果他们看见接合进行不久，β–半乳糖苷酶虽然开始产生，但是两小时后就停止了。如果他们此时加入诱导物 IPTG，β–半乳糖苷酶就会持续产生。这些结果推翻了"内在诱导物"模型，因为如果 $lacI^-$ 会制造内在诱导物，β–半乳糖苷酶就应该一直制造，不需要 IPTG 的诱导。

这个结果显示 $lacI^+$ 是显性的，它会抑制 β–半乳糖苷酶的制造。巴迪等人认为，$lacI^+$ 会产生一种抑制 lac 基因座表现的物质，而 lacI⁻突变失去制造这个抑制物的能力。当 lacZ⁺和 lacI⁺进入 F⁻的时候，细胞中没有抑制物，而进来的 lacI⁺还来不及制造抑制物，所以 β－半乳糖苷酶就开始产生，大约两小时后，lacI⁺制造了足够的抑制物，才阻止了 β－半乳糖苷酶的制造。

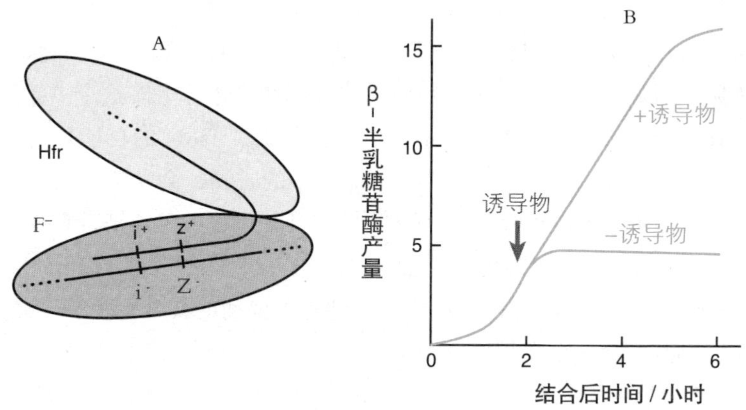

图 9-4 PaJaMo 实验。(A) 实验设计：让 Hfr 的染色体将 lacZ⁺(z⁺)和 lacI⁺(i⁺)带入 F⁻接受者的菌体中，接受者本身的染色体携带的是 lacZ⁻(z⁻)和 lacI⁻(i⁻)。这样的部分双倍体会不会制造 β- 半乳糖苷酶？(B) 实验结果：接合发生不久，β- 半乳糖苷酶就开始产生，但是大约两小时后就停止。如果此时加入诱导物 IPTG，β- 半乳糖苷酶就继续产生。

lacI 制造的抑制物质，巴迪等人将其称为“抑制物”（repressor），lacI 则称为“抑制物基因”。

智慧的交集

根据这些结论，他们开始建构一个“乳糖操纵组”（lac operon）模型。乳糖操纵组含有两种基因，“结构基因”和“调节基因”。结构基因是 lacZ、lacY 和 lacA，它们编码具有特定生理功能的蛋白质；

调节基因只有一个——lacI，它产生抑制物来调控结构基因的表现。抑制物如何同时调控三个结构基因呢？他们提出结构基因旁边有一个“操作子”（operator）序列，是抑制物辨认和附着的地方。当抑制物附着到操作子上，三个结构基因一起受到抑制。诱导物的角色是和抑制物结合，使后者失去抑制能力。受质是诱导物，类似受质的化合物（例如 IPTG）只要能够附着到抑制物上，阻止它和操作子结合，也可以是诱导物（图 9–5A）。

根据这个模型，操作子应该也会产生突变，使抑制物无法附着，使得结构基因不受抑制物控制，也就是说 β–半乳糖苷酶会不停地产生，即使诱导物不存在。贾可布开始寻找这样的突变株，亦即没有诱导物的存在下仍然不停制造 β–半乳糖苷酶的突变株。他成功找到了，而且定出这个操作子突变的位置，就在 lacZ 旁边（图 9–5B）。

于是，乳糖操纵组的模型更完备了。它的基本假设都经得起日后的考验。之后一些细节需要调整，例如他们原来提出抑制物是 RNA

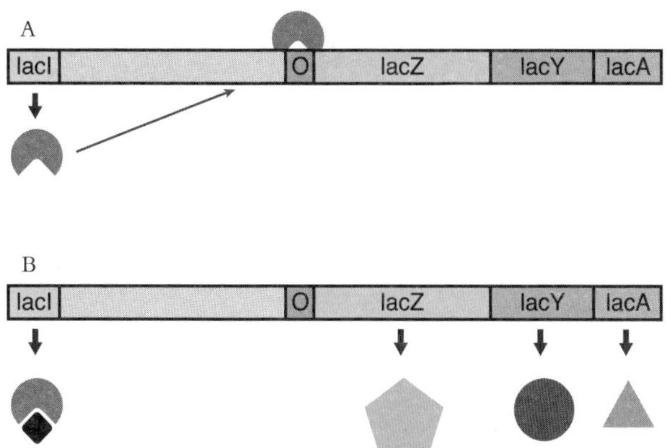

图 9–5 乳糖操纵组模型。（A）lacI 产生一种抑制物，抑制物附着到操作子（O）上，抑制右侧三个结构基因的表现。（B）诱导物（黑色菱形）的出现会附着抑制物，使抑制物无法附着到操作子上，三个结构基因就得以表现。

分子，两三年后就被实验证实是错误的。抑制物是蛋白质，是 lacI 基因编码的蛋白质。这个蛋白质对诱导物有专一的亲和力，被附着后就失去附着操作子的能力。

整个乳糖操纵组系统渐渐被研究得非常透彻，成为其他细菌基因调控的经典模型。后来遗传工程技术快速发展，科学家寻找一个能够调控转殖基因的工具，乳糖操纵组自然就变成最好的选择。

在巴斯德研究所，贾可布与莫纳德的无间合作是一段传奇。他们 1949 年相遇之后，就一直密切合作，两人特别喜欢一起吃午餐时讨论。贾可布比较擅长遗传实验，莫纳德做生化实验比较好；贾可布直觉比较好，莫纳德逻辑比较强。莫纳德喜欢在实验前就先严谨地思索可能的结果，以及这些结果可能具有的意义，就好像一位优秀的逻辑学家和棋手；贾可布则是一位非常杰出的实验家。莫纳德会说："如果是对的，结果就会是这样子，那可以测试。"贾可布会很快找到实验方法。

这样长达 7 年的强烈智慧交集，让他们共同发表了 22 篇论文。1965 年，他们和劳夫一同获得诺贝尔奖。

溶解的诱导

正当贾可布和莫纳德努力研究乳糖操作组模型的时候，隔壁实验室的渥曼和劳夫也忙着研究"潜溶"现象。前面（第 4 章）提过，渥曼双亲和他都研究一种细菌的"潜溶"现象。潜溶是"温和型"的噬菌体造成的。温和型的噬菌体进入细菌之后，不一定会杀死细菌，有时候它会进入潜伏期，安静地留在细菌中。这样和宿主和平共处的噬菌体，称为"原噬菌体"。

原噬菌体留在宿主细胞中，一直到特殊情况出现后（例如细菌死亡），它才大量复制，打破细菌细胞而释出（称为"溶解作用"，lysis）。所以，培养潜溶细菌的培养液中偶尔会出现一些死细胞所释出的噬菌体。美国的科学家很少研究"潜溶"，他们大都研究"猛爆型"

的噬菌体。T1~T7 噬菌体都是猛爆型的噬菌体，这些噬菌体不会走潜溶的途径。

劳夫选择一种叫作“巨大芽孢杆菌”的细菌做潜溶的研究，因为它体积很大（是最大的细菌之一），在显微镜下很容易观察。劳夫把单一的细菌养在水滴中，用显微镜观察。他说：“我决定研究单一的细菌。理由很简单，我不喜欢算术，我没有天分，而且我要尽可能避开公式、统计分析还有微积分。”

劳夫不厌其烦地尝试各种东西来诱导溶解作用，都没成功。直到 1959 年，他看到隔壁贾可布在用紫外线诱发大肠杆菌突变，就拿紫外线来尝试，结果居然成功了。紫外线诱导的效果和再现性都很好，可以让几乎所有细菌都发生溶解作用。这一现象表示潜溶是整个细菌族群的特性，不是发生在单一细菌中的偶发事件。他把这个结果告诉戴尔布鲁克，戴尔布鲁克马上成功重复这个实验，这时候才相信潜溶现象。

赖德堡本来也不相信潜溶现象。但是 1950 年，他的太太伊丝特意外发现他们用的 K12 竟然也是潜溶性的，会在培养过程中释放出一种噬菌体。她称这噬菌体为“λ”，带有 λ 潜伏的 K12 就称为 K12λ。前述班瑟研究 T4 噬菌体 rⅡ 突变的时候，就用这株大肠杆菌作为宿主之一。

潜溶就这样渐渐被大家接受。但是这到底是怎么回事？潜溶细菌里的噬菌体到底在哪里？它到底处于什么状态？为什么有时候又会造成宿主细胞的溶解作用而跑出来？

答案竟然就来自隔壁渥曼的实验室。贾可布和渥曼在进行“交配打断”的实验（见第 4 章），他们用的 Hfr 菌株碰巧就是 K12λ，带有 λ“原噬菌体”。除观察到 Hfr 染色体上的基因依序进入 F^-菌株之外，他们还观察到 λ 进入 F^-细胞后就发生溶解作用，导致细胞死亡以及噬菌体的释出。他们发现 λ 的 DNA 显然是嵌入大肠杆菌的染色体某个特定的地方，和 Hfr 片段上面的基因一样，遵循一定的时间和顺序进入 F⁻菌株。它一进入新的宿主，就启动溶解作用，杀死宿主，除非 F⁻菌株已经有潜伏的 λ“原噬菌体”。

为什么 λ 在潜溶的宿主中不会发作，进入新的宿主才发作呢？这不是有点像 PaJaMo 实验的情境吗？ PaJaMo 实验中，lacZ 进入新的细胞中后马上制造酶，要过一段时间才被 lacI 生产的抑制物所抑制。是否潜伏的 λ“原噬菌体”也有抑制物在抑制它，不进行溶解作用？当它进入新细胞的时候，新细胞没有抑制物可以抑制它，就造成溶解作用？

贾可布和渥曼接下来几年的研究，证明这个想法是对的。λ 的“潜溶”机制竟然和贾可布与莫纳德的“乳糖操纵组”机制一样，都是由一个抑制物操控。λ 的抑制物是 λ 自己的基因制造的，当 λ 潜伏在 K12λ 中，染色体会嵌入宿主的染色体中（形成原噬菌体），它制造的抑制物会附着在 λ 染色体特定的操作子上，抑制 λ 的基因表现，维持潜溶状态。当 Hfr 染色体把 λ 原噬菌体送入 F⁻菌株中，后者没有抑制物，原噬菌体就活跃起来，开始进行溶解作用。

就这样，1953 年渥曼从美国带回来 HfrH 菌株（还有果汁机），几年内就在巴斯德研究所立下三项大功。第一，大肠杆菌的交配打断实验厘清了染色体传递的模式，并且建立了染色体的遗传地图（见第 4 章）。第二，帮助贾可布和莫纳德建立乳糖操纵组的调控模型。第三，实验更进一步延伸到劳夫的潜溶现象。三项研究交集在一起，真是让人高兴。

第 10 章 糖水与指甲

1949 — 1976

如果你太草率，你就得不到可重现的结果，你也就无法下任何结论；但是，如果你正好有一点马虎，那么当你看见奇怪的事情的时候，你会说："哦，老天，我做了什么事？这次我有什么做得不一样吗？"如果你真的无意中只改变了一项参数，你就会追究出缘故……我称它为"有限度的马虎原则"。

——戴尔布鲁克

DNA 可以被修复

DNA 双螺旋结构的发现是分子生物学的分水岭。在后双螺旋时代，基因研究进入具体的物理世界。基因信息的储藏以及基因复制的机制都有分子的理论基础，虽然还不完备，也还没有厘清，但是没有一个地方出现明显的谜团。

薛定谔在《生命是什么？》一书中提出的主要疑问，是单分子的基因（DNA）为什么那么稳定。针对这个疑问，DNA 双螺旋结构模型并没有提供明显的答案或线索。唯一能够想象的是 A–T 与 G–C 的配对或许可以提供一种协助修复的机制，意思是说如果有一股 DNA 的 A 掉落了，需要重新添加一个新的 A 上去，对面的 T 就提供模板，补上正确的核苷酸（A）。这样的修补机制存在吗？

辐射线照射的生物效应，在 20 世纪 20—30 年代渐渐被发现。1926 年缪勒发现 X 射线可以造成果蝇的死亡和突变（见第 2 章）。两年后艾腾伯（Edgar Altenburg）发现紫外线也有同样的效果。至于细胞有能力修复这些辐射造成的伤害的事实，还要等 20 多年才被发现。

1949 年，冷泉港实验室主任德默莱兹（Milislav Demerec）的博士后研究员克尔纳（Albert Kelner）无意中在链霉菌（一种土壤细菌）中发现一种修复紫外线伤害的机制。克尔纳在实验室用紫外线照射链霉菌，制造突变。他发现紫外线的杀菌力实验波动很大，但不知道是什么原因。最后他发现是日光灯的关系。被日光灯照射过的链霉菌存活的数目比没被照射过的链霉菌高出很多。原来是可见光的照射帮助链霉菌修复紫外线的伤害。这个现象被称为“光再活化”（photoreactivation）。克尔纳后来陆续发现大肠杆菌和一些霉菌，也有光再活化现象。

光再活化现象令人迷惑。再活化的机制是出于可见光本身的作用吗？或者是细胞中某个酶在可见光刺激下的作用？根据后者的假设，1958 年鲁伯特在大肠杆菌中发现这样的酶。他利用嗜血杆菌的转形系统做测试。他将紫外线照过的嗜血杆菌 DNA，放入大肠杆菌的萃取液中，再用蓝光照射，结果 DNA 的转形效率大幅提高。没有照射蓝光的没有效果，显然大肠杆菌萃取液中有一个可以进行光再活化的酶。

鲁伯特继续研究这个酶的特性，发现它是一个很奇妙的酶。它会修复紫外线在 DNA 造成的一种叫作嘧啶二聚体（pyrimidine dimer）的产物。嘧啶二聚体是 DNA 同一股上下两个嘧啶（两个 T、两个 C 或者一个 T 和一个 C）以共价键连接起来的聚合物。它会阻碍 DNA 的复制，还会造成突变。鲁伯特发现的酶会辨识嘧啶二聚体，附着在上面，在蓝光的照射下，将两个嘧啶分开，恢复原状。这个酶本来取名为“光再活化酶”（photoreactivation enzyme），现在改称“光裂合酶”（photolyase）。

鲁伯特的研究首次显示 DNA 修复机制的存在，开启了 DNA 修复的生化研究。在他之后，其他不依赖可见光的修复机制也陆续在很多生物中发现。1970 年鲁伯特在得克萨斯大学达拉斯分校的土耳其学生桑卡（Aziz Sancar）分离出这个酶并编码它的基因。

桑卡毕业后，在耶鲁大学研究发现另一种 DNA 修复机制“核苷酸切除修复”。催化修复反应的这个酶会在受伤的碱基的两侧各切一刀，将十几个核苷酸（包括受伤的）移除之后，再用 DNA 复制酶（见下文）将空缺补起来。桑卡找到编码这个酶的三个基因。

桑卡的实验室也继续做有关光裂合酶的研究。通常蛋白质不会吸收蓝光，所以他们推论光裂合酶应该有一个会吸收蓝光的辅因子（cofactor）的参与。光裂合酶在细胞中的数量很少，只有十几个。所以他们就分离出光裂合酶的基因，大量生产光裂合酶。结果他们在纯化的酶中发现两个辅因子：叶酸（folic acid）和还原型黄素腺嘌呤二核苷酸（$FADH^-$）。他们发现是前者吸收蓝光，再将能量传递给 $FADH^-$进行嘧啶二聚体的切割。这是很奇特的化学反应。叶酸担任的角色相当于太阳能板，吸收太阳能，再将能量传递给催化机器工作。

光裂合酶还有一个奇怪的特性，就是会被咖啡因所抑制。在培养基中加入咖啡因，大肠杆菌的光再活化就会被抑制。当初我和桑卡在得克萨斯大学达拉斯分校的时候，常常有一群师生在夕阳下打排球，就有人戏言说："我们打球前是否不应该喝咖啡？"日后才知道人类没有光裂合酶，喝不喝咖啡不会影响 DNA 的修复。

2015 年，桑卡和同样研究 DNA 修复酶的瑞典的林达尔（Tomas Lindahl）和美国的莫卓祺（Paul Modrich）一起获得诺贝尔化学奖。

解开薛定谔的谜团

DNA 的修复机制有很多种，几乎所有的生物都有，甚至有些噬菌体的"染色体"也携带修复酶的基因。DNA 在细胞自然发生的突变，或者外在因素（包括辐射线或致变化合物）诱导的突变，都有很多不同的修复机制排队等着修复它们。这就是为什么基因虽然只是单分子，但还是"显得"很稳定。它其实不是很稳定，只是它的不稳定被修复机制遮盖住了。

DNA 修复的正确性很重要，如果不正确的话，就会产生突变。DNA 修复的正确性很多都依赖双螺旋结构。DNA 的伤害大部分都只发生在一股中。当这股的碱基或核苷酸坏了，必须置换，另一股的碱基就可以提供模板，让正确的碱基或核苷酸得以放进去。可以说 DNA 双股的碱基序列是彼此的备份，让对方受损或丧失的资讯能够正确地恢复。

此外，双倍体的真核细胞中，每一个染色体都有两套同源染色体，更添加了一层保护。如果染色体的两股序列同时丧失，另一条同源染色体也可以提供模板，让失去的序列得以恢复。

这些都是生物在漫长演化过程中获取并留下的基因维护系统，这是薛定谔没有预料到的秘密。

前所未见的化学反应

同一个时期，DNA 双螺旋结构模型的另一个启示带动 DNA 复制的研究。这是当时科学家们非常关注的课题，一是因为它的生物学重要性，二是因为它代表一种奇特的新型化学反应。

这个课题为什么奇特呢？因为“复制”是科学家从未研究过的化学机制。化学家接触到的反应通常都是一种反应物变成另一种产物，没有见过反应物会复制，由一个变成两个。面对这种新型的化学反应，化学家没有前例可援引，必须从基本的机制思考。华生和克里克提出的互补的复制机制是对的吗？如果是对的，那么如何复制？细胞用什么酶催化 DNA 的复制呢？

这个问题吸引了鲍林的最后一个研究生梅塞尔森（Matthew Meselson）的注意。DNA 双螺旋结构模型问世那年（1953 年），梅塞尔森刚进入加州理工学院鲍林的实验室，他的研究题目是一个含有肽键的化合物的晶体结构。肽键是蛋白质中氨基酸之间的键结，鲍林要他研究分子中肽键的结构。

隔年 3 月，法国巴斯德研究所的莫纳德到加州理工学院做了一场演讲，提出一个有趣的问题：当乳糖出现的时候，细菌细胞中会出现分解乳糖的酶活性。这个活性是来自细胞新合成的酶，还是由本来在分解别的糖的酶改变而来的？换句话说，新的活性是来自新的酶还是旧的酶？（见第 9 章）

梅塞尔森听了演讲，心想：这个问题说不定可以用同位素做实验来回答，亦即用不同的同位素标记旧的（乳糖出现前）蛋白质和新的（乳糖出现后）蛋白质，这样就可以追踪判断新的活性是来自旧的蛋白质还是新的蛋白质。那么，有什么同位素可以用呢？那个时代，最常用的同位素是重水，重水含氢的同位素“氘”（重量是氢的两倍），是当时原子能工程很重要的材料。梅塞尔森发现真的有人用重水培养细菌和海藻，重水中的氘会出现在细胞的有机化合物中，这些化合物就比平常的化合物重。鲍林认为他的想法很好，但他对梅塞尔森说：

“你应该先做你的论文研究。”

之后有一天，梅塞尔森去找戴尔布鲁克，后者问他对华生和克里克的两篇有关双螺旋结构模型的论文看法如何。梅塞尔森说他没看过，戴尔布鲁克就把他赶出办公室，叫他念完论文再来跟他谈。等梅塞尔森看完论文，也掌握了一些 X 射线衍射晶体图学后，就又去见戴尔布鲁克，戴尔布鲁克才和他讨论 DNA 的复制问题。梅塞尔森发现用重水标记蛋白质的想法，应该可以用来研究 DNA 的复制，便决心进行这项研究。

华生此时也在加州理工学院，经常和梅塞尔森见面，华生很看好他。1954 年，华生应邀到伍兹赫尔海洋研究所参加“普通生理学”暑期课程的教学，他邀请梅塞尔森帮忙。在那里，梅塞尔森遇见未来的研究伙伴史塔尔（Frank Stahl）。史塔尔正在纽约罗彻斯特大学多尔曼（August Doermann）的实验室进行有关噬菌体的博士论文写作。他在 1953 年就听过华生演讲的 DNA 双螺旋结构。他与梅塞尔森相见，两人惺惺相惜。刚好史塔尔已经安排好毕业后要到加州理工学院加入戴尔布鲁克的团队，成为贝尔塔尼（Giuseppe Bertani）的博士后研究员。梅塞尔森就向他提议，将来一起合作研究 DNA 的复制。

隔年，史塔尔完成博士论文，来到加州理工学院。两人一起租屋同住，时常在一起讨论问题。

三个模型

那时候，梅塞尔森和史塔尔面对的是三个不同的 DNA 复制模型（图 10–1），他们的目标是厘清哪一个才是正确的。

第一个模型是华生和克里克所提出的“半保留复制”。在这个模型中，复制的时候两股分离，各自当作模板来合成新的一股。如此就得到两个新的双螺旋，各带一股旧的 DNA 和一股新合成的 DNA。

第二个模型是“保留复制”（conservative replication）。在这个模型中，亲代的 DNA 两股没有分开。复制后也是如此，新合成的 DNA

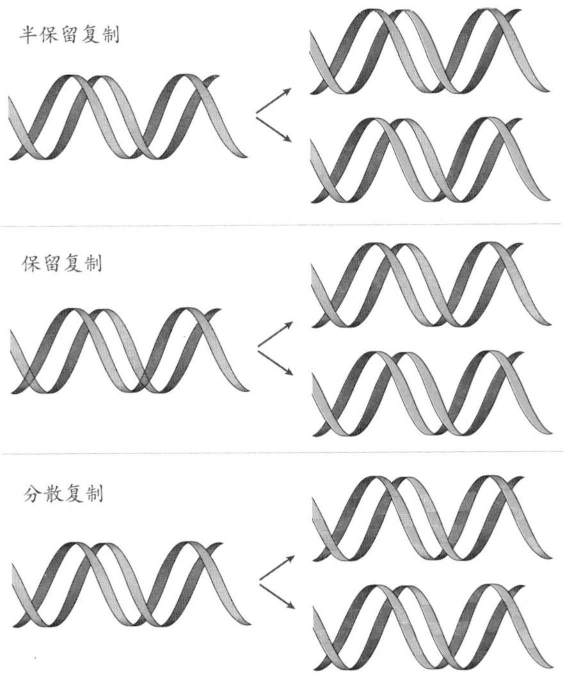

图10–1　20世纪50年代关于DNA复制方式的三个模型。

两股都是新的。

第三个模型戴尔布鲁克提出的“分散复制”（dispersive replication）是。在这个模型中，复制后的DNA旧成分和新成分掺杂在一起，同一股有新的部分也有旧的部分。这个奇怪的模型，是为了解决两股互相缠绕所引起的问题。

华生和克里克在他们第二篇有关DNA双螺旋结构的论文中，就提出缠绕的问题。亲代的DNA两股互相缠绕着，如果没有其他变化，复制后的新DNA仍然互相缠绕在一起。如果复制中的DNA两股带着已经复制好的子代双股DNA朝反方向绕，来解开缠绕，它面临的是一项不可能完成的任务。即使是简单的细菌染色体，也有大约 100 万个核苷酸对，复制时需要解开 10 万圈的缠绕。细菌染色体复制速度大约为每秒钟 1000 个碱基对，也就是每秒钟要绕 100 次。在黏稠的细胞质中拖曳着数十万个核苷酸对的 DNA 进行如此超高速旋转，所需的能量是天文数字。

针对这个问题，戴尔布鲁克提出上述“分散复制”模型（图 10–2）。根据这个模型，复制过程中每隔一段长度，DNA 两股就会发生断裂与重组，亲代 DNA 和新合成的 DNA 之间发生交换，解决缠绕的问题。在这个模型中，复制之后的子代 DNA，两股都有新的 DNA 也有旧的 DNA。

梅塞尔森的构想是用不同的同位素来标记旧的 DNA 和新的 DNA。如果 DNA 的复制是“半保留”的，那么复制后每个子代 DNA 会带着

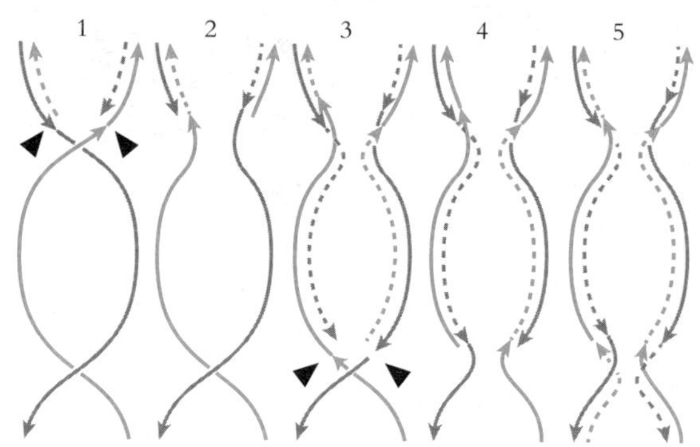

图 10–2 戴尔布鲁克的“分散复制”模型。实线代表亲代的 DNA，虚线代表新合成的 DNA，箭头标示 5' 至 3' 的方向。（1）复制从上往下进行，为了解开缠绕，亲代 DNA 在箭头处发生断裂。（2）断裂的亲代两股分别接上新合成的两股。（3）接下来新合成的 DNA 接在亲代的两股上，之后发生再次断裂。（4）亲代两股与新合成的两股再次连结。（5）如此循环继续进行。（重绘自戴尔布鲁克 1954 年发表在美国《国家科学院学报》上的论文。）

一半旧同位素和一半新同位素。如果复制是“保留”的，那么复制后亲代分子还是不变，带着旧的同位素，另一个分子则带着新的同位素。如果 DNA 的复制是“分散”的，那么复制后每个子代 DNA 都是一半旧同位素和一半新同位素。“分散”和“半保留”一样，子代 DNA 都是半旧半新。不过前者是两股都半旧半新，后者是 一股旧一股新。

梅塞尔森计划要用没有放射性的稳定同位素来标记 DNA，依赖同位素的质量差异来区分 DNA 分子。譬如旧的分子用轻的同位素标记，新的分子用重的同位素标记，那么旧分子会比较轻（密度比较低），新的分子会比较重（密度比较高），半旧半新的分子的重量（密度）会在两者之间。

这个策略的关键，在于如何用重量或密度的差异来分辨或分离这些不同类的分子。这样的技术不存在，也没有人尝试过。要怎么进行呢？

实验从餐桌开始

用重量来区分 DNA 分子的条件是 DNA 分子必须一样长；用密度来区分则不受限于同样长度的 DNA，即使实验过程中 DNA 断裂成不同长度也没关系。但是分子的密度如何测量呢？分子不像宏观世界的物体，可以先测量体积和重量，然后算出密度。测量分子密度的一个方法就是把它放在不同密度的溶液中，如果它的密度高于溶液的密度，就会因为重力作用而下沉；如果它的密度低于溶液的密度，就会因为浮力而上升；如果两者的密度相等，它就会不动。

可是 DNA 的密度是多少呢？要用什么密度的溶液来测试呢？

他们一开始在家里尝试。梅塞尔森回忆说：“第一个实验，我们在餐桌上做……我放很多糖到玻璃杯中，加满水，然后剪下一片指甲丢进去，只是要看它会不会浮起来……我们不知道 DNA 真正的密度是多少……指甲还算类似吧。我没记错的话，在最浓的糖水中，指甲也沉了。我们需要密度更高的东西……我们走到客房挂的周期表前……念出周期表上的每一个元素。”

DNA 的密度没有人知道，但是噬菌体（史塔尔的专长）的密度是 1.51。于是他们查阅了《化学与物理学手册》，寻找密度接近 1.51 的溶液或溶剂。他们找到 10 种盐溶液、糖溶液和甘油，就拿这些溶液做离心实验。

为什么要用离心机？因为分子在溶液中除了重力作用造成的沉浮之外，还会向四面八方扩散。扩散的速度如果超越重力或浮力的拉引，这个分子就不会下沉，也不会浮起。一般溶于水中的糖、盐、咖啡、奶粉（包括里面的蛋白质），甚至病毒（包括里面的 DNA）都如此。它们虽然密度都比水大，但在一般重力（1G）下也不会在水中下沉，就是因为扩散在“作祟”。

离心机的用处就是提供几万甚至几十万个 G 的重力场来拉曳这些分子，让它们下沉或上浮的速度显著大于扩散的速度，这些分子才会下沉或上浮。如此科学家才能通过分析这些分子的流体动力学，研究它们的大小、形状、密度等性质。

离心沉浮

当时加州理工学院有一位离心方面的专家维诺格拉德（Jerome Vinograd），梅塞尔森求助于他。维诺格拉德倾囊相授，教他使用当时最热门的 Spinco Model E 机型。

Model E 是属于“分析式超高速离心机”（图 10-3A），非常庞大。离心速度可以高达每分钟 6 万转，相当于 289000 G 的离心力。它备有即时照相系统，可以在离心进行时用光学系统拍摄离心管中分子的位置。

他们起初用几种溶液离心测试 T4 噬菌体，结果 T4 都沉下去了。他们就再找密度更高的溶液，发现氯化铯（CsCl）饱和溶液的密度是 1.91，就拿来做离心实验，没想到 T4 浮起来了。这就有希望了。

梅塞尔森他们还发现在 Model E 超强的离心力场下，竟然连氯化铯都会下沉，不过氯化铯下沉的力量仍然无法完全克服扩散问题，因此不会完全沉到底部，只会造成一个“梯度”，也就是越靠近底部的氯化铯密度越高，越靠近上方的氯化铯密度越低。底部和顶部的密度差异，可以达到大约 0.2。

A

B

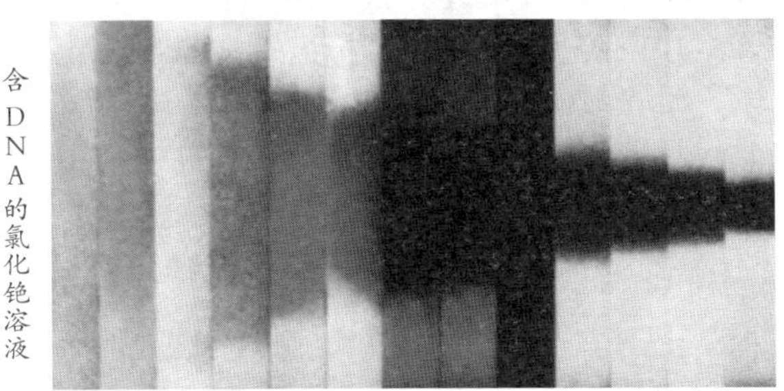

图 10-3 超高速离心机的应用。(A) 维诺格拉德（左）、梅塞尔森（右）分别于 1955 年、1958 年和巨大的 Model E 离心机合照。(B) DNA 本来均匀溶解在氯化铯溶液中（0 小时），在 Model E 中以每分钟 31410 转的速度离心，经过 30 多个小时后，氯化铯形成密度梯度，DNA也在相当于自己密度的地方形成一个“带”。

这样的梯度不就可以用来分离不同密度的DNA吗？让DNA在这样的氯化铯梯度中离心，不同密度的DNA不就会停留在与它们密度相同的位置吗？

首先他们测试单一的DNA样本在一个适当密度（1.7）的氯化铯溶液中的离心情况。从拍摄的照片来看，DNA真的慢慢往中间移动，最后形成一条“带子”（图10–3B）。显然当氯化铯溶液形成密度梯度的时候，DNA也往与它同等密度的位置移动，最后聚集在相等密度的区域。成功了！DNA在氯化铯溶液中的密度显然是1.7。

下一个目标就是尝试用氯化铯梯度离心技术，分离出不同密度的DNA分子。从理论上讲，密度较高的DNA会聚集到氯化铯密度较高的位置；密度较低的DNA会聚集到氯化铯密度较低的位置。

要测试这个构想，先要取得不同密度的DNA。1957年5月，梅塞尔森看到有一家公司在卖氮（N）的同位素 ^{15}N。^{15}N 没有放射性，只是重量高于一般的氮元素 ^{14}N。DNA的碱基中含氮，所以 ^{15}N 可以用来标记DNA，得到密度较高的DNA。但是梅塞尔森担心这样的密度差异太小，无法在离心梯度中分开。所以他决定先试用胸腺嘧啶（T）的类似物5–溴尿嘧啶（5-bromouracil, 5–BU），它的重量比T大很多，结果5–BU标记的DNA和T标记的DNA在氯化铯梯度中分开太远。另外，5–BU容易造成突变，于是他们改用 ^{15}N 取代5–BU，发现 ^{15}N 和 ^{14}N 标记的DNA可以很好地分开，就决定使用 ^{15}N 做实验。

复杂的比较简单

接下来的问题是，拿什么生物做复制实验呢？他们首先尝试噬菌体T4，因为噬菌体容易大量培养，DNA也很容易纯化。可是，没想到他们所得到的结果很杂乱，不同密度的DNA没有明确的分布，无法得到确切的结论。其中一个因素应该是噬菌体在感染的细胞中复制不止一次，实验收集到的子代DNA也不知道是第几代的后代。另外他们当时并不知道的是，T4的DNA在复制过程中会进行大规模的交换，所以他们观察的子代不但已经复制多次，还发生过重组，怪不得会产生杂乱的结果。9 月，他们改用大肠杆菌做实验，乍看之下系统变得更复杂，其实结果刚好相反。他们成功了。

10 月份，史塔尔要到密苏里州应征新工作，梅塞尔森不想等待，决定单独做实验。史塔尔建议他分两次做，第一次先在 ^{14}N 培养基中培养细菌（合成旧的 DNA），再换到 ^{15}N 培养基中培养（合成新的 DNA）；第二次反过来做，先在 ^{15}N 培养基中培养，再换到 ^{14}N 培养基中培养。不要两个实验一起做，因为单独一个人同时做两个实验会手忙脚乱，容易把样本搞混。梅塞尔森没听他的建议，两个实验一起做，结果真的搞混了。不过，他说："我洗出照片，看到三条明显的带。我知道应该只有两条带才对。我把样本搞混了。但是看到三条清晰的带，特别是中间的那一条，我就知道答案了。"

第二天，他再做一次，这次学乖了，只做一个，从 ^{14}N 培养基中换到 ^{15}N 培养基中。11 月，史塔尔回来了，他们两人再做另一个，从 ^{15}N 培养基中换到 ^{14}N 培养基中。这两次都成功了。

生物学最美丽的实验

他们的实验结果很清楚地显示，在 ^{15}N 培养基中培养出来的细菌抽出来的 DNA，在离心机中形成一个"带"（图 10-4，0 代）。换到 ^{14}N 培养基中生长，过了一代之后，萃取出来的 DNA 在离心机中形成一个密度较轻的"带"（1.0 代）。这个结果排除了"保留复制"，因为如果 DNA 复制方式是保留式的话，他们应该看到一个 ^{15}N 的"带"和一个 ^{14}N 的"带"，不会只有一个带。

现在离心机中只出现一种 DNA，密度比 ^{15}N 轻，符合"半保留复制"所预期的一半 ^{15}N、一半 ^{14}N 的子代，不过这个结果并没有排除"分散复制"，因为后者产生的子代 DNA 密度也是 ^{15}N 和 ^{14}N 各一半。这个症结就有赖于下面的结果解开。

当细菌继续在 ^{14}N 培养基中生长，大约两代后，抽取出来的DNA

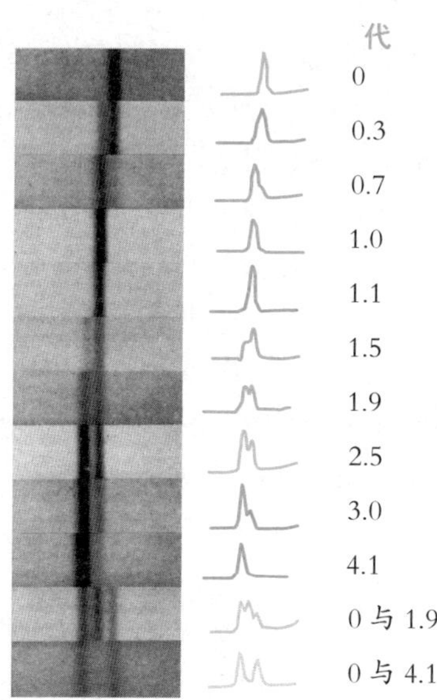

图 10-4 梅塞尔森和史塔尔于 1958 年发表的氯化铯密度梯度实验。将大肠杆菌从 ^{15}N 培养基转移到 ^{14}N 培养基（0 代）中，经过不同时间后，抽取 DNA 置于氯化铯溶液中进行超高速离心。DNA 依据密度的不同，分别在不同溶液密度处呈带状分布。经过一代后，DNA 移到密度较轻（靠左）的地方。过了两代后，又多出一带密度更轻的 DNA。

在离心机中形成两个“带”，其中一个“带”的密度和第一子代DNA的密度相同，另一个“带”的密度则更轻。这个结果是“半保留复制”所预期的，亦即当第一子代 DNA复制的时候，两股分开，一股带 ^{15}N，一股带 ^{14}N。在 ^{14}N 培养基中培养，前者会复制成 ^{15}N–^{14}N（中间密度）的 DNA，后者则复制成 ^{14}N–^{14}N（较低密度）的DNA。

这个结果排除了“分散复制”，因为如果复制是“分散”的，得到的DNA应该都还是 ^{15}N 和 ^{14}N 混在一起的分子，不会出现两个分开的带。

总之，DNA的复制显然符合“半保留”模型，正如华生和克里克所提出的。

得到这些令人兴奋的结果，他们拿着照片到处告诉别人，和他人讨论，却迟迟不发表。此时有一部新的 Model E 到达，梅塞尔森又开始做新实验，没有要动笔把这些结果写成论文的意思。

戴尔布鲁克终于忍不住，叫他们把笔记本、照片、草稿和打字机打包，开车送他们到科罗纳德尔玛尔（Corona del Mar）的海洋生物学研究站，把他们关进一间房间，要他们留在那里直到写完论文为止。三天后，他们完稿了。史塔尔带着全家到密苏里州就任新职，梅塞尔森则留在学院，在鲍林实验室完成博士论文。

这篇 1958 年发表的经典论文，撰写的风格非常独特。梅塞尔森和史塔尔没有先提出三个DNA复制模型，再根据它们设计实验来测试，而是直接描述如何用他们发展的氯化铯梯度离心技术，来分离不同密度的DNA，然后搭配氮的同位素标记，追踪亲代DNA在复制过程中如何分配。他们从实验的结果获得的结论是：DNA 有两个含氮的“次单位”（subunit）；经过复制之后，每个子代DNA分子会接受一个亲代的含氮“次单位”。

注意，他们刻意不说两“股”，只说“次单位”。这是很合理的，因为确实没有任何实验证据支持他们观察的含氮“次单位”就代表DNA 的“股”，何况那时候 DNA 是否真的是双螺旋结构都还没有定论。即使两个含氮的“次单位”就是 DNA 的两股，它们是否像双螺旋那样两股互相配对在一起也不确定。实验结果也不排除两个次单位是头尾衔接在一起，只知道它们是可以分开、独立传递给子代的次单位。

所以，他们没有宣称这篇论文已经毫无疑问地证明了DNA“半保留复制”的模型。如果含氮的“次单位”就等于DNA的“股”，那么他们的实验结果才支持DNA“半保留复制”模型。这是他们坚守的客观立场。对于这一观点，梅塞尔森这么说：“忘掉所有的预设立场，只问数据告诉你什么；除了数据之外，什么都不听信。”

此外，有心人或许会注意到，他们这篇论文没有挂上他们老板（指导教授）的名字。事实上，华生与克里克的两篇有关DNA双螺旋结构的论文也没有挂上他们老板的名字。原因是他们发表的研究成果都是他们自己构想，自己执行完成的，老板可以说没有什么贡献，所以不会挂名。这和后来的习惯很不一样，现在的学术风气是挂名泛滥，一般只要研究是在老板的实验室做、用到老板实验室的资源，通常都会挂上老板的名字。

蚕豆实验

梅塞尔森与史塔尔的论文发表于1958年。在前一年，哥伦比亚大学赫伯·泰勒（Herbert Taylor）的实验室就已经发表了一篇同样支持DNA“半保留复制”的论文。他们观察的对象是蚕豆的染色体，使用的技术是自动放射照相术（见第4章）。1950年就有人用^{32}P（磷的放射性同位素）标记植物中的核酸，然后用自动放射照相术观察。^{32}P的放射性粒子能量大，感光效率高，不过它放射的途径长，所以解析度低，无法清楚地分辨染色体。泰勒改用氚（^{3}H，氢的放射性同位素）做实验，^{3}H的放射性粒子能量低，路径短，解析度够高，可以用来观察染色体。

泰勒的实验设计和梅塞尔森与史塔尔的实验设计可以说如出一辙，都是用同位素区分亲代和子代DNA。泰勒等人用放射性同位素，梅塞尔森与史塔尔用不具放射性的同位素。前者依赖放射性感光的底片影像鉴别，后者依赖密度梯度的离心分离。

泰勒把蚕豆的幼苗放在含有氚的胸腺嘧啶（简称^{3}H-T）培养基中培养几个小时，然后洗掉^{3}H-T，换到含没有放射性的胸腺嘧啶（T）的培养基中，加入秋水仙素来抑制细胞分裂，让染色体浓缩起来，再用自动放射照相术处理，最后在显微镜下观察结果。

他们的实验结果和梅塞尔森与史塔尔的很像。^{3}H-T标记的染色体在没有放射性的培养基中复制一次后，两套子代染色体都带有等量的放射性，均匀地分布在染色体上。这符合子代的染色体有两个次单位，复制后子代的染色体都带有一个旧的“次单位”（有放射性）和一个新的“次单位”（无放射性）。

在没有放射性 T 的培养基中再复制一次之后，就只有一套子代染色体有放射性，另一套没有放射性。这表明上一代有放射性和没有放射性的两个次单位分开，各自复制（加一个新的单位）成完整的染色体。这个结果显示这些次单位贯穿整个染色体的完整结构，能够在复制与细胞分裂过程中保持完整性。这些结果都支持 DNA 的“半保留复制”模型，但是他们和梅塞尔森与史塔尔一样，也没有充分的证据证明那些“次单位”就代表 DNA 的一股。

梅塞尔森与史塔尔还在实验室奋斗时，泰勒等人的论文就发表了。梅塞尔森与史塔尔认为他们的实验仍旧值得尝试。在那个时候，双螺旋还只是一个模型，一个很棒、很美妙的模型，还没有真正的证据支持细胞中的 DNA 就是这样的结构。如果梅塞尔森与史塔尔及泰勒等人有 DNA“半保留复制”的证据，会让 DNA 双螺旋结构模型更具体可信。

双股的证据

梅塞尔森与史塔尔的 DNA 半保留复制研究，被他们来自英国的室友凯恩兹称赞为“生物学最美丽的实验”。

凯恩兹自己也在构想如何研究细菌染色体的结构和复制。他做了下面这个实验，也帮助梅塞尔森与史塔尔支持“半保留复制”模型。他用赫胥发明的方法，从 T2 噬菌体纯化出完整的DNA分子，然后用自己专长的自动放射照相术，测量出T2的DNA长度是52微米（5.2×10^{-5} 米，图 10–5）。

在自动放射照相术的照片中，看不出来DNA有几股。不过，已知 T2 DNA 的分子量是 1.1×10^{8}。假设 DNA 是双股的话，以一个碱基

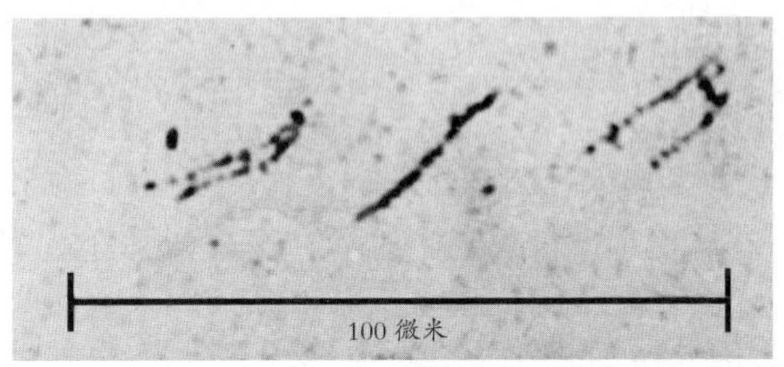

图 10–5 凯恩兹用自动放射照相术拍摄的 T2 DNA。曝光时间 63 天。横线代表 100 微米。测量出的 T2 DNA 长度平均值是 52 微米。凯恩兹的论文照片发表于 1961 年。

对的分子量大约是 680 计算，T2 的 DNA 应该有 1.6×10^5 个碱基对。再用 DNA 的碱基间距 3.4 埃（3.4×10^{-10} 米）计算，T2 DNA 的长度应该有 5.4×10^{-5} 米。这样计算出来的长度符合照片中 DNA 的长度。凯恩兹的结果支持了 DNA 是双股的。

寻找催化复制的酶

DNA 在细胞中复制一定要依赖特定的酶。细胞中的重要生化反应基本上都需要酶的催化。酶提供专一性和效率。对 DNA 的复制而言，两者都极其重要。DNA 的复制需要高度的精确度，同时需要高度的速度。细菌染色体动辄就是几百万核苷酸对那么长，要在细胞周期的几十分钟内完成复制，可以想象复制要多么快速。

寻找催化 DNA 复制的酶，就是一项很重要的课题。有个催化 DNA 合成的酶很快就出炉了，发现者是美国圣路易斯华盛顿大学的孔伯格（Arthur Kornberg）。

孔伯格自小就患有遗传性黄疸症。当他还在医学院当学生的时候，就调查同学之间有相同症状的情形，并发表了第一篇论文。1953 年他开始在华盛顿大学任教，本来是研究 ATP 的合成，后来才转向 DNA 合成的研究，并率先成功在试管中建立起体外 DNA 合成的系统。

他在试管中放入 DNA 当模板，四种核苷酸（dATP、dTTP、dGTA、dCTP）充当合成 DNA 的前驱物，再加入大肠杆菌细胞的萃取物。后者基本上是把细胞打破之后，用离心除去细胞外壳后剩下的细胞质。它含有各种酶，包括催化 DNA 合成的酶。

孔伯格的这个体外系统可以让前驱物合成 DNA。下一步就是设法用各种物理和化学方法，把催化 DNA 合成的酶纯化出来。他在 1956 年成功了。他分离到一个 DNA 合成酶，将它命名为“DNA 聚合酶 I”（DNA polymerase Ⅰ, Pol Ⅰ）。

孔伯格开始用 Pol Ⅰ做 DNA 合成的研究。他发现 Pol I 催化 DNA 合成的时候，是以一股 DNA 当作模板，合成新的一股。新股上的碱基序列和模板股的碱基序列是互补的。也就是说，新股的 C 对应模板股的 G；新股的 A 对应模板股的 T 等。这一结果支持 DNA 双螺旋结构模型的 G-C 与 A-T 的互补配对关系。此外，Pol Ⅰ合成新股的方向是从 5' 往 3'，和模板股的方向（从 3' 往 5'）相反，这也支持 DNA 双股的“反平行”。华生与克里克的 DNA 双螺旋结构模型的正确性被进一步证实了。

3 年后，孔伯格因为这项成就获得诺贝尔奖。

当科学家对 Pol Ⅰ充分了解之后，就觉得它应该不是负责大肠杆菌染色体复制的酶，因为它催化合成的速度太慢了，每秒钟才合成大约 20 个核苷酸。照这个速度，大肠杆菌的染色体要 5 天才能复制完毕。此外，它合成 DNA 的续航力也太差，合成一小段（20~50 个核苷酸）后就会掉下来，必须再重新附着上去才能继续合成。

1969 年，迪路西亚（Paula De Lucia）与凯恩兹分离到一株 Pol Ⅰ的突变株，它失去了 Pol Ⅰ的活性，虽然对紫外线比较敏感，但还是活得好好的。这更支持 Pol Ⅰ不是复制染色体的酶。（现在我们知道 Pol Ⅰ有参与协助复制，但它的角色可以被取代。同时，它参与 DNA 的修复，所以没有了它，细菌修复紫外线伤害的能力就降低了。）

1971 年，孔伯格的次子汤玛斯（Thomas）与格夫特（Malcolm

Gefter）从大肠杆菌中分离出另一个 DNA 聚合酶Ⅱ（简称 Pol Ⅱ），但是后来发现 Pol Ⅱ也不是染色体复制酶，因为失去了 Pol Ⅱ的突变株也可以存活。他们再接再厉，在隔年发现了 DNA 聚合酶Ⅲ（简称 Pol Ⅲ）。这个酶在细胞中存在的数目很少，而且是由 9 个不同的次单位结合起来的，所以很难被分离出来。

这个酶才是真正复制大肠杆菌染色体的酶。它合成 DNA 的速度很快，高达每秒钟 1000 个核苷酸，而且续航力很强，一附着上 DNA 开始复制就不太会掉下来，因为它有一个结构次单位会钩住 DNA 滑动。有了 Pol Ⅲ，生化学家才得以仔细研究 DNA 复杂的复制机制。

解决缠绕问题

DNA 合成和复制的机制慢慢被研究清楚了，但是复制的时候双股缠绕的问题还是没有解决。解决这个问题的契机在 1968 年的夏天出现。

这个契机的发现者，是加利福尼亚大学伯克利分校来自中国台湾的王倬。王倬当时就是在研究 DNA 缠绕的问题。B 型 DNA 双螺旋结构模型代表 DNA 处在位能最低（最“轻松”）的状态，双螺旋的两股大约每 10 个核苷酸对互绕一次。对一条有 1000 个碱基对的 DNA 而言，两股要互绕大约 100 次最轻松。如果两股只互绕 95 次，它就处于不舒服的状态。互绕不足的现象如果发生在一条线状的 DNA 分子上，它的两端没有束缚，所以可以自由旋转，让互绕次数补足。但是，如果互绕不足的是一条环状的 DNA，两股都是连续的分子，互绕的次数无法改变，于是互绕次数的欠缺所产生的张力，会使整个环状 DNA 扭绕起来（图 10–6）。这样双螺旋在立体空间产生的进一步螺旋缠绕，称为“超螺旋”（superhelix），亦即（双）螺旋再缠绕的螺旋。超螺旋如果是由互绕次数不足所造成的，称为“负超螺旋”；反之，互绕次数过多也会产生超螺旋，称为“正超螺旋”。

负超螺旋 DNA 是加州理工学院的维诺格拉德最先发现的。他

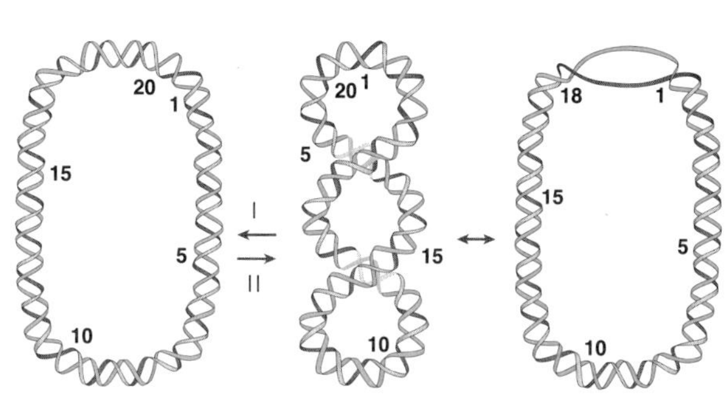

	无超螺旋	负超螺旋	无超螺旋
旋转次数	20	20	18
超螺旋次数	0	-2	0

图 10–6 环状 DNA 的超螺旋。（左）没有超螺旋的环状 DNA，两股互绕 20 次，处于轻松的状态。（中）同样的环状 DNA，经过第二型 DNA 拓扑异构酶（Ⅱ）作用减少 2 次互绕（往右箭头），产生 2 个负超螺旋。2 个负超螺旋在空间中的扭转让 DNA 增加两圈的旋转，维持每 10 个核苷酸对旋转 1 次。此拓扑异构物也可以透过第一型 DNA 拓扑异构酶（Ⅰ）恢复互绕 20 次（往左箭头）。（右）如果阻止负超螺旋的发生，让 DNA 平躺在平面，不足的 2 个旋转次数就很明显。如果让 18 次的互绕次数满足 180 个核苷酸对，让它们维持每 10 个核苷酸旋转 1 次，会使 20 个核苷酸对无法配对。

和梅塞尔森与史塔尔合作发明出氯化铯密度梯度超高速离心技术之后，继续研究这方面的技术。他在离心多瘤病毒（polyoma virus）的环状 DNA 时发现负超螺旋的现象。后来其他实验室使用他的技术，也陆续发现更多的超螺旋 DNA。几乎从任何细胞中萃取出来的环状 DNA，都呈现“负超螺旋”。最常见的是细菌的质体，而且环状的细菌染色体也都是处于“负超螺旋”状态。至于什么样的机制会促使环状 DNA 处于“负超螺旋”状态，DNA 处于这样的张力下有什么生理学意义，那时候还没有人知道。

王倬当时在使用维诺格拉德的技术分离超螺旋 DNA 时，有一个意外的发现。王倬在自传中如此回忆：“……发现纯然是意外的。我在研究 DNA 的负超螺旋，有一个细胞样本和其他的不吻合……当我回到我的笔记本看看这个样本有什么不一样时，我发现我把细胞萃取液放在离心机中转了很久，比平常久很多，温度也比较高。时间比较长是因为我突然必须带我女儿到医院，我把机器设定在‘保持’。温度太高最大的可能是我设定错了。”

那个“不吻合”的样本中，环状 DNA 失去了负超螺旋。负超螺旋不会自己消失，王倬猜测 DNA 负超螺旋的消失是一个酶的作用。这个酶应该是纯化过程中残留在样本中的，也就是说大肠杆菌具有消除负超螺旋的酶。于是他开始尝试从大肠杆菌中纯化这个酶，经过几个月的实验工作，终于把这个酶纯化出来，证实它可以放松负超螺旋。王倬把这个酶命名为“ω 蛋白”。

1970 年 7 月，王倬把论文稿投到《分子生物学期刊》，被搁置了很久，显然审查人不相信这个前所未闻的神奇酶。一直到 1971 年 2 月，这篇论文才被刊登出来。

ω 蛋白的作用机制很神奇，是剪断 DNA 的一股，让另外一股穿过切口，增加 1 次右旋的缠绕，再把切口封起来，完全没有痕迹

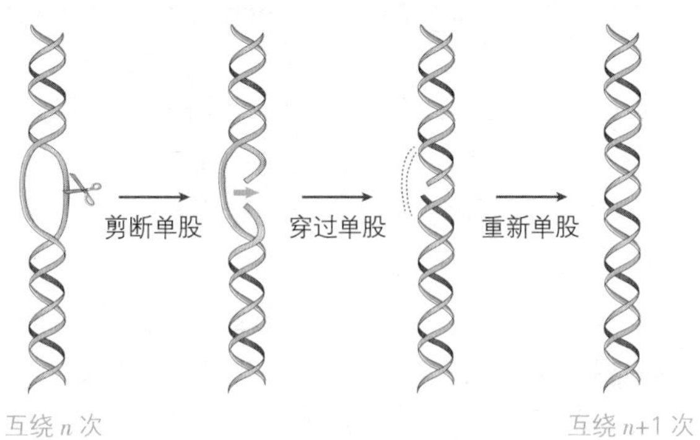

图 10–7 第一型 DNA 拓扑异构酶的作用机制。它先剪断 DNA 的一股，让另外一股从这个断点穿过，使得 DNA 互绕的次数增加 1 次（从 n 次增加到 n+1 次）。

（图 10–7）。每一次反应，都会增加 DNA 两股互绕 1 次。如果一条 1000 个碱基对的 DNA 环两股只互绕 95 次，ω 蛋白就会一次一次地增加互绕的次数，达到比较轻松的状态。

1976 年，一种增加负超螺旋的酶在大肠杆菌中被发现，取名为"旋转酶"（gyrase）。旋转酶会使原来没有超螺旋的 DNA 变成负超螺旋，也就是减少 DNA 双股的互绕次数。它和 ω 蛋白一样，也是用剪接的方式改变双股互绕次数，但它每次都把两股一起剪断，让两股互相往左旋转 1 次（减少互绕），再连接回去。大肠杆菌的染色体和质体的负超螺旋，原来就是这个酶造成的。

旋转酶比 ω 蛋白更神奇。它可以作用在两个环状 DNA 之间，把一个分子的两股同时切断，让另一个分子的两股穿过去，然后连接回来。这样就把两个原本独立存在的环状 DNA 互相套在一起了。

类似 ω 蛋白和旋转酶的酶陆续从各种生物中纯化出来，所有的生物中都可以找到这些神奇的酶。这些酶作用于 DNA，并没有改变 DNA 的化学结构；反应前和反应后的 DNA 化学结构完全没变，唯一改变的是 DNA 分子在三维空间的关系，或者说 DNA 的拓扑学，譬如环状 DNA 分子两股互绕关系，或者说两个环状 DNA 分子互相圈套的关系。这些化学结构相同，但是拓扑学不同的 DNA 分子，被称为"拓扑异构物"（topoisomer）。改变 DNA 的拓扑学性质，把它们从一种拓扑异构物改变为另一种拓扑异构物的酶，称作"DNA 拓扑异构酶"。

ω 蛋白后来改称为"拓扑异构酶 Ⅰ"。此外，ω 蛋白这类剪接单股的拓扑异构酶被分类为"第一型 DNA 拓扑异构酶"，旋转酶和其他剪接双股的拓扑异构酶被分类为"第二型 DNA 拓扑异构酶"。我们现在发现，第一型或第二型的 DNA 拓扑异构酶是所有生物不可或缺的酶。DNA 处于"负超螺旋"状态是有生物意义的："负超螺旋"（互绕不足）使得 DNA 双股比较容易分开（图 10–6 右），比较方便 DNA 当模板进行复制或合成 RNA。此外，细胞中 DNA 进行交换、分配、重组等活动的时候，也都需要不同的拓扑异构酶参与。我们可以想见，演化中当DNA挑起储藏遗传资讯的责任后不久，改变双股缠绕方式的拓扑异构酶就出现了。

DNA拓扑异构酶太神奇了。王倬自己如此说：“以酶而言，DNA拓扑异构酶是魔术师中的魔术师，它们打开和关闭DNA的门，不留下一点痕迹。它们让两条单股或双股DNA互相穿过，就好像空间排斥的物理定律不存在一样。”

在生命的演化中竟然出现了这样神奇的酶，真的没有人可以预见。王倬在自传的开场引用了1953年戴尔布鲁克写给华生的一句话：“我愿意赌你的（双螺旋）结构里链子的相缠螺旋大错特错。”戴尔布鲁克无法想象生物会有如此精巧解开双螺旋的酶，话说回来，又有谁能够做到呢？

仍在等待吊诡

这个时候的戴尔布鲁克已经与分子生物学的主流渐行渐远。

他一直不放弃寻找吊诡以及新的物理定律的初衷。遗传路线和生化路线都揭发了很多崭新的生物现象和原理，可是没有人遇见什么深奥的吊诡。这些成果基本上是在细菌和噬菌体中找到的。他想，吊诡或许要在更高等的生物中才找得到。

1953年他成功做了须霉（phycomyces，一种真菌）孢囊柄的趋光性实验，于是决定离开噬菌体，改攻胡须霉的知觉传导研究。数年之后，他仍然没有看见吊诡的踪影。但是他不放弃，不相信现有的物理和化学原理就足以解释生物学，他依旧认为吊诡“可能拐过街角就碰到”。对他的坚持，别的科学家渐渐不认同。

戴尔布鲁克已经偏离分子生物学未来之路，而新的领导人克里克开始崭露头角。1957年，克里克在《科学美国人》上发表了一篇文章，陈述DNA显然携带生物的遗传资讯，不过DNA的复制问题还没解决，基因如何指挥蛋白质的合成也不清楚。但是他很乐观地认为这只是暂时的障碍，生物现象终将可以用分子机制解释。“从每一个角度来看，生物学越来越接近分子层次。”

研究DNA修复的鲁伯特是我在美国得克萨斯大学达拉斯分校的老师。这是当年我为他画的漫画。他喜欢端着自助餐来听研讨会，听着听着就打起瞌睡，很可爱。我就画他坐儿童椅。

第 11 章
信使与转接器

1960—1964

为什么科学几乎都是年轻人做得最好？我想到一个理由，可能是基本的理由。我们都像小孩子在玩耍。

——贾可布

蛋白质的合成工厂

早在 20 世纪 30 年代，科学家就发现 RNA 和蛋白质的合成有密切关系。但是当时对细胞中的 RNA 的研究非常混乱。现在我们已经知道细胞中有不同的 RNA，担当不同的角色。其中数量最多的 RNA 是在“核糖体”（ribosome）里面，但是那时候核糖体也还没有被发现。

20 世纪 50 年代中期，巴莱德（George Palade）利用新发明出来的电子显微镜在细胞的线粒体和内质网中看到很多小颗粒。这些颗粒陆续被不同的实验室发现，取了一些不同而且模糊的名字。后来这些颗粒可以分离得比较纯，才发现它们主要的成分是 RNA 和蛋白质，而且是蛋白质合成的地方。1958 年，罗伯兹（Richard Roberts）提出“核糖体”这个统一的名称。

这些都是研究真核细胞的结果。真核细胞有细胞核，染色体在细胞核里，也就是说遗传信息储藏在细胞核里。但是，核糖体是在细胞核外面的细胞质中，所以蛋白质合成是在细胞核外进行。那么，染色体上的遗传信息如何从细胞核里面传出来到核糖体呢？

逻辑推论是，这中间有某种物质担任信使的角色，将遗传信息从细胞核里传递到细胞质中的核糖体。这个信使是什么呢？绝大多数的科学家都觉得 RNA 是最可能的信使。

从 1956 年开始，一些实验室发现 TMV 的基因位在 RNA 上。既然 RNA 能够携带遗传信息，RNA 担当遗传信息的信使也是很合理的假设。但是，细胞质中有很多种 RNA，它们都是单股的，而且很短（和 DNA 比起来）。到底谁是信使？

谁当信使

当时基本上有两个对立的假说。第一个假说认为，信使是核糖体 RNA，不同的核糖体携带不同的 RNA（称为核糖体 RNA，rRNA），这些 RNA 携带不同的指令，制造不同的蛋白质。这个假说的口号是：“一个基因、一个核糖体、一个蛋白质。”第二个假说认为，信使是非核糖体的 RNA，它们将信息携带到核糖体进行蛋白质的合成，核糖体只是担任工厂的角色。这种非核糖体的 RNA 被称为信使 RNA（messenger RNA，mRNA）。

当时有不少支持 mRNA 的研究。例如，赫胥发现 T4 噬菌体感染大肠杆菌的时候，细菌中会有少量的新 RNA 合成。佛尔金（Elliot Volkin）与亚斯特拉臣（Lazarus Astrachan）发现这些 RNA 的碱基比例接近噬菌体 DNA 的碱基比例，不接近宿主的 DNA 的比例，而且这些 RNA 不稳定。巴斯德研究所的科学家做的 PaJaMo 实验也显示，编码 β-半乳糖苷酶的信息是不稳定的（见第 9 章）。梅塞尔森的实验室用同位素标记的方法，发现 rRNA 很稳定。所以遗传信息似乎不在 rRNA 上，而是由不稳定的 mRNA 所携带。

1960 年 4 月，贾可布从巴黎到剑桥大学访问。他和一群科学家朋友在克里克家里聚会，与会的布蓝纳提出一个策略，用噬菌体感染细菌来测试这两个模型。策略的构想很简单（图 11-1）：如果遗传资讯是由 rRNA 携带的，那么当噬菌体感染细菌时，就会产生新的核糖体；如果遗传资讯是由 mRNA 携带的，就会出现新的 mRNA，不会有新的核糖体出现。没有新核糖体合成的话，新的 mRNA 就只能“租用”（布蓝纳的用语）原有的核糖体来制造蛋白质。

这样的策略又牵涉到区分“新”的和“旧”的 RNA，所以梅塞尔森和史塔尔以前做半保留复制实验的技术应该派得上用场。在聚会中，贾可布发现他和布蓝纳都将要到加州理工学院进行短期访问，贾可布是受梅塞尔森邀请，布蓝纳则是戴尔布鲁克邀请的。最棒的是梅塞尔森还在加州理工学院，两人就开始计划如何和梅塞尔森合作做实验。

贾可布和布蓝纳抵达加州理工学院后，就和梅塞尔森着手进行实验。他们要解决的问题是：噬菌体感染细菌的时候，有没有合成新的核糖体？他们先把大肠杆菌培养在含有两种较重的同位素 ^{15}N 和 ^{13}C 的培养基中，然后换到含有两个较轻的同位素 ^{14}N 和 ^{12}C 的培养基

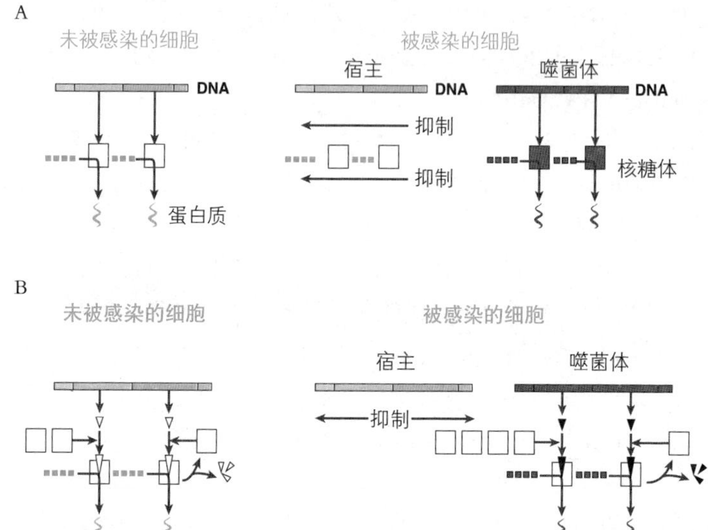

图 11-1 信使 RNA 的两个模型。(A) 模型 A：信使是核糖体 RNA。在未受感染的细胞中，不同的遗传信息从 DNA 直接传递到不同的核糖体（大方块），利用氨基酸（小方块）制造不同的蛋白质（螺旋状）；感染噬菌体后，宿主停止制造核糖体，噬菌体的 DNA 传递新的遗传信息给新的核糖体。(B) 模型 B：信使不是核糖体 RNA。在未受感染的细胞中，不同的遗传信息从 DNA 传递给不同的信使 RNA（白色锥形），不同的信使 RNA 结合核糖体，制造不同的蛋白质。在感染细胞中，宿主停止制造信使 RNA，噬菌体制造新的信使 RNA（黑色锥形），用宿主的核糖体制造新的蛋白质。（简化、改绘自布蓝纳等人的论文。）

中，同时用 T4 感染。接下来就是用超高速离心技术在氯化铯密度梯度（见第 10 章）中观察感染后有没有新的核糖体出现。旧核糖体（带 ^{15}N 和 ^{13}C）会出现在溶液密度较高的位置，新合成的核糖体（带 ^{14}N 和 ^{12}C）会出现在密度较低的位置。此外，噬菌体会合成新的 RNA，如果没有新的核糖体出现，新合成的 RNA 应该会和旧的核糖体结合在一起；如果有新的核糖体出现，新 RNA 应该会和新核糖体结合在一起。

“众神”作对

他们的实验一开始就不顺利，核糖体在氯化铯溶液中一直散开。核糖体都有两个次单位，一大一小，两者必须结合在一起才能制造蛋白质，但是在离心管中，这两个次单位一直分开。时间紧迫，贾可布和布蓝纳的访问期快结束了。

接下来的戏剧性发展，贾可布如此描述：“‘众神’仍然和我们作对，没有一件事情是成功的。我们起初满满的信心都蒸发掉了。梅塞尔森沮丧了，跑掉了，结婚去了。锡德尼（布蓝纳）和我谈论要回欧洲。有位叫希尔德加德的生物学家，在同情心的驱使下……开车带我们到邻近的沙滩……我脑袋空空。锡德尼愁眉苦脸，一言不发地遥望着地平线。”布蓝纳接着说：“……我突然想到核糖体的稳定要依赖镁，而铯一定会和镁竞争，效率虽不高但足以取代它，使核糖体不稳定。当然我们放进去的镁只有千分之一摩尔浓度，而我们放的铯是8个摩尔浓度。所以该做的是增加镁。我跳起来，说：‘镁！镁！’法兰塞尔瓦（贾可布）搞不懂是怎么回事。”

这是怎么回事呢？镁离子是维持核糖体结构不可或缺的。镁离子的浓度要千分之一的摩尔（10^{-3}mol），大小两个次单位才会稳定结合在一起，所以他们在氯化铯溶液中加入千分之一摩尔的镁离子。布蓝纳想到：单价的铯离子（带一个正电）应该不会和双价的镁离子（带两个正电）竞争，干扰后者与核糖体的互动；即使有竞争，也应该非常低。可是他们用的氯化铯浓度高达8个摩尔（8 mol），是镁离子的8000倍。很低的竞争力，但放大8000倍就不可忽视。所以，问题应该出在镁离子不够上。镁离子要再多加！

就这样，两人赶回实验室。他们只有最后一次机会了。这次他们多加了很多的镁，他们的实验成功了！在T4感染的细菌中，没有新的核糖体出现，只有新的RNA合成，这新的RNA真的附着在旧的核糖体上。结论：核糖体不携带遗传信息；遗传信息是在新合成的RNA上，也就是mRNA。这是他们准备打包回家的前一天。

布蓝纳与贾可布兴冲冲地打电话给梅塞尔森，告诉他这个好消息。第二天早上，两人在学院做了一个演讲。然后贾可布飞返法国，布蓝纳飞到旧金山。布蓝纳回到剑桥大学之后，又花了4个月的时间做了一些对照组的实验，才完成整个研究。

同一时期，mRNA的模型也得到另一个人的支持，是华生。华生在1959年审查一篇论文的时候，看到里头叙述T4感染大肠杆菌后产生的新RNA，会在离心机中沉淀，很像核糖体的小次单位。华生觉得奇怪，就叫学生重复这个实验，结果他们发现镁离子浓度够高（百分之一摩尔）的时候，T4的RNA确实会结合在完整的核糖体上；镁离子浓度低（万分之一摩尔）的时候，核糖体的大小次单位分离，T4的RNA就离开核糖体。这些T4 RNA的行为就好像是mRNA，将T4的遗传信息带到核糖体，合成T4的蛋白质。1961年，他们的论文和布蓝纳等人的论文一起发表在《自然》期刊上。

接下来的问题是：mRNA如何携带遗传信息呢？它是直接将DNA上的碱基序列复制下来吗？这是最直截了当的模型，但是需要验证。1961年，霍尔（Benjamin Hall）与史派格曼（Sol Spiegelman）拿T2感染大肠杆菌产生的mRNA和T2的DNA进行“杂配”的实验。所谓杂配，就是让两股序列互补的核酸在试管中，重新组合成双螺旋。如果两者成功结合成双股，就表示两者的碱基序列是互补的。前一年，马莫与杜提（Paul Doty）发展出DNA的杂配技术。霍尔与史派格曼进行的是RNA和DNA的杂配，实验方法基本上是相似的。

霍尔与史派格曼把T2的DNA加热，分开两股，然后把T2的mRNA（单股）加入，经过一段时间后，他们用密度梯度离心的方法，把单股与双股的核酸分开（双股的密度较低）。他们发现T2的DNA确实可以和mRNA杂配，显然mRNA上的碱基序列就是从DNA上复制下来的。

迟到的聚合酶

RNA 在细胞中的角色越来越被重视。但是它是如何合成的？细胞中应该有一种 RNA 聚合酶，催化它的合成。这个酶在哪里？是如何合成 RNA 的？寻找 RNA 聚合酶变成一些实验室的目标。第一丝希望出现于 1955 年。

那一年纽约大学医学院欧乔亚（Severo Ochoa）的实验室中，博士后研究员玛丽安娜·葛伦伯格–梅纳果（Marianne Grunberg–Manago）在研究磷酸与 ATP（带三个磷酸的 A）的交换反应。她无意间在细菌的萃取液中发现一个酶，能够将 ADP（带两个磷酸的 A）、CDP（带两个磷酸的 C）、GDP（带两个磷酸的 G）、UDP（带两个磷酸的 U）合成长串的 RNA，并成功分离到这个酶。

有趣的是，这个酶合成 RNA 的过程并不需要 DNA 当模板，可以无中生有合成 RNA。它或许不是真正从 DNA 复制遗传信息的 RNA 聚合酶，因此欧乔亚很谨慎地把它命名为"多核苷酸磷酸酶"（polynucleotide phosphorylase, PNP）。我们现在知道多核苷酸磷酸酶在细胞中的功能是分解 RNA，而非合成 RNA。它催化的反应是可逆的，葛伦伯格–梅纳果观察到的是逆向反应。

欧乔亚的实验室本来对 DNA 或 RNA 都没有兴趣。葛伦伯格–梅纳果曾说，在发现 PNP 之前，"核酸"这个词从来都没有在欧乔亚的实验室里出现过。欧乔亚虽然有点失望，但后来他还是利用 PNP 的特性，在试管中合成各种 RNA 片段，对后来遗传密码的解密有很大的帮助。

1959 年欧乔亚与他从前的学生孔伯格共同获得诺贝尔奖。一个人发现能够合成 RNA 的酶，一个人发现能够合成 DNA 的酶（DNA 聚合酶 I，见第 10 章）。有趣的是，这两个酶都不是细胞中真正合成 RNA 及合成 DNA 的酶。

隔年（1960 年），有 3 个实验室各自从细菌中分离出真正的 RNA 聚合酶。接下来，更多的 RNA 聚合酶就陆续从各种生物（包括有些病毒）中纯化出来。RNA 聚合酶才是真正从 DNA 中将遗传信息复制下来的酶，它们会辨认特定的起始点开始复制，利用其中一股 DNA 做模板，根据华生–克里克的碱基互补模式，制造出单股的 mRNA 或其他的 RNA。这个从 DNA 把碱基序列复制到 RNA 上的步骤叫作“转录”（transcription）。

悲观的假说

mRNA 把遗传信息带到核糖体，在那里制造蛋白质。但是 RNA 的碱基序列如何转换成蛋白质的氨基酸序列呢？这个“转译”的工作在细胞中是谁负责的？又是如何做到的？

早在 1955 年，克里克就在与“RNA 领带俱乐部”的通信中提出一个“悲观的假说”。他说，DNA 或 RNA 结构上不可能形成 20 种孔穴，容纳 20 种不同的氨基酸。他提议有一种特殊小分子，一端借着酶的作用接上特定的氨基酸，另一端则以氢键和核酸（当时 mRNA 的存在还不确定，克里克只说“核酸”）上的碱基序列配对，借此将氨基酸排列起来，连接成蛋白质（图 11–2）。他称这种特殊小分子为“转接器”（adaptor）。细胞有 20 种氨基酸，所以至少要有 20 种不同的转接器，还要有 20 种不同的酶将各种氨基酸放到对应的转接器上。

这个“转接器假说”对纯理论的路线而言是负面的。因为如果这个假说正确，那么遗传密码基本上就只取决于转接器与氨基酸之间的配对；配对就决定哪个密码子编码哪个氨基酸。转接器与氨基酸之间的配对又取决于转接器的结构和机能，而转接器的结构和机能应该是演化筛选的结果。如果真的是这样，遗传密码就可以是任何形式，不会有什么章法可言。如果遗传密码没有什么章法，那么所有用抽象理论方法解码的路线都没什么意义，没有希望。不是吗？

所以，站在理论派角度的克里克在文章的封面引用了一位 11 世纪波斯诗人的话：“有人彻底迷失，已经无路可走，还在找路走吗？”文章结尾他还说：“在剑桥相对的孤独中，我必须承认，有时候我对

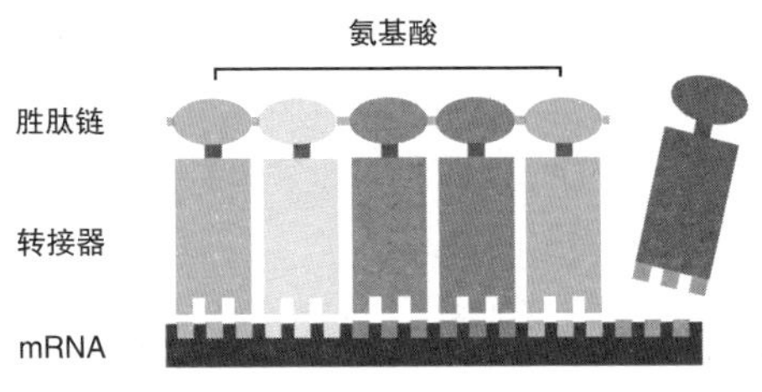

图 11–2 克里克的"转接器假说"。他提出细胞中有一种特殊的"转接器"分子（长方形），一端携带特定的氨基酸（椭圆形），另一端则以氢键和 mRNA 上的碱基序列配对，借此将氨基酸一一连接成胜肽链。不同颜色代表不同的氨基酸和转接器。

密码问题已经无法忍受了。"

这个自己都不太看好的假说，结果却是正确的；相对地，他之前提出的优雅的"无逗号密码"却是错误的。克里克在自传中对这件事的感想是："优雅，如果存在的话，可能比较微妙；初看似乎做作，甚至是丑陋的，可能是天择所能提供的最佳方案。"

克里克自认，这个转接器假说不是很好的理论，因为他不知道如何测试它。转接器的出现，就只能依赖运气了。

体外系统

科学研究偶尔会出现运气好的意外发现。因为是意料之外，所以发现者可能没有完全了解它，经由外人点醒才看出它的真正意义。克里克的转接器就是依靠这样的运气发现的。

这项意外的发现，发生在美国哈佛大学医学院保罗·萨梅尼克（Paul Zamecnik）医生的实验室。萨梅尼克的研究领域是蛋白质。1952 年，他和同事马伦·霍格兰（Mahlon Hoagland）成功建立蛋白质合成的体外系统。所谓体外系统，就是在试管中用细胞的萃取成分执行蛋白质的合成，没有活细胞的参与。他们在试管中加入大鼠肝脏细胞的萃取液、ATP、GTP、放射性的氨基酸及 RNA。在适当条件下，蛋白质会在试管中合成。合成的蛋白质可以用酸沉淀下来，再测量沉淀物所含的放射性。游离的氨基酸不会沉淀，所以沉淀物若带有放射性就代表有合成出来的蛋白质。

隔一年，他们利用这个系统，发现蛋白质合成的地方是所谓的"微粒体"（microsome，后来改称"核糖体"）。此外，他们还发现氨基酸会先一个一个地被 ATP 活化，再跑到核糖体上合成为蛋白质。萨梅尼克觉得奇怪，因为这样似乎表示每一种氨基酸都需要一种酶来活化。

萨梅尼克打电话给哈佛的朋友、核酸权威杜提，讨论核酸如何将信息传递到蛋白质。杜提说他刚好有个访客，可以过去和他谈谈。这个人就是华生。萨梅尼克还不知道 1953 年在《自然》期刊上刊登的那篇双螺旋"小文章"。华生带着一个铁丝做的模型，向萨梅尼克解释 DNA 双螺旋结构模型。自此之后，萨梅尼克开始注意体外系统中的核酸；华生和克里克也开始注意萨梅尼克实验室的研究。

这期间，他们用大肠杆菌的萃取液取代肝脏细胞萃取液，建立起更方便的蛋白质合成体外系统。这个系统还没有正式发表之前，就很快流传到各处的实验室，帮助很多人的研究取得进展，特别是遗传密码的解码（见第 12 章）。

对照组变成实验组

1955 年，霍格兰与萨梅尼克想试试看他们的体外系统，可否用来研究 RNA 合成。他们加入放射性的 ^{14}C-ATP，发现真的可以得到 ^{14}C 标记的 RNA。在这个实验中，他们加了一个对照组，用 ^{14}C-白氨酸取代 ^{14}C-ATP。白氨酸是氨基酸，只能合成蛋白质，可是他们发现 ^{14}C-白氨酸居然也连接到一种RNA！这个 RNA 很小，无法离心下来，他们称之为"可溶性 RNA"（soluble RNA, sRNA）。

这个意外的发现引起他们高度的兴趣。他们本来以为可溶性

RNA 只是 rRNA 的破碎片段，现在他们决定要好好研究它。他们就这样转变了研究方向，原来的对照组变成了实验组！

隔年（1956 年），他们纯化携带 ^{14}C-白氨酸的可溶性RNA，将它加入蛋白质合成系统，发现 ^{14}C-白氨酸竟然脱离可溶性RNA，在核糖体被加入蛋白质中。这是怎么回事？他们很困惑。

圣诞节期间，他们正在撰写这篇研究论文，这时候华生又来拜访。华生知道了他们的结果，马上想到：这可溶性RNA不就是克里克所提议的“转接器”吗？

日后霍格兰回忆当时的情景说：“我很清楚地记得我在那间实验室里，倚靠着一部离心机，听吉姆（华生）那样告诉我，还有他说：‘这就是你实验结果的实验解释……’我现在还可以清清楚楚地感受到我当时的气愤，吉姆居然教我如何诠释我的结果。可是我也感觉到，他是对的！”

同一年，康奈尔大学的侯利（Robert Holley）和柏格（Paul Berg，孔伯格的博士后研究员）也发现有RNA牵涉到氨基酸的活化。侯利持续研究，最后纯化出这RNA分子，甚至定出它的碱基序列。

这些科学家原本都不知道克里克的“转接器假说”，却从不同的角度交集到克里克的“转接器”。克里克本人知道这些消息后非常兴奋，不过他有点迟疑，因为他认为“转接器”应该更小，大概 3 个核苷酸或稍大一点而已。不管如何，接续的研究支持他假说中提出的“转接器”。它扮演的角色是将DNA的语言转译成蛋白质的语言，所以它的名字就被改为“转送 RNA”（transfer RNA，tRNA）。从碱基序列转到氨基酸序列的这个步骤，称为“转译”（translation）。

萨梅尼克以及其他的实验室进一步发现，不同的氨基酸连接到不同的tRNA分子上。这个现象符合克里克的假说，每一个氨基酸有它专属的“转接器”。要了解tRNA，需要纯化单一种的 tRNA。侯利的实验室经过 7 年努力，从150千克的酵母菌纯化出 200 克的tRNA，再从这些tRNA中纯化出1克的丙氨酸tRNA（alanine tRNA）。

侯利使用的定序方法很复杂。他先用酶把转送 RNA 切成片段，用电泳和色层分析技术纯化这些片段，再分析这些片段的核苷酸组成和序列，最后把这些序列比对连接，才拼凑起整个序列。

最后，他们定出这个 tRNA 的序列（图 11–3）：长度是 77 个核苷酸，很多地方的碱基都可以用互补的方式形成氢键。整个分子看起来像一个苜蓿叶。结构的中央有 3 个碱基的序列和丙氨酸的密码子互补，tRNA 分子就是依赖它和 mRNA 上的密码子配对。这种三联体序列就叫作“反密码子”（anti–codon）。

图 11–3 侯利定出来的酵母菌丙氨酸tRNA结构。序列中除标准的碱基（A、U、G、C）之外，还有几个修饰过的碱基。下方的三核苷酸IGC反密码子，可以和mRNA的丙氨酸密码子配对结合。（改绘自侯利1965年发表的论文。）

这一分子中有 9 个碱基被修饰过，其中有一个是反密码子（IGC）5' 端碱基。这个修饰过的碱基称为“肌核苷”（inosine, I），是修饰过的 A。这个修饰让这个反密码子与密码子配对时，具有更高的弹性，在遗传密码子的重复性中扮演重要的角色（见第 12 章）。

丙氨酸 tRNA 是第一个被定序的RNA，也可以说是第一个被定序的基因。当然当初比德尔和塔特姆的“一个基因一个酶”的假说，必须修正了，因为显然有些基因编码的是RNA（例如tRNA），不是蛋白质。

20 个转接器

不同的 tRNA 陆续在不同的生物中被分离出来，正如克里克所预期的。克里克还预言每一种生物都至少应该有 20 种酶将氨基酸放到对应的 tRNA 上。这种酶称为“氨酰 – tRNA 合成酶”（aminoacyl–tRNA synthetase），也陆续在各种生物中被发现，每一种生物至少有 20 种，大肠杆菌则有 21 种。每一种氨基酸有一种酶，除了离氨酸有两种酶。

正如克里克的假说，氨酰–tRNA合成酶的作用就是将氨基酸接到对应的 tRNA 的 3' 端。这个tRNA将这个氨基酸带到核糖体，让它的反密码子与mRNA上互补的密码子序列配对，每一个密码子配对一个相对应的tRNA。位于 3'端的氨基酸就依序连结，成为一定氨基酸序列的蛋白质。

遗传信息就这样从DNA的碱基序列传到mRNA的碱基序列，再借由tRNA的翻译传到蛋白质的氨基酸序列。整个过程讲求准确性。RNA聚合酶需要正确转录 DNA 的序列，氨基酸需要准确接上专属的tRNA，tRNA的反密码子需要准确配对上mRNA上的密码子，才能保证翻译的正确性。

克里克在 1956 年提出一个分子生物学的“中心教条”（central dogma）：“资讯一旦跑进蛋白质，就不能够再跑出来。”意思是说遗传信息的流动，可以在核酸中传递而不会消逝。DNA 复制、RNA 转录，以及日后发现的反转录（从RNA转录成DNA），遗传资讯只是转来转去，都还在。但是当遗传信息一旦跑进蛋白质之后，就不能够再恢复，因为没有一种机制可以将氨基酸序列翻译、存回核苷酸序列。这就是克里克提出的著名的“中心教条”。日后克里克后悔自己用了“教条”这个字眼，因为“教条”指不可怀疑、不容挑战的条文。用这个字眼有违科学精神。

第 12 章 滤纸与密码

1961—1968

我一直相信科学工作最好走不同的相位。也就是说早半个波长，晚半个波长，都没有关系。只要你和时尚的相位错开，你就可以成就新的东西。

——卢瑞亚

遗传密码的本质

克里克的“无逗号密码”以及其他人的密码模型，都是假设密码子是由三个碱基构成（三联体），虽然这是合理的假设，但没有任何实验的支持，大家也不知道如何做实验测试。

1961 年的一天，克里克突然想到一个点子，他觉得太棒了。这个实验所需要的器材和步骤非常简单，甚至连不爱做实验的他也能应付自如。他决定亲自做实验，不过还是找了一个帮手。

他的基本想法是这样的：假设有一个基因，中间有一段不重要的区域 A。A 区所编码的氨基酸序列怎么改变都不会影响蛋白质的活性，多一个氨基酸或者少一个氨基酸也没有关系。如果我们在 A 区插入一个核苷酸，这个插入位置下游的读框就往前移一个核苷酸，做出来的氨基酸序列绝大部分都错了，这个蛋白质就失去活性。如果我们在 A 区再插入一个核苷酸，下游的读框就往前移两个核苷酸；如果密码子是二联体，原来的读框就恢复了，只是多了一个氨基酸，这个蛋白质恢复正常了。但如果密码子不是二联体，这个蛋白质就还是坏的。如果再在 A 区插入第三个核苷酸，那么下游的读框就往前移三个核苷酸；如果密码子是三联体，原来的读框就恢复了，只是蛋白质多出一个氨基酸而已，蛋白质恢复活性。以此类推，如果密码子是四联体，插入四个核苷酸后，蛋白质才会恢复。

同样的道理也可以用于核苷酸的删除。如果密码子是三联体，在 A 区删除一个或两个核苷酸也会破坏蛋白质活性；删除三个核苷酸又恢复活性。克里克认为用这样的策略可以知道遗传密码子是由几个核苷酸决定的。

这个策略很好，但是技术上要如何在基因中增减一个核苷酸呢？那个时期，刚好出现一种称为“嵌入剂”的致变剂（促进突变的化学物）。嵌入剂分子通常和碱基一样具有疏水性的平面，会嵌入 DNA 相叠的碱基之间，造成复制错误，使复制出来的 DNA 在它嵌入的地方多了一个核苷酸或少了一个核苷酸。克里克选用一种叫作原黄素

(proflavine)的嵌入剂。

他选择的遗传研究系统是班瑟之前建立的 T4 rⅡ 基因座系统。班瑟发现 rⅡ 突变株无法感染大肠杆菌 K12λ，野生株才可以。这个筛选系统很干净，而且一次可以处理大量的样本。

克里克在 T4 感染大肠杆菌的时候加入原黄素，促进突变的发生，再从子代的 T4 中筛选出不能感染 K12λ 的 rⅡ 突变株。在这些突变株中，rⅡ 基因中应该插入（+1）或者删除（–1）一个核苷酸，产生读框位移。

克里克从一株 rⅡ 突变株开始（假设它是 +1 突变），让它再接受原黄素处理，然后筛选出能够成功感染 K12λ 的 rⅡ⁺野生型。这些恢复株应该是在 rⅡ 某处发生了一个–1 的突变，抵消掉 +1 的突变（图 12–1）。每一株的 +1 和–1 两个突变都可以用重组方式分开，得到只有–1 的突变株。这些新的–1 的突变株又可以如法炮制得到一些新的 +1；新的 +1 又可以拿来得到新的 –1 ……他就这样反复做，

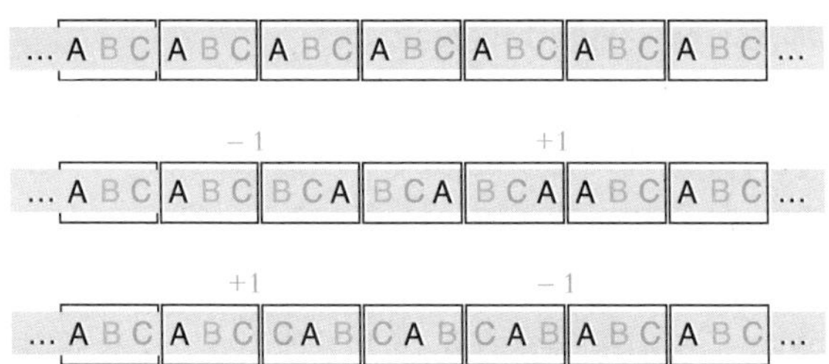

图 12–1 克里克的三联体实验构想。假设密码子是三联体，第一列代表一段碱基序列，ABC 代表它的三联体读框。如果某处丧失一个核苷酸（–1），后面的读框就完全错了（变成 BCA）。但是如果后面某处加入一个核苷酸（+1），原来的读框又恢复了。如果–1 和 +1 之间的氨基酸改变不重要的话，蛋白质的活性就恢复（见第二列）。反过来，一个核苷酸的丧失可能补偿前一个核苷酸的插入（见第三列）。根据这个想法，克里克就可以收集不同 rⅡ 的 +1 和–1 突变株，做进一步的测试。（改绘自克里克等人的论文。）

累积了一群 +1 和一群 – 1 的突变株。

克里克勤快地动手做实验，他做了几千个交配，大多是在周末做的。他太太说她从没看过他那么健康快乐。他的助手巴奈特（Leslie Barnett）说："他实在不太行，不过他做了很多……法兰西斯（克里克）真的不喜欢做实验工作。他是属于出点子的人，而从某方面来说，我其实可以说是他的双手。"

接下来他们让两个 +1 重组，得到 +2 的突变，同时让两个 – 1 重组，得到 – 2 的突变。这些 +2 或 – 2 突变株都不能感染 K12 λ，所以密码子不是二联体。这并不令人讶异。最后他让 +2 和 +1 重组得到 +3 的突变，让 – 2 和 – 1 重组得到 – 3 的突变，看看会不会出现能够感染 K12 λ 的重组株。

关键的时刻来临了。那天下午，他和巴奈特把带有 +3 和 – 3 的突变株涂在铺满 K12 λ 的培养基上，放进保温箱，晚上回来看结果。克里克在自传中如此描述当时的情景："我们把盘子拿出来，它上头有溶菌斑。于是我们首先是检查标签，确定我们拿对盘子，没有把盘子搞混了，然后我就这样对巴奈特说：'你知道吗，你和我是世界上唯一知道那是三联体密码子的人。'"

他们的论文发表在当年（1961 年）最后一期的《自然》期刊上，这篇论文获得如潮佳评。贾德森在《创世第八天》中如此说："这篇论文及研究工作，思路的清晰、精准、有力，实属经典之作，广受科学界的推崇。"

克里克本人却不觉得它有多伟大。他说："我不觉得这有什么特别重要的……有人说它发现密码子是三联体，但是它很明显大概是三联体……如果我们发现密码子是四联体，那才真的是一项发现……何况化学研究再过不久就会发现三联体的本质了……我想你可以把这整个工作都删掉，遗传密码的研究也不会有太大的差别。我想这是历史学家应该用的测验：如果你把一项成果删掉，会有任何差别吗？"这种看法符合他曾说过的："理论家（特别是生物学中的理论家）的任务是要建议做新的实验。好的理论不只要做预测，更要做令人讶异却成真的预测。”克里克的三联体实验很精彩，但是它的结论不令人诧异。

这段低调的论述，让人不禁联想到华生在中开场的第一句话：“我从未见过法兰西斯谦虚的样子。”

大惊奇在等着

1961 年 8 月，克里克到莫斯科参加第五届国际生物化学学会。在那里有个大惊奇正等着他。

这是每 3 年一届的盛会。这年有来自全球 58 个国家的 5000 多人参加。

会议期间，有一天下午，梅塞尔森想溜出去观光，但是他还要做一个演讲，所以他晃着去听美国科学家尼伦伯格（Marshall Nirenberg）的演讲。尼伦伯格不太为人所知，“噬菌体集团”的成员中几乎没有人认识他。他的演讲题目是《大肠杆菌无细胞蛋白质合成对自然或合成的模板 RNA 的依赖》，看起来就不是很有趣的题目。现场的听众很少，大约 30 人。历史的关键时刻常常就是这样被忽略。

尼伦伯格报告的时间只有短短 15 分钟。听众席中的梅塞尔森听了报告之后，大受震撼。他跑去告诉克里克，克里克就特别安排尼伦伯格在大会最后一场再讲一次，这次的听众约有 1000 人。克里克说，听众都像被“电到”。

尼伦伯格来自美国国家卫生研究院（National Institutes of Health, NIH）。他的实验室用蛋白质体外合成系统做研究，这个系统是萨梅尼克的实验室发明出来的（见第 11 章）。和尼伦伯格合作的是前一年 11 月才加入他实验室的德国博士后研究员马泰（Heinrich Matthaei），一位非常严谨的科学家。

尼伦伯格在莫斯科报告的是他们的新发现。他们在蛋白质合成系统中加入不同的 RNA，有些 RNA 会刺激蛋白质的合成。他们也用人工合成的RNA，其中有一种合成RNA的整串碱基都是U，称为poly（U）。Poly（U）放进合成系统里，合成出来的蛋白质是一长串的苯丙氨酸。这太令人讶异了，岂不是说UUU就是苯丙氨酸的密码子吗？

这是不是表示：遗传密码就可以用这样的生化系统在试管中解析出来？如果真的可行，那么，这么多人汲汲营营走理论路线建立的模型，通通都可以丢到垃圾桶了。怪不得好多人被“电到”。

试管中的密码子

马泰刚加入尼伦伯格的实验室进行体外蛋白质合成研究不久，发现他们的合成系统如果不添加RNA，合成的蛋白质就很少。他们测试添加不同的RNA，包括来自酵母、大肠杆菌和TMV的RNA。他们加入大肠杆菌和TMV的RNA后，蛋白质合成的数量就大幅提高。这让他们觉得，这个系统具有解开遗传密码的潜力。

这一年，加州大学的佛兰克尔-康拉特刚完成TMV蛋白质的定序。他们正在用突变剂更改RNA，观察蛋白质的变化，看能不能提供解码的线索（见第8章）。隔年5月，尼伦伯格到佛兰克尔-康拉特的实验室做一个月的访问研究，尝试用放射性的氨基酸标记TMV蛋白质。马泰留守做实验，测试将合成的RNA加入合成系统中，看看它们能否担当mRNA，在试管中合成蛋白质。他试了3种RNA，poly（A）、poly（U）和poly（AU）。poly（A）就是整条核苷酸都是A，poly（U）是整条都是U，poly（AU）则是含有一半A和一半U，序列是随机的。结果他发现poly（A）和poly（AU）没有刺激任何蛋白质的合成，poly（U）则刺激了12倍的蛋白质合成量。

马泰进一步测试，poly（U）刺激合成的蛋白质到底含有什么氨基酸。他拿20种放射性的氨基酸，分别加入有poly（U）的试管中。20支试管中，只有1种放射性氨基酸大量出现在蛋白质中，其他19种氨基酸都没有。这是他们预期的，因为poly（U）只有1种碱基，所以应该只编码1种氨基酸。

大量出现于合成的蛋白质中的氨基酸，是苯丙氨酸。这显示 UUU 编码的是苯丙氨酸——如果密码子是三联体的话！马泰非常兴奋，他说："……一早，当汤姆金斯（Gordon Tompkins）（尼伦伯格的上司）进来时……我就告诉他，我现在知道编码的就是这一个。"马泰也打电话到伯克利，把 poly（U）的结果告诉尼伦伯格。尼伦伯格没有声张，立刻赶回来加入实验工作中。

为了确认 poly（U）真的是编码苯丙氨酸，他们进一步把 poly（U）做出来的放射性蛋白质水解为单一的氨基酸，果然所有的氨基酸都是苯丙氨酸。

对这些惊人的结果，尼伦伯格和马泰保持缄默。冷泉港实验室研讨会前一周，布蓝纳路过 NIH 做了一场关于 mRNA 的演讲，他们没有告诉他。尼伦伯格和马泰都不是当时分子生物学的"圈内人"，所以没受邀参加冷泉港实验室的研讨会。他们把实验结果整理成两篇论文，投稿到美国《国家科学院学报》，并准备 8 月在莫斯科举行的国际生物化学学会中报告。动身到莫斯科之前，尼伦伯格和一位来自巴西里约热内卢的生化学家结婚了。

厄运与幸运

当初马泰除测试 poly（U）之外，还测试了 poly（A），但是后者没有合成任何蛋白质，马泰后来才弄清楚其中的原因。当时还不知道 AAA 编码的氨基酸是离氨酸，离氨酸带正电，整串离氨酸携带的正电太强了，无法被酸沉淀下来，所以看起来好像没有合成。关于这个问题，后来欧乔亚的实验室在合成系统中多加了钨酸，才把整串离氨酸沉淀下来。

当遗传密码都解出来之后，有位南斯拉夫裔的法国医生贝尔姜斯基（Mirko Beljanski）告诉尼伦伯格，20 世纪 50 年代后期他在欧乔亚（见第 11 章）的实验室进修的时候，就曾用 poly（A）进行体外蛋白质合成，也没有成功。此外，华生实验室的提色瑞（Alfred Tissieres）

也曾经测试poly（A），同样失败。所以，体外蛋白质合成的研究中，至少有3个实验室曾经栽在poly（A）手中。

另外，没有让马泰侦测到蛋白质合成的RNA的，是poly（AU）。现在回顾，原因应该是A和U在poly（AU）中随机排列，很容易出现“终止密码子”UAA（平均8个核苷酸就会出现1个）。碰到终止密码子（termination codon），蛋白质合成就会停止，用poly（AU）当信使制造出来的蛋白质就很短，没办法被酸沉淀下来。

吹垮纸牌屋的微风

惊人的poly（U）实验，出于一个无名的双人组之手，胜过好多位走理论路线的世界级物理学家、数学家、生化学家及生物学家，包括几位诺贝尔奖得主。它轻易推翻了众人拥护多年的克里克“无逗号密码”模型（见第8章）。根据“无逗号密码”的论点，AAA、CCC、GGG、UUU都应该是无意义的。现在尼伦伯格和马泰的实验显示，UUU不是无意义的，它编码苯丙氨酸。这个简单的结果，就推翻了美丽的“无逗号密码”模型。

一纸小小的实验数据，胜过千百页的理论和计算，好像《圣经》故事中的大卫以一块石头击倒哥利亚巨人，也好像一阵微风，轻易吹垮了整桌的纸牌屋。

遗传密码解码的大门，终于被打开了一个小缝。

信息学派的分子生物学家好像被打了一巴掌。当时戴尔布鲁克和他领导的“噬菌体集团”这群分子生物学家有一股狂热，一味崇尚灵巧和创新，认为生化与结构的研究方法太琐碎、太缓慢，忽视了生化实验在设计、材料和仪器发展方面也充满创意和巧思。

尼伦伯格和马泰的成果展现了试管实验的威力，“RNA领带俱乐部”的理论和数学方法渐渐失去光环。忽视生物化学，只用推理的方式破解密码的希望破灭了。

反过来，生化学家也突然发现他们被带入信息学的世界。试管中要注意的不再只是化合物的反应，现在多了一样东西：信息。分子携带着信息。分子生物学和生化学之间的界限渐渐模糊了。生化学常常讨论的化学反应途径、机制和专一性渐渐被密码、信息和指令取代。生物化学的时尚宝座已经让给二元的数位生命：核酸与蛋白质。

强大的竞争对手

克里克的“三联体”论文在1961年的年底发表，在文中提到尼伦伯格和马泰的poly（U）结果。他说很多人都开始进行这样的生化路线解码，如果顺利的话，说不定一年内整个遗传密码就可以全部解开。他太乐观了。

没错，这时候的尼伦伯格和马泰发现，世界上最伟大的分子生物学家开始和他们竞争。想想遗传密码这个圣杯是多么不可抗拒的诱惑，这也不意外吧。

从莫斯科回来之后的次月，尼伦伯格到麻省理工学院演讲。有一位来自欧乔亚实验室的听众说他们也在做类似的研究，尼伦伯格大为沮丧。因为欧乔亚本来就在研究蛋白质合成，而且两年前才获得诺贝尔奖。他的实验室很大，大约有20位研究员。尼伦伯格登门造访欧乔亚，提出双方合作的建议，但是欧乔亚没有接受。

在合作无望之下，尼伦伯格的上司汤姆金斯，外加上头的大老板赫普尔（Leon Heppel）开始组织起来，全力支援他对抗强大的竞争对手，尼伦伯格的团队逐渐增加到20位左右的博士后研究员及助理。尼伦伯格和马泰使用的人造RNA，都是研究所的同事帮忙合成的。RNA合成是赫普尔的专长之一，他使用的酶是欧乔亚实验室发现的多核苷酸磷酸酶（PNP，见第11章）。欧乔亚研究PNP的时候，赫普尔曾帮助他们分析PNP合成的RNA。两个实验室合作了一年。

一开始的时候，尼伦伯格的团队还是坚持原来的策略，用各种人造RNA合成蛋白质，再分析蛋白质的成分。当时的RNA还都是用

PNP 合成，所以做出来的序列都是随机的，没有特定的序列。唯一能够改变的只是调整前驱物的种类和比例。譬如用 4 ∶ 1 比例的 GDP 与 UDP 来合成的 RNA，序列中会出现的三联体一共有 8 种，可以分成 4 类：3G（GGG）、2G+1U（GGU/GUG/UGG）、1G+2U（GUU/UGU/UUG）、3U（UUU）。这 4 类预期出现的频率可以估算出来，分别是：0.8^3（0.512）、$0.8^2\times0.2$（0.128）、0.81×0.2^2（0.032）、0.2^3（0.008）。拿这个比例和出现在蛋白质中氨基酸的比例比较，就可以猜出哪一个氨基酸大概是哪一类的三联体。出现最多的氨基酸的密码子大概就是 GGG；出现最少的氨基酸的密码子大概就是 UUU。出现第二多的氨基酸的密码子（2G+1U）有 3 种，哪一个密码子对应哪一个氨基酸还不能确定，需要进一步的数据。同样地，出现第三多的氨基酸的密码子（1G+2U）也有 3 种，哪一个密码子对应哪一个氨基酸也不能确定。在这个阶段，尼伦伯格和欧乔亚的实验室都采用这个策略。

遗传信息的热潮

遗传密码解码的竞赛气氛渐渐蔓延，引起大众媒体热切的关注。1962 年秋天在美国罗格斯大学举行“资讯巨分子研讨会”，与会者有 225 人。《纽约时报》报道了这个研讨会，说遗传密码是生命资讯的要素和生物科学的新前线；它的“内涵意义远大于原子弹和氢弹革命”。《纽约时报》甚至刊登出一部分的遗传密码表，是尼伦伯格和欧乔亚两个实验室的结果拼凑起来的半成品。

下一个阶段（1964—1965 年）出现了两个突破性的解码技术。第一个是尼伦伯格发展出来的过滤技术。他把 20 种放射性的氨基酸分别和tRNA混合，借由氨酰－tRNA 合成酶的催化，让氨基酸接到相对应的tRNA上，这样他就得到 20 种放射性的氨酰－tRNA，上面带着各种放射性的氨基酸。

他把这些氨酰－tRNA分别拿来和特定序列的“寡核苷酸”（短 RNA）配对，看看哪一个氨酰－tRNA能够和哪个序列的RNA配对。

能够配对的RNA上面应该有对应的密码子序列，这个密码子就是编码tRNA携带的那个氨基酸的密码子。特定序列的寡核苷酸从哪里来呢？这时候的化学合成技术可以制造出几个碱基长、具有特定序列的寡核苷酸。这些寡核苷酸可以拿来测试。

侦测寡核苷酸和氨酰-tRNA的配对，就要利用过滤技术（图12-2）。他在放射性的氨酰-tRNA和寡核苷酸的混合液中加入核糖体，再用滤纸过滤。氨酰-tRNA和寡核苷酸会穿过滤纸，核糖体则黏在滤纸上。可以和特定序列的RNA配对的氨酰-tRNA就会附着在核糖体上，跟着核糖体留在滤纸上；不能和特定序列的寡核苷酸配对的氨酰-tRNA就穿过滤纸。用这样的方法，就可以鉴定携带哪一个氨基酸的氨酰-tRNA配对哪一个密码子，这个密码子就是编码那个氨基酸的密码子。譬如，用poly（U）寡核苷酸来测试，就只有

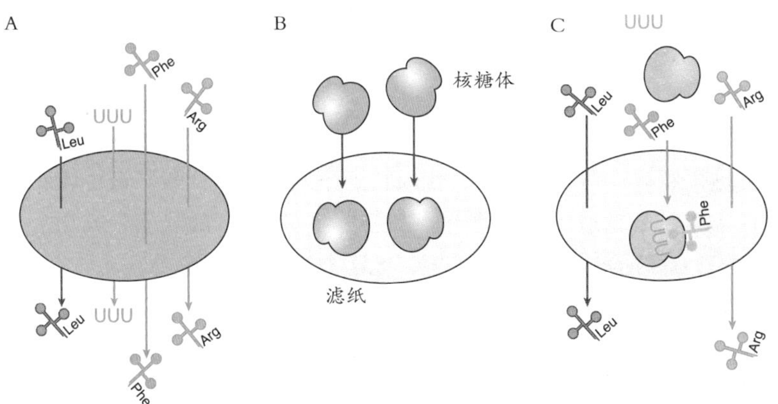

图12-2 尼伦伯格发展的滤纸技术。(A)带着氨基酸的tRNA和UUU三核苷酸，单独都可穿过滤纸，不会黏附在上头。(B)核糖体则无法穿过，会黏附在滤纸上。(C)携带着不同氨基酸的tRNA、UUU三核苷酸和核糖体混在一起，携带着苯丙氨酸（Phe）的tRNA和UUU配对，附着在核糖体上，就会一起滞留在滤纸上。携带其他氨基酸的tRNA不会和UUU配对，就不会附着到核糖体上，所以不会滞留在滤纸上。以这个例子，UUU三核苷酸会和携带苯丙氨酸的tRNA一起与核糖体滞留在滤纸上；携带其他氨基酸的tRNA会穿过滤纸。

放射性的苯丙氨酸会被滤纸留下来，其他 19 种氨基酸不会。

尼伦伯格的博士后研究员莱德（Philip Leder）负责做这个实验。他把寡核苷酸的长度缩短，想看看缩小到多短，配对还可以成功。最后的结果吓了他一大跳，他说："我走进（尼伦伯格的）小办公室，我几乎克制不了自己，我问他认为寡核苷酸至少要多长才可以被辨识……'你相信 6 个吗？你相信 5 个吗？你相信 3 个吗？'……他差一点没摔倒在地上。"没错，莱德发现在滤纸实验中，只要三联体就足够让 tRNA 得以辨认。也就是只要提供 UUU，就可以侦测到带着放射性苯丙氨酸的 tRNA。

太棒了，这样一来，就可以拿所有 64 种三核苷酸来测试了。但是首先要合成所有这些三核苷酸序列的 RNA，技术上虽然可行，但不是唾手可得，需要大老板赫普尔和同事们的帮忙。最终，他们用这个方法解出 64 个密码子中的 47 个。

到这个阶段，尼伦伯格的实验进度远远超越欧乔亚的实验室，后者放弃了，停止竞争。

意外闯入者

这段解码的研究热潮中，合成特定序列的寡核苷酸来进行体外合成的需求越来越迫切，但是当时特定序列的寡核苷酸只能合成几个核苷酸长，这样合成的蛋白质太短，无法被酸沉淀下来。

这时候，具有特定序列的长寡核苷酸意外出现了，它出现在威斯康星大学印裔化学家柯阮纳（Har Gobind Khorana）的实验室。柯阮纳在研究寡核苷酸的合成，他的策略是用DNA当模板，用RNA聚合酶进行转录成RNA寡核苷酸。当时特定序列的DNA也可以用化学方法合成，长度可达10~15个核苷酸。特定序列的RNA寡核苷酸只能合成到个位数的核苷酸，所以柯阮纳想采用这种间接的方法，制造比较长的寡核苷酸。

柯阮纳用一串十几个 A 的单股 DNA，poly（dA），做模板，结果转录出来的RNA竟然很长，有100多个核苷酸，远超模板的长度。他本来以为实验失败，后来才发现做出来的RNA确实是一长串的U。原来这是因为转录过程中，DNA模板与转录出来的RNA之间碱基配对松动，发生“滑动”，同样的模板序列一再被重复转录的结果。后来他用反复的AT序列（ATATAT……）当作模板，同样也转录很长的UA重复序列RNA，显然滑动现象是转录重复序列的共同特性。柯阮纳无意中发现了一个制造特定重复序列的RNA。

1960年，他用这种方法合成出2~4个核苷酸重复的长RNA，放入体外合成系统测试，得到很有用的结果。以UC的重复序列（……UCUCUCUCUC……）为例，不管用哪个读框转译，它都是UCU-CUC 2种密码子的重复，因此只能编码2种重复的氨基酸。这种RNA在体外系统中合成的蛋白质，确实只有白氨酸和丝氨酸，所以这2个氨基酸的密码子是UCU和CUC（哪一个氨基酸对应哪一个密码子还不确定）。如果用UUC三核苷酸重复的RNA测试，就会有3种读框，出现UUC、UCU、CUU3种密码子，编码3种氨基酸。实验结果：RNA确实合成3种蛋白质，分别是重复的苯丙氨酸、重复的白氨酸和重复的丝氨酸。这些数据堆叠起来，让柯阮纳很快解出很多密码子。

当尼伦伯格实验室公布了滤纸附着技术之后，柯阮纳也用化学方法合成出所有64种三核苷酸，来做滤纸附着实验。到1965年，他的实验室总共解出了56个密码子，而尼伦伯格的实验室解出的密码子增加到54个。还有几个密码子仍然有问题，有的是没有任何附着，有的是附着的结果模棱两可。这些密码子必须用其他方法解码。

无意义突变的发现

这些未解出的密码子，其中有些可能是假设中存在的“终止密码子”。所谓“终止密码子”就是在基因编码蛋白质密码子中最后的一个密码子。这个密码子是“无意义”的，不编码任何氨基酸，是停止转译的信号。终止密码子应该没有对应的氨酰-tRNA，所以在过滤实验中当然得不到结果。可是过滤实验没有结果，也不能说它就是终止密码子，因为那可能只是技术问题。终止密码子问题的解决依赖遗传学的帮助。

在终止密码子被确定和解码之前，先出现的是“无意义突变”（nonsense mutation）。这种突变会造成转译提早停止，使合成的蛋白质变短。

第一个被发现的无意义突变叫作“琥珀突变”，也是一项意外的发现。1960 年，加州理工学院的研究生斯史坦柏格（Charley Steinberg）和博士后研究员艾普斯坦（Dick Epstein）异想天开，想寻找“反 rⅡ”的 T4 突变株。所谓“反 rⅡ”突变就是和 rⅡ性质相反的突变株。rⅡ能够感染大肠杆菌 B，不能感染 K12λ；他们想找的“反 rⅡ”突变，就是不能感染 B，但是能够感染 K12λ 的突变。这时候，有位同学伯恩斯坦（Harris Bernstein）来邀请他们去看电影。史坦柏格和艾普斯坦请他留下来帮忙做实验，告诉他如果找到突变株，就用他的名字命名。结果他们真的找到感染 K12λ 不感染 B 的 T4 突变株，他们就把这种突变叫作“琥珀”（“伯恩斯坦”德文的意思是“琥珀”）。

后来他们却发现事情并不如他们所想象的那样。这些 T4 琥珀突变株不能感染 B，是因为它们都发生一种致死的突变。他们用的那株 K12λ 能够被感染，是因为它带有一个特别的突变能够“压抑”T4 的琥珀突变。这株 K12λ 携带的突变就被称为“压抑突变”（suppression mutation），K12λ 突变株后来也被改名为 K12Sλ。野生的 K12λ 没有这个压抑突变，所以也不会被 T4 琥珀突变株感染。

能够感染 K12Sλ，但是不能感染 B（或 K12λ）的突变噬菌体陆续被发现，这些突变通通归类为琥珀突变。这些有琥珀突变的基因做出来的蛋白质都比野生型的短，因此推测琥珀突变在基因中制造一个终止密码子，使得蛋白质合成中断。1964 年，班瑟的 DNA 与蛋白质“共线性”研究，就是利用这些琥珀突变做的（见第 9 章）。

琥珀突变和它的压抑突变出现之后，又出现两类不同的无意义突变：赭石（ochre）突变和蛋白石（opal）突变。这两类突变都会造成蛋白质缩短，也有它们自己的压抑突变，会恢复蛋白质的长度。

后来发现这 3 类无意义突变都是基因中某一个密码子发生突变，使它变成终止密码子。终止密码子原本没有 tRNA 可以辨识它们，压抑它们的突变则是染色体上某一个 tRNA 基因上的反密码子发生突变，使这个 tRNA 能够辨识该终止密码子，把一个氨基酸带入终止密码子的位置，让转译继续下去，完成整个蛋白质的合成。3 个终止密码子突变的压抑现象，都是这样的机制。

解码终止密码子

3 个终止密码子中，琥珀（UAG）首先被解码出来。1965 年，耶鲁大学的盖伦（Alan Garen）和剑桥大学医学研究委员会的布蓝纳，两个人采用同样的策略研究。他们都先制造琥珀突变，再寻找恢复突变，然后比较其中氨基酸的变化，从这些变化，他们推算出琥珀突变的密码子。布蓝纳研究的是 T4 的外壳蛋白质；盖伦则用大肠杆菌的碱性磷酸酶。

盖伦在碱性磷酸酶中找到一个琥珀突变，是从色氨酸突变过去的。色氨酸的密码子是 UGG，因此琥珀突变应该是 XGG、UXG 或 UGX（假设单一碱基的改变，一个以上的改变概率太低）。他再筛选的恢复株，也就是碱性磷酸酶恢复活性（也恢复长度）。他把这些蛋白质的序列定出来，看看插入琥珀突变位置的是什么氨基酸。他发现有 7 种氨基酸，包括原来的色氨酸（图 12–3）。他把这些氨基酸的密码子列出来，推算琥珀突变应该是什么样的三联体序列，才会只改变 1 个碱基就可以变成编码这 7 种氨基酸的密码子（图 12–3 中画线标示）。答案是琥珀突变是 UAG，也就是说，UAG 是终止密码子之一。

后来，利用同样的策略，两人又都解出第二个终止密码子：赭石 UAA。

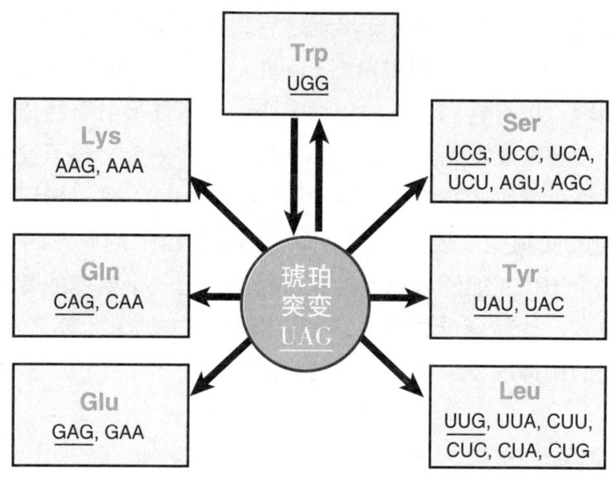

图 12–3 琥珀突变密码子的发现。大肠杆菌的碱性磷酸酶有一个色氨酸（Trp）突变形成的琥珀突变，可以再突变成 7 种氨基酸（包括色氨酸）。琥珀突变密码子一定是 UAG，才让单一碱基的改变得以形成这 7 种氨基酸的密码子（画线标示）。

1966 年 6 月 2 日，冷泉港实验室每年一度的研讨会以“遗传密码”为主题，与会者达 300 人，是参加人数最多的一次。对这个历史的里程碑，科学界和媒体都反应热烈。正如克里克在开场白所说：“这是个历史场合。”

尼伦伯格和柯阮纳在会中宣布整个遗传密码中 64 个密码子，已经解出了 63 个（图 12–4）。最后一个密码子，也就是第三个终止密码子（蛋白石 UGA），隔年布蓝纳与克里克也用 rⅡ A 基因解出来了。再过一年（1968 年），尼伦伯格、柯阮纳及侯利 3 人一起获得诺贝尔奖。

回顾起来，遗传密码的解码工作一共花了 14 年的时光，从 1953 年伽莫夫提出钻石密码假说开始，一直到 1967 年用生化与遗传方法解出全部密码为止。前面大约 8 年的时间中，大量的人力、经费都花

UUU	Phe	UCU	Ser	UAU	Tyr	UGU	Cys
UUC		UCC		UAC		UGC	
UUA	Leu	UCA		UAA	*	UGA	*
UUG		UCG		UAG		UGG	Trp
CUU		CCU	Pro	CAU	His	CGU	Arg
CUC		CCC		CAC		CGC	
CUA		CCA		CAA	Gln	CGA	
CUG		CCG		CAG		CGG	
AUU	Ile	ACU	Thr	AAU	Asn	AGU	Ser
AUC		ACC		AAC		AGC	
AUA		ACA		AAA	Lys	AGA	Arg
AUG	Met	ACG		AAG		AGG	
GUU	Val	GCU	Ala	GAU	Asp	GGU	Gly
GUC		GCC		GAC		GGC	
GUA		GCA		GAA	Glu	GGA	
GUG		GCG		GAG		GGG	

图 12–4 遗传密码表。20 种氨基酸用英文简写表示，第一个被发现的密码子 UUU（Phe，苯丙氨酸）占据第一个位置。同样的氨基酸用同样的颜色显示。3 个终止密码子用星号表示。

在理论路线上，人类历史上未曾有过如此庞大的解码工作。结果呢？如克里克所说，产生了“一大堆讨论遗传密码的烂论文”。这段时间，资讯学在技术的应用上虽然没有什么成就，却留下遗传资讯学的理论骨架，并把资讯的观念带进生化学中。遗传的理论开始用“资讯”“讯息”“密码”“程式”“指令”这些隐喻，一直沿用至今。

没什么神奇的 20

遗传密码渐渐成形时，就可以看出前期的理论家拼命要用各种编码模型凑出神奇的数字 20，其实没什么意义。虽然密码子有 64 个，但氨基酸只有 20 个，在真正的遗传密码里，扣掉 3 个终止密码子之后，多余的 61 个密码子都被拿来重复使用。大部分的氨基酸都由多个密码子重复编码它，这些编码相同氨基酸的密码子，叫作“同义密码子”。

如果说这些密码有什么特殊安排的话，那就是演化所塑造、隐藏在细节里的玄机。譬如，同义密码子之间的差异几乎都在第三个碱基。在这个位置的碱基转换，特别是嘧啶（U 和 C）之间或者嘌呤（A 和 G）之间的交换，通常都还是同义。这个“设计”很有道理，因为 DNA 的突变大部分都是嘧啶之间或者嘌呤之间的交换，很少是嘧啶和嘌呤之间的转变。所以，突变发生在密码子第三个位置的话，常常不会造成氨基酸的改变，就好像没有发生突变一样。

此外，即使突变发生在密码子另外两个核苷酸，造成氨基酸的改变，新的氨基酸常和原来的氨基酸性质相像。譬如，疏水的氨基酸经过一个碱基的突变，常常还是变成疏水的氨基酸；亲水的氨基酸经过一个碱基的突变，常常还是亲水的氨基酸。这样的设计也让生物比较能够忍受突变的压力。

反过来，如果大自然的遗传密码是像伽莫夫提出的“钻石密码”（见第 8 章）那种重叠密码子，每一个碱基都参与 3 个密码子，那么任何一个突变最多可能造成 3 个氨基酸的改变。这样的遗传系统会非常不稳定。

如果大自然采用克里克的“无逗号密码”（见第 8 章），每一个核苷酸序列只有一个读框是有意义的，那么任何一个突变都有可能把一个密码子改变成无意义的终止密码子。这是因为无意义的密码子有 44 种，有意义的密码子才 20 种，随意突变产生无意义密码子的概率非常高。这样的遗传系统更是脆弱。在真正的遗传密码系统下，突变产生终止密码子的机会不高，因为终止密码子只有 3 个。

摇摆配对

依照遗传密码，细胞有 61 个编码氨基酸的密码子，直觉的逻辑就是细胞会有 61 种不同的 tRNA 来辨识这 61 个密码子。但是当时开始出现一些实验结果，显示有些 tRNA 似乎可以和不止一个同义密码子配对，而且这一现象似乎具有一般性，细胞并不需要 61 种 tRNA。可是，一个 tRNA 如何和不同的同义密码子配对呢？

1966 年，克里克提出一个“摇摆假说”（wobble hypothesis）。他说：tRNA 上的反密码子与 mRNA 上的密码子配对，不需要完全依照典型的华生–克里克模型，可以用非典型方式配对。

什么是非典型的配对？我们前面（第 6 章）谈到华生考虑碱基互相配对的时候，曾提到碱基的配对有非常多的形式，包括相同碱基之间的配对（出现在华生的第二个模型中）。华生后来在 DNA 双螺旋结构模型中提出的 A–T 与 G–C 配对，我们称之为典型的模型。它们的特点是两者的形状和大小很像，所以做出来的双螺旋外形会很均匀。

密码子和反密码子之间的配对牵涉到 3 对碱基。从立体结构来看，反密码子的 5' 端碱基和密码子的 3' 端碱基的配对应该有弹性，可以脱离典型的双螺旋结构模型的位置，容许非典型的碱基配对。克里克提出 4 种非典型的配对（图 12–5A）：G–U、I–U、I–C 和 I–A。G–U 的配对在一般双股 RNA 上本来就容易形成。I（inosine，肌核苷）在侯利定序的丙氨酸 tRNA 上就发现了（见第 11 章）。它是反密码子 IGC 的第一个碱基，是从 A 修饰形成的。它除了可以和 U 形成典型的配对，还可以和 C 及 A 形成非典型的配对。这些非典型的配对在形状和角度上都很不一样，所以会脱离典型配对的位置（图 12–5B），因此克里克称之为“摇摆配对”（wobble pair）。密码子和反密码子之间的其他 2 个碱基对还是维持典型的配对。

摇摆假说解释了为什么有些 tRNA 分子可以辨识 2 个或 3 个不同的密码子（同义密码子），而且差异都在密码子的第三个碱基。譬如，丙氨酸的同义密码子有 4 个：GCU、GCC、GCA 和 GCG，其中有 3 个能够和 IGC 配对，即 GCU（I–U 配）、GCC（I–C 配）和 GCA（I–A

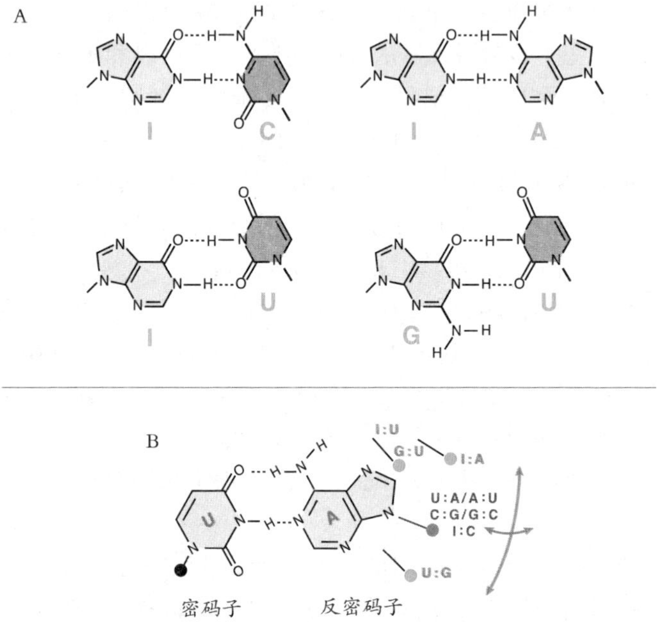

图 12-5 克里克的“摇摆假说”。(A) 4 种摇摆配对：I-C、I-U、I-A 与 G-U。(B) 摇摆配对位置的比较：左下侧的黑点是密码子的碱基连接核糖第一个碳（C1'）的位置，右侧的绿点是反密码子的碱基连接 C1' 的位置。I-C 对的位置和角度，与标准的华生-克里克碱基对（U-A、A-U、C-G、G-C）的位置（灰色）相同。其他 3 种摇摆配对则差异很大。注意：U-G 配对和 G-U 配对的位置差别也很大。“摇摆”就是指这些非典型配对的形态变化。（改绘自克里克 1966 年的论文。）

配），因此以一个携带 IGC 反密码子的 tRNA 就足够应付，另一个密码子 GCG 需要另一种 tRNA 来辨识。所以，细胞只要 2 个 tRNA 就足以应付丙氨酸的 4 个同义密码子。根据这样的考量，细胞不需要有 61 种不同的 tRNA 分子来辨识 61 个密码子。克里克计算出，细胞最少只要 32 种 tRNA 就可以应付 61 个密码子。细胞中实际上存在多少种 tRNA，很难用分离的技术确切知道，因为各种 tRNA 的数目差异很大，有的很多，有的很少。现在我们可以根据生物染色体的碱基序列来计算出 tRNA 基因的数目，tRNA 的种类确实都少于 61 种，大部分只有四五十种。

摇摆假说成功地解释了遗传密码和 tRNA 之间的关系，以及 tRNA 的特殊结构。后续的研究进展也支持这个假说的基本正确性，只添加了几个比较少见的摇摆配对。

新生物学来临

遗传密码完全解开之后，分子生物学的基本架构已经完备了：从遗传资讯如何储藏在 DNA 双螺旋的碱基序列中、DNA 如何复制、遗传资讯如何转录到 mRNA 的序列并携带到核糖体、tRNA 在核糖体上如何转译 mRNA 的碱基序列成蛋白质的氨基酸序列……这一连串的遗传资讯传递系统，厘清了遗传学在分子层次的基本机制。孟德尔开启的遗传学，终于有了完整的诠释。

这门崭新的分子生物学终于把物理学、化学和生物学统整起来。在这场革命之前，物理学和化学基本上已经借由量子力学结合起来，但是生物学还是距离它们很遥远，特别是遗传学。像薛定谔所言，当时的遗传学非常神秘，从物理学的角度来看很难解释，似乎有很深的吊诡。现在新的生物学终于将生命现象纳入物理化学的范畴中，一切都包含在已知的物理化学原理里面，没有吊诡，也没有神秘力量。

戴尔布鲁克一直到 1981 年过世之前，都没有放弃追求吊诡和新物理定律的梦。他的梦吸引了很多年轻的科学家进入这个新领域，但是到头来，原本看起来很神秘的遗传学，还是遵循基本的物理学和化学原理，一切都可以在分子层次解释清楚，不需要新的物理定律来解释。戴尔布鲁克的梦破灭了。

达尔文也有一个梦。他梦想有一天，“自然界每一个大‘界’都会有相当真实的族谱树”。现在他的梦成真了，所有的生物都位于一棵巨大的族谱树上。圆这个梦的也是分子生物学。要能够把所有生物的亲缘关系完全连接在一起，又能够令人信服，依赖的是基因和蛋白质的分子线索。根据 DNA 和蛋白质序列的相似性，物种之间的亲疏关系就一目了然。序列越相近，亲缘关系必定越相近。细菌和我们人类从外表怎么看都很难令人相信我们有共同的祖先，但是只要比较我们细胞中的 DNA 和蛋白质的序列，就知道我们都是“兄弟”。所有地球上的生物都是如此。更特别的是遗传密码，地球上所有的生物都使用同一套遗传密码。这个共通性不可能是偶然发生的，它证实我们都来自同一个祖先。

整个遗传学革命经历了大约 100 年的时间，从孟德尔论文发表（1866 年）以及 DNA 的发现（1869 年），到冷泉港实验室的“遗传密码”研讨会（1966 年）。虽然 19 世纪的进展完全停滞在孟德尔遗传定律与 DNA 的发现上，但是 20 世纪的进展脚步就逐渐加快了，到最后二三十年，进展快得超乎每一个人的预料。克里克在他 1988 年出版的自传中就如此说：“1947 年当我开始研究生物学的时候，所有让我感兴趣的主要问题，例如基因是什么做成的？它怎么复制？怎么打开和关闭？还有它是做什么的？我并不怀疑它们会在我的科学生涯中获得解答。当初我挑选了一个题目，或者说一系列的题目，我原以为它会耗掉我的整个科学生涯，而现在我却发现我主要的抱负都得到满足了。”

克里克后来离开了分子生物学，20 世纪 70 年代中期搬到圣地亚哥的沙克生物研究院，在那里转而探索更具挑战性的脑科学，一直到 2004 年过世为止。这方面的知识，他都是自修的。他本人不做实验，只和神经科学实验室合作，进行理论上的思索和探讨。

脑科学最基本的机制是记忆，而我们连记忆如何储藏和处理都无法掌握，正如当年我们无法掌握遗传信息（基因）如何储藏和处理一样。和分子生物学不同的是，记忆的机制应该不能在细胞中探索，也无法依赖简单的物理和化学就能解释。它的秘密似乎隐藏在更高层次的系统中。这个系统我们仍然没有打开门缝。以克里克的才智，他还是无法突破。截至目前，我们还在等待脑科学界的“孟德尔”。

至于华生，他后来渐渐远离实验室，走向科学行政和写作工作。1968 年他担任冷泉港实验室的主任，1994 年改任总裁，2003 年转任总监，2007 年退休。1990—1992 年，他主持美国联邦政府支持的“人类基因组计划”（Human Genome Project，HGP）。美国国家卫生研究院要拿基因序列申请专利，他反对不果，就辞职下台。他说：“世界各国应该把人类的基因组视为属于这个世界的人民，不是属于这个世界的国家。”

2001 年，人类基因体的序列初稿终于完成，这是分子生物学革命的一个伟大里程碑。它把人类染色体上 30 亿个碱基对的序列大致定出来。30 亿个 A、T、G、C 排列在 23 对染色体上。如果把 46 条染色体的 DNA 串联起来，总长大约 2 米。相当不可思议，这些纤细的分子主宰我们每一个人从一个小小的受精卵发育成人的程式。

但是，人类基因组序列只是一块垫脚石。这一切都只是开始。历史告诉我们，人类有无穷的求知欲望，也有无穷的应用知识进行创造的欲望。走过百年历史的基因研究，就要开始发挥它深广的潜力。食物、医疗、健康、法律、伦理、哲学、艺术等，一切都为之改变了。

后记

所有的事物都受时间和空间的束缚。（科学家）所研究的动物、植物或微生物都只是变化万千的演化链的一环，没有任何永久的意义。即使他接触的各种分子及化学反应，也不过是今日的流行，都会随着演化的进行而被取代。他所研究的生物并不是一种理想生物的特殊表现，而是整个广无边际、相互关联、相互依赖的生命网中的一条线索而已。

——戴尔布鲁克

遗传工程革命

分子生物的研究成果不但解开了基因的秘密，也不可避免地唤起了人类启动遗传工程的欲望。

早在 1967 年，当完整的遗传密码刚刚问世的时候，尼伦伯格在《科学》期刊上发表了一篇深具远见的社论，标题是《社会准备好了吗？》。他在这篇文章里说："我们对未来能期待什么呢？简短但是有意义的遗传信息将可以用化学合成出来。这些指令是用细胞能够了解的语言所写的，所以这些信息可以用来控制细胞。细胞会执行这些指令。这些程式甚至可能遗传下去……我猜 25 年内，细胞就可以用人造的信息做程式控制。如果在这方面更努力一点的话，细菌可能 5 年内就可以用程式控制。"他不就是在预言遗传工程时代的来临吗？

他接着说："特别要强调的一点是，远在人能够充分评估这些改变会带来的长期后果之前，远在他能规划目标之前，远在他能解决所将面临的伦理与道德问题之前，他可能就会用合成的信息设定他自己的细胞。"历史证明，遗传工程时代的来临比他的预测早多了，而且正如他所担忧的，社会没有准备好。

这篇社论发表后过了不到 5 年时间，利用分子生物技术进行基因改造和转移的技术就陆续出现了，这一技术称为"重组DNA"（recombinant DNA）。科学家开始在实验室中分离特定的基因，进行剪接和重组，再把这些基因用特殊的载体送入细胞中，在里面复制并且执行特定的任务。1972 年，柏格的实验室成功拼出第一个重组DNA分子，他们选择动物病毒 SV40 当作载体来携带外来基因。SV40 的DNA会嵌入动物染色体中，因此它所携带的外来基因也可以一起嵌入染色体。他们用一种繁复的生化黏接方法，把一段噬菌体 λ 的 DNA和一组大肠杆菌代谢半乳糖的基因插入SV40 的DNA中。

后来他们没有把这个重组 DNA 转殖到动物细胞或者大肠杆菌中，因为有些同僚警告他们，SV40 病毒有可能致癌，不宜随意进行转殖。柏格就暂停了这方面的工作，开始和一些同僚组成一个委员会，讨论重组 DNA 的潜在危险以及如何应对。这个委员会的努力催生了日后的“阿锡洛玛重组 DNA 分子会议”（Asilomar Conference on Recombinant DNA Molecules）。

柏格的重组 DNA 技术比较麻烦，现代大家普遍使用的技术是 1973 年由科恩（Stanley Cohen）和包以尔（Herbert Boyer）合作发明出来的。科恩在斯坦福大学研究质体。质体是细菌中染色体外的 DNA，通常都是环状的，携带一些对细胞有用但不是必需的基因（见第 4 章）。质体可以当作携带外来基因的载体。加州大学的包以尔则研究“限制酶”（restriction enzyme）。限制酶是 20 世纪 60—70 年代陆续发现的 DNA 切割酶，它们会辨识 DNA 上特定的序列并加以切割。很多生物（特别是细菌）具有不同的限制酶，可以切割不同的特定序列（长度通常是 4~6 个核苷酸对）。限制酶切点的末端大多数有单股的互补序列，所以可以互相配对，用一种连接 DNA 的“连接酶”（ligase）接起来。科恩和包以尔利用限制酶切割质体 DNA 特定的地方，再插入用同样限制酶切割过的外来 DNA，然后用连接酶把两者连接起来成为一个重组质体。这样的质体可以送回大肠杆菌，让外来 DNA 上的基因表现，产生外来的蛋白质。

这个技术非常方便，尤其是新的限制酶不断出现，让重组 DNA 的剪接更有弹性、更方便。世界各处的实验室纷纷采用这个技术，一直到今日，使用范围更是扩大到其他细菌、真菌、植物和动物。在这一技术带来的憧憬下，大大小小的生物科技公司纷纷成立，抢先用这个技术量产珍贵的蛋白质。第一家生物科技公司成立于 1976 年，叫作美国基因泰克公司（Genentech）。包以尔是创始人之一。

1977 年，包以尔以及另一个实验室成功在大肠杆菌中生产人类体抑素（somatostatin），它只有 14 个氨基酸长。1978 年，美国基因泰克公司和哈佛大学的吉尔伯特（Walter Gilbert）分别成功在大肠杆菌中生产人类的胰岛素。胰岛素的长度为 110 个氨基酸，是第一个被定序出来的蛋白质，定序的人是桑格（见第 8 章）。1980 年，桑格、吉尔伯特和柏格三人一起获得诺贝尔奖。

以上两种蛋白质都是人体的激素（荷尔蒙），深具医疗价值。重组 DNA 也开始应用于其他产业。1983 年，发酵起司需要的凝乳酶也成功地由大肠杆菌生产。传统上凝乳酶都是从小牛的胃里提取而来，价钱不便宜；现在只要培养带着凝乳酶基因的细菌就可以生产，节省了很多成本。

科学家的自律

1974 年夏天，以柏格为首的一群科学家担心不受控制的重组 DNA 实验可能导致人类健康的风险以及生态的破坏，提议召开国际会议讨论这个公众议题，而且在会议召开之前，科学家应该采取“自愿的禁令”，暂时停止有“潜在危险”的重组 DNA 实验。大部分的实验室都遵守了这个禁令。

8 个月后（1975 年 2 月）“阿锡洛玛重组 DNA 分子会议”在美国加州的阿锡洛玛海滩举行，参与者大约有 140 名专业人士，主要是生物学家，但也包括一些律师和医生。召集人是柏格。

会议的主要目的是讨论自愿的禁令是否可以取消；如果取消，是否应做某些规范、禁止哪些实验或者采取防范的安全措施。3 天的会议下来，最后达成一个主要共识，就是重组 DNA 实验应该继续，但是需要严格的规范。大会建议使用两类安全防护罩（containment）：物理性防护罩和生物性防护罩。前者牵涉到实验室和器材的特殊规划，后者则是实验用生物以及生物分子的选择与处理。

物理性防护罩的用意是以适当的设施隔离实验所使用的重组 DNA 和宿主，避免人员和物件受到污染，并且防止不当的重组 DNA 材料流出实验室，往外扩散。依照实验的潜在危险性高低不同，物理性防护罩可以分成几级。风险很高的实验，例如涉及致癌病毒的实验，必须有隔离度最高的实验空间和防护衣着，以及最严谨的实验物品与废弃物的管理措施。

生物性防护罩是指使用适当的宿主和载体（特别是病毒载体），以确保实验操作的安全，降低宿主和载体在实验室外存活的能力，避免载体和宿主在自然环境中扩散。所以载体应该缺乏传播的能力，只能在特定宿主中存活。宿主应该是在自然环境中缺乏竞争力的生物，很难在自然环境中存活。除此之外，大会还建议应该禁止对某些 DNA 进行重组实验，例如高致病性微生物的 DNA、致癌微生物的 DNA，以及毒素的基因等。

会议结束翌日，美国国家卫生研究院（NIH）立刻成立一个重组 DNA 顾问委员会（Recombinant DNA Advisory Committee），进行一项艰巨的任务：制定《NIH 重组 DNA 分子研究准则》（*NIH Guidelines for Research Involving Recombinant DNA Molecules*）。这个准则到翌年夏天才出炉。

出炉的准则引发两极反应：一方面，大众对他们不了解的遗传工程抱着无名的疑虑和恐惧；另一方面，很多科学家觉得潜在危险被莫名地夸大，实验准则严格得很不合理。于是在国会、州议会、市议会都出现无数的场内激辩和场外抗议现象。

这个准则把有些缺乏专业凭据、只是纯粹幻想出来的潜在危险都纳入其中，最典型的纯粹幻想灾难就是：携带重组 DNA 的大肠杆菌“说不定”会演变成超级病菌，造成全球性的瘟疫。流行病学专家会告诉你这是多么无稽的幻想，这种情况只会出现在科幻电影中，可惜这类专家都没有受邀参加会议和委员会。

在无知的恐惧和大众的压力下，该准则对实验的限制当然过分严苛，引发很多研究者和生物科技公司的抗议和反对，特别是这个准则陆续被美国地方政府和其他各国政府采纳，立法成为正式的法规。有些实验室因此必须终止进行中的实验，必须销毁辛苦建构的重组 DNA 分子，只因为不符合准则的规定。

后来经过多次公开辩论和论述后，NIH 终于接受重组 DNA 的潜在危害被过度夸大的事实，在 1978 年 3 月的《联邦公报》中宣告重组 DNA 本身对公众的危害很小，小到没有实质意义，研究的管控力度可以降低。12 月 NIH 颁布了修订版的准则。还好 NIH 不是法规管理单位，立法和修法不必经过冗长的官僚程序。接下来几十年，一直到现在，这个准则仍在陆续修正。今日全世界对重组 DNA 实验的规范，基本上都是遵循美国的规范，放宽很多。50 多年来，世界各地进行过数百万次的重组 DNA 实验，当初想象的重组 DNA 灾难没有发生过一件。重组 DNA 成为现代生物学最重要的实验工具，连学生的实验课都会教。

从阿锡洛玛重组 DNA 分子会议到重组 DNA 准则，整个事件具有划时代的意义。它是历史上科学家首次自主地把科学研究的伦理议题摊开在公众眼前，接受社会的检验和辩论。虽然这样的做法带来了不少不理性的激烈争执与抗议，但这似乎都是不可避免的过程。我们固然不能要求所有研究者都能客观、严谨和负责；我们也不能期望社会大众能够对科技议题有足够的理解，然后抱着理性不偏的立场来参与讨论和决策。

不过，这样的曝光也提高了大众对遗传工程和生物技术的兴趣。DNA 成为家喻户晓的名词，双螺旋成为历史上最潮的科学图像。DNA 的字眼和图腾出现在世界各个角落的书报、媒体、广告和午茶闲聊中。

转殖生物与反向遗传学

重组 DNA 的技术将遗传学从基础科学带入科技领域。遗传学从此失去了纯真。它带来了商机，也带来了法律和伦理问题，同时带来忧虑。最让大众忧虑的，是它能够快速且大幅改变生物的遗传。遗传工程、转殖生物、优生学，不管用什么样的字眼，我们的社会对这些快速发展的新科技都会又爱又怕。虽然在大自然中，每一个物种都随时随地在突变、改变它们的基因，但是都没有基因工程这样有效率、有特定目标。人类进入畜牧和农业社会之后，也一直在做动植物的育种和优生学，同样没有如此精准、如此快速。

现在转殖生物最普遍且最重要的，应该是农作物。植物的遗传改变比较容易操作，可以直接在叶子或种子中进行，经过改变的叶子可以透过组织培养建立转殖后代，改变的如果是种子就可以直接遗传下去。转殖哺乳动物最麻烦，因为操作基本上必须在生殖细胞中进行，然后让改变了的生殖细胞在母体（或代理孕母）的子宫中发育成为个体。

1978 年，全世界第一个试管婴儿在英国诞生。体外人工授精的新技术开拓了一条路径，导致 1996 年复制羊多利的出现。多利羊和试管婴儿不同，它的染色体不是来自受精卵，而是来自一只芬兰多塞特母羊体细胞（胸腺细胞）的细胞核。苏格兰罗斯林研究所的科学家把这个细胞核注射到一个已经去除细胞核的苏格兰羊的卵母细胞（oocyte）中，等这个卵母细胞发育成胚胎，再移入一只苏格兰羊的子宫中，让后者担任代理孕母的角色。这样生下来的多利羊也是芬兰多塞特母羊，虽然孕母是苏格兰羊。它和它母亲有一样的染色体、一样的遗传特征。它是一只复制动物。

多利羊的技术如果用在人的身上，得到的就是“复制人”。复制人的技术或许没有太大的障碍，但是世界上还没有一个国家容许这样的生殖和育种行为。此外也没有一个国家容许对人体进行生殖细胞的基因改造，亦即“优生学”的工作，即使这样的改造是为了矫正某种严重的遗传缺陷（例如血友病）。现在的症结在于群众心理和社会伦理方面的障碍。人类还没有准备面对优生学。

这些基因转殖技术所代表的遗传学，都属于“反向遗传学”（图 1）。传统的遗传学，从孟德尔开始，都是先观察到特殊的性状变异（例如果蝇的白眼突变），再去寻找是哪个基因的突变所造成的。反向遗传学则是先找到一个基因，改变它（甚至破坏它），然后看这个改变造成什么影响。传统遗传学是由外往内，反向遗传学是由内往外。在当今染色体定序和基因合成如此快速与便利的背景下，传统遗

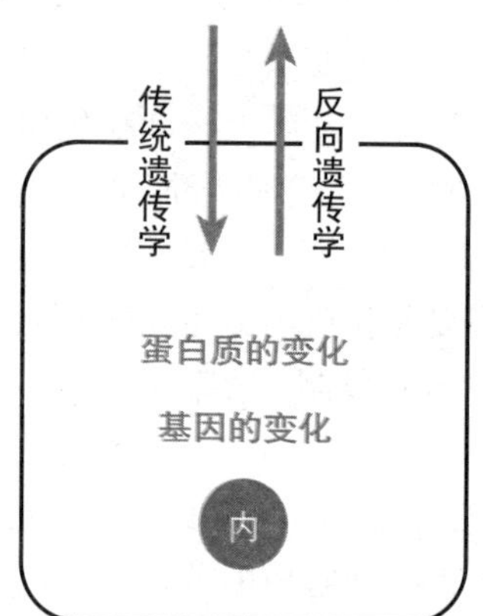

图 1 传统遗传学和反向遗传学。前者由外往内，从个体表现的变化往内了解是哪个蛋白质和基因的变化所造成的；后者由内往外，在细胞内制造基因突变，导致蛋白质的变化，然后观察该突变造成个体何种表现的改变，借此了解该基因的功能。

传学研究几乎全部被反向遗传学取代了，只有人类除外。我们可以对所有的其他生物进行反向遗传操作，但是法律和人道的考量限制我们对人类生殖细胞进行遗传操纵。

100 年的传统遗传学让我们了解基因，现在我们反过来用基因来了解生物学。可以说细胞所有的代谢反应以及结构都直接或间接地和基因有关，而且其中很多关系错综复杂，必须借助各种遗传分析来厘清。我们可以说：生物学的研究，以前我们思考基因，现在我们用基因思考。从基因出发，思考我们从哪里来，我们要往哪里去。

生命起源的挑战

1965 年，莫纳德获得诺贝尔奖的时候，有一位记者采访他，问他认为当下生物学还剩下什么基本问题没有解决。他回答说有两个问题：一个是在演化最低和最简单的层次，就是生命的起源；另一个是在演化最高和最复杂的层次，就是大脑的运作。他说最简单的层次可能是最难研究的，因为我们现在能够着手研究的细胞，即使是最简单的细菌，都已经是演化了数十亿年的产物，距离生命的起源已经非常非常遥远。

有关生命起源的问题，最困难的应该是遗传系统的演化，因为遗传现象不只是一些生化反应，它具有一个神奇的密码资讯系统。这个资讯系统牵涉到的复制、备份和转译等功能都是复杂的机制，很难想象它如何一步一步演化出来。反过来，它应该是很早就出现在现今地球所有生物的共同祖先身上，因为我们都用这个共同的系统。

最神奇的是，密码怎么会出现在生物体上呢？密码不都是刻意设计的吗？摩斯密码是 1837 年美国的维尔（Alfred Vail）和摩斯（Samuel Morse）发明的，用 3 个代码（短线、长线及空格）的排列变化来传达文字、符号和数字。原始的生物如何“发明”用 4 种碱基编码 20 种氨基酸呢？这样的密码系统以及精密的翻译机器是怎么演化出来的呢？莫纳德认为这是研究生命起源面临的最大挑战。我想，大部分的生物学家都会赞同。

访问中记者还问了莫纳德一个问题：“如果我们问你‘生命是什么’，我想知道你会给我什么样的答案。”莫纳德回答说：“假设我告诉你，以我们对最简单的细胞的知识来说，有一天我们可能在试管中合成一个细胞，这种说法并不荒谬……现在不可能，不过理论上至少不是不可能。现在假设我们做到了，我们从原料合成一个细胞，而且这个细胞是活的。这足够回答你的问题吗？”

合成生命

合成的细胞是生命吗？这是一个很有意思的问题。对于这个问题，我们是否可以如此思考？绝大部分的生物学家相信地球上的生物（即使是来自宇宙别处）是从自然界的无机物演化而来的。这不是和试管中合成的细胞一样吗？差别只是一个是自然发生的，一个是人为制造的。

合成的生命是科学家的圣杯之一。最简单的目标就是莫纳德说的：在试管中合成细胞。莫纳德在半个世纪前说这是很遥远的事，现在却有人宣称他们创造了“人造生命”。真的吗？

2010 年 5 月，分子生物学家凡特（Craig Venter）和他的“合成基因体学公司”（Synthetic Genomics），宣布他们合成出世界上第一个“人造细胞”，创造了第一个“人造生命”。

凡特的团队做了什么伟大的突破呢？首先，他们解出霉浆菌（一种简单细菌）的染色体 DNA 序列。其次，用人工方法合成染色体片段，再组装成一个完整的染色体，并且加入一个抗药性基因。最后，他们把人工染色体送入一株不同品系的霉浆菌。这株霉浆菌就带有两个染色体，一个是原有天然的染色体，一个是送进去的合成染色体。这样，细菌分裂繁殖之后的后代，有的会携带原有的染色体，有的会携带合成染色体，因为霉浆菌和大部分细菌一样只能携带一套染色体。这时候他们用药物处理，把携带原有染色体的细菌杀死，而携带合成染色体的后代不会被杀死，因为它们带有抗药性基因。就这样，凡特团队就得到带着合成染色体的新霉浆菌。凡特团队在记者招待会上宣称，这是世界上第一个“人造细胞”。

这样就算是“人造细胞”吗？如果读者读到这里，应该会大声说：“不是！”为什么不是？因为他们只是把一个细胞原有的染色体换成新的合成染色体。接纳这个染色体，表现它携带的数千个基因的，还是原本的细胞。他们并没有制造细胞。没有细胞，染色体只不过是一条一条的 A、T、G、C 罢了。

以现代的科技，任何人花一点钱就可以用 A、T、G、C 合成任何基因，这已经是家常便饭。凡特团队的最大成就是把合成的基因片段连结起来，成为完整的染色体。这是很困难的工作，主要是因为 DNA 的长度只要大于 10 万个核苷酸对，就很容易被试管中流动的水“剪”断。霉浆菌染色体的长度高达 100 万个核苷酸对，这么长的染色体不可能在试管中维持完整性。凡特团队解决这个难题的方法，是把 DNA 片段放到酵母菌中，让酵母菌中天然的重组系统把片段组合起来，成为完整的霉浆菌染色体。这个重要的技术突破，让凡特团队得以把完整染色体送入霉浆菌。

问题是，接受染色体的是活生生的细菌细胞，不是合成的细胞。染色体好比电脑的软件，携带着信息和指令；细胞是处理信息和执行指令的硬件。没有细胞这个硬件，染色体没有任何办法执行它的基因的指令。这就好像，没有电脑硬件，操作系统软件也毫无存在的意义，它的指令没有东西接受并执行。你把一部电脑的操作系统更换成新的操作系统，你会说你创造了一部新电脑吗？

细胞比起 DNA 的物理构造要复杂很多很多。DNA 用 4 种核苷酸就可以快速合成起来。细胞，即使是一个小小的细菌，就有几千种蛋白质、碳水化合物、脂肪等化合物，拼凑成三维的精密结构，互相密切地牵连着。这些东西还要有细胞膜（甚至细菌的细胞壁）把它们包起来。细胞膜上还要有各式各样的通行门径，让物质和信息进进出出。即使一个最简单的细菌细胞，它的复杂程度都远超我们的想象，也超过任何超级电脑所能模拟的。目前没有人知道怎么制造它。半个世纪前，莫纳德说人造生命还很遥远，现在它还是很遥远。

一起发迹的资讯革命

创造有机生命或许遥不可及，但是我们或许已经在创造另一种生命：智能的机械生命。我指的是电脑，还有电脑所延伸出来的人工智能。

电脑和细胞一样，都是处理数字信息的机器。仔细想想，它们实在很像。首先，它们都具有软件和硬件两个部分，各司其职。软件是资讯（包括指令和资料）所在，硬件是执行指令和处理资料的机器。电脑的软件是用 0 和 1 两个单元编码，细胞的软件则是用 A、T、G、C 四个单元编码。资料和指令都是由这些单元所编码，储藏在相当稳定的地方：电脑的资讯储藏在硬碟或光碟等记忆体中，细胞的遗传资讯储藏在染色体上。这些资讯都可以复制。

其次，它们的操作模式也很相像。电脑要使用储存在硬盘或光盘上的指令和资料时，就把这些资讯复制一份，传送到一个暂存的空间（随机存取记忆体）中，由“中央处理器”把成串的 0 和 1 翻译成有意义的资讯，进行着各种工作。接着，随机存取记忆体中的资讯会被清除，让出空间来处理另一个指令和资讯。随机存取记忆体中的资讯是不稳定的，电脑失去电源的时候，它就消失了，但是硬盘和光盘中的资讯不会消失。

细胞也是一样，当某一个基因要表现的时候，它才会被复制出来（到 mRNA 上），然后送到翻译机器（核糖体和 tRNA），把碱基序列的信息翻译成氨基酸序列。这些氨基酸序列构成的蛋白质才是细胞中的主要工作者。mRNA 与随机存取记忆体中的资讯一样，也是不稳定的，过一段时间就会消失，让出转译的机会给下一个要表现的 mRNA。完整的资讯储藏在比较稳定的地方，要用的时候再选择性地复制出来。这是很有逻辑的设计，也是电脑和细胞的第二个共同点。

最后，电脑和细胞的第三个共同点是“网络”。单细胞的生物所具有的资讯系统都存在细胞里面。当生命演化到多细胞的阶段，细胞

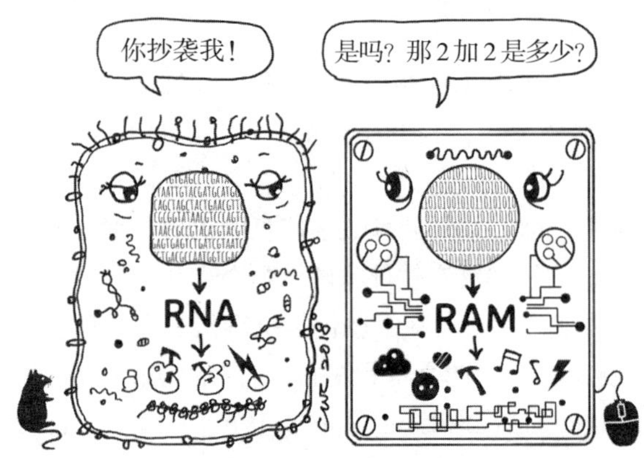

和细胞之间必须能够健全地沟通联系，才能够分工合作。细胞之间借由细胞表面的直接接触或者体外的信号（例如激素、神经传导、免疫反应）互相沟通，电脑的演化也是如此。最早期的电脑也是单独作业，到后来才由电脑之间的连线，让它们互相交换信息并分工合作，形成网络。互联网（Internet）的发展让全世界的电脑都得以连结，形成一个史无前例的庞大通信网络。物联网（Internet of Things）更要把日常使用的物品和装置都连线上网，进行管理和操控。这样由单独行动进入分工合作的演化，是电脑和细胞的第三个共同点。

电脑资讯革命的崛起，比遗传资讯革命还要早。远在19世纪20年代，英国数学家巴比奇就提出可用程式控制的计算机的观念。他提出第一个机械式计算机，称为"差分机"，并且在英国政府的支持下开始建构（但是没有完成）。当时英国另外一位数学家、发明家兼机械工程师爱达·洛夫莱斯（诗人拜伦的女儿）替巴比奇的差分机写了程式，可惜差分机一直没有完成。巴比奇被视为电脑先驱，爱达则是历史上第一位程式设计师，现代有一套程式语言就是用她的名字命名以示纪念。

第一代电子计算机出现在20世纪40年代，使用真空管当作处理器，在此之前的计算机都是机械式的。第二代的计算机使用电晶体，出现在20世纪50年代，这一代的计算机开始可以储存程式。当初遗传密码理论的解码研究，还借助过这样的电脑（见第8章）。第三代的计算机使用集成电路，让电脑的重量和体积大幅降低，预告现代个人电脑的来临，这一代计算机出现在20世纪60年代中期，相当于遗传密码正要完全解开的时候。

一路走来

计算机和分子生物学这两项资讯革命，都把人类社会带入崭新的境界。在这之前，谁能想象得到生命中居然存在着资讯系统？而且人类，这种地球上高智商的生物，还发明了新的人工资讯系统。两者都用密码处理资讯，生命密码的基本单元是 A、T、G、C 四种碱基，电脑密码的基本单元是 0 与 1。我们可以说是一个自然资讯系统，发明了一个人工资讯系统。前者具有高度的智能，后者也开始出现智能，而且有些地方远远超越了人类。

面对未来，要走的路还很长，但回头看看，我们已经走过了一段很精彩的路。从孟德尔的豌豆和米歇尔的核素到现在，我们已经走了一个半世纪。最初只是纯粹追求达尔文进化论的物种变异原理，却发现了遗传规律，接着走进细胞中的基因与染色体，更深入化学分子的世界；在这个分子世界，DNA、RNA 和蛋白质随着遗传密码的旋律翩翩起舞。这是孟德尔做梦也想不到的。他生前说过："我的时代将会来临。"他的梦不仅完成了，也被超越了。

不可避免的是，新的知识永远带来新的疑问和新的挑战。同样不可避免的是，新的知识永远带来新的应用。分子生物学带我们进入控制生物遗传的科技世界，我们可以解剖地球上任何生物（包括人类）的基因、任意改变它们。这个前所未有的本事，带来了同样前所未有的责任。

但是，如果追溯到最初，我们会发现带来全新挑战的科学革命，都源自非常无辜的基本提问。爱因斯坦相对论的起源多么无辜，但是它带来了原子能和原子弹。

$E=mc^2$ 看起来是一个多么简单无辜的公式，0 与 1 也是很无辜的二进位计算单位。3 ∶ 1 和 9 ∶ 3 ∶ 3 ∶ 1，看起来也是多么无辜的遗传特征比例，不是吗？看看它们把我们带到哪里了。

〈附录〉

基因的百年历史与后续的里程碑

1859 达尔文发表《物种起源》

1865 孟德尔在学会上宣读豌豆遗传论文

1869 米歇尔发现 DNA

1882 弗莱明发现有丝分裂和染色体

1900 孟德尔遗传论文重新受到重视

1902 贾洛德首次把先天性代谢疾病定位为遗传缺陷

1902 波威利和萨顿确立染色体的遗传地位

1911 摩根发现遗传联锁

1913 史特蒂凡特建构第一张遗传地图

1919 李文提出 DNA 的“四核苷酸”模型

1927 缪勒用 X 射线诱导果蝇突变

1928 葛瑞菲斯发现肺炎双球菌的转形

1941 比德尔和塔特姆发表“一个基因一个酶”

1943 卢瑞亚和戴尔布鲁克的“波动测试”显示细菌有基因

1944 薛定谔出版《生命是什么？》

1944 艾佛瑞的实验室提出 DNA 是转形本质的证据

1946 赖德堡发现细菌中的基因重组

1949 查加夫发表 DNA 的碱基含量比例

1949 波伊文－凡缀里规律

1951 桑格定出胰岛素的氨基酸序列

1951 鲍林发表蛋白质的 α 螺旋结构

1951 富兰克林发现 A 型与 B 型两种形式的 DNA

1952 赫胥与蔡斯的果汁机实验支持 DNA 的遗传角色

1953 华生与克里克、富兰克林与葛斯林及威尔金斯等人发表 DNA 结构

1954 伽莫夫提出“钻石密码”模型

1955 班瑟分析 rII 基因座的细节结构

1955 克里克提出“转接器假说”

1957 克里克提出“序列假说”与“中心教条”

1957 泰勒发表 DNA 半保留复制的证据

1958 梅塞尔森与史塔尔发表 DNA 半保留复制的证据

1958 萨梅尼克与霍格兰发现 tRNA

1958 孔伯格等人分离出 DNA 聚合酶

1961 尼伦伯格与马泰定出第一个密码子

1961 贾可布与莫纳德提出乳糖操纵组模型

1961 布蓝纳、贾可布与梅塞尔森提出 mRNA 的证据

1961 克里克等人提出密码子是三联体的证据

1965 侯利分离出 tRNA 并定序

1966 尼伦伯格与柯阮纳于冷泉港的研讨会上发表遗传密码

1970 巴蒂摩（David Baltimore）与泰明（Howard Temin）发现反转录酶

1971 吴瑞（Ray Wu）成功定序 λ DNA 末端单股的 12 个核苷酸

1972 柏格发表用合成和黏接方式的重组 DNA 技术

1973 科恩和包以尔发表使用限制酶和连接酶的重组 DNA 技术

1975 阿锡洛玛重组 DNA 分子会议讨论基因工程的潜在危险、订立实验准则

1976 美国国家卫生研究院颁布重组 DNA 研究准则、规范实验室必须遵守的规则

1977 罗伯兹与夏普（Philip Sharp）发现 RNA 剪接现象

1977 桑格发明链终止法（chain termination method）的 DNA 定序技术

1977 马克萨姆（Allan Maxam）与吉尔伯特发明 DNA 化学定序技术

1980 狄克森定出12个核苷酸对的 DNA 晶体结构

1980 数个实验室成功转殖老鼠

1981 切克（Thomas Cech）发现自我剪接的 RNA（self-splicing RNA）

1982 数个实验室成功转殖植物

1985 穆里斯（Kary Mullis）发明 DNA 聚合酶联锁反应（polymerase chain reaction, PCR）技术

1990 基因疗法首次获批准

1993 安布罗斯（Victor Ambros）发现具有调控功能的微 RNA（microRNA）

1996 佛道尔（Stephen Fodor）发展出基因晶片（gene chip）

1996 复制羊多利诞生

1996 酵母菌基因体定序完成

1998 法厄（Andrew Fire）和梅洛（Craig Mello）发现特殊的双链 RNA 可阻断相应基因的表达，称之为“RNA 干扰”（RNA interference）

1999 果蝇基因体定序完成

1999 DNA 微阵列（DNA microarray）技术出现

2001 赛勒拉基因组学公司（Celera Genomics）与美国政府“人类基因组计划”发表人类染色体序列初稿

2005 次世代 DNA 定序技术出现

2010 以半导体晶片技术定序 DNA 技术成熟

2012 单分子 DNA 定序技术成熟

2012 道纳（Jennifer Doudna）与夏庞蒂耶（Emmanuelle Charpentier）发表革命性的 CRISPR-Cas9 基因体编辑技术

2020 DeepMind 公司推出人工智能平台 AlphaFold，快速和精确地预测大量蛋白质的立体结构

2022 T2T 联盟发表接近完整的人类基因体序列